浙江省哲学社会科学重点研究基地重点课题
"浙江近代海洋文明史"（11JDHY01Z）最终成果

浙江近代海洋文明史（民国卷）

第一册

白 斌 叶小慧 著

2017年·北京

图书在版编目（CIP）数据

浙江近代海洋文明史. 民国卷. 第一册 / 白斌，叶小慧著. — 北京：商务印书馆，2017
ISBN 978-7-100-13423-1

Ⅰ. ①浙… Ⅱ. ①白…②叶… Ⅲ. ①海洋—文化史—浙江—民国 Ⅳ. ① P7-092

中国版本图书馆 CIP 数据核字（2017）第 080058 号

浙江近代海洋文明史（民国卷）
第一册
白 斌 叶小慧 著

商 务 印 书 馆 出 版
（北京王府井大街36号 邮政编码 100710）
商 务 印 书 馆 发 行
三 河 市 尚 艺 印 装 有 限 公 司 印 刷
ISBN 978 - 7 - 100 - 13423 - 1

2017 年 5 月第 1 版　　开本 710×1000 1/16
2017 年 5 月第 1 次印刷　　印张 18 字数 289 千

定价：56.00 元

总 序

近代西方学术史与研究方法的传入使得中国的历史学研究突破了传统的大陆史观，开始认识到中华文明的传承除了农耕文明外，游牧文明与海洋文明的兴衰也是不可或缺的要素。自大一统的秦朝建立之后，中华文明已经从中原开始向草原和海洋扩张，东南沿海的文明进程在与农耕文明的交互影响中缓慢发展。经历两次人口迁移和中国经济重心南移后，江、浙、闽、粤等东南沿海区域的海洋经济发展呈加速趋势，在此基础上所形成的文化与社会形态则构成了中国海洋文明的轮廓。与此同时，中华文明政治领域中涉及海洋的顶层架构则在农耕政权收编与控制海洋区域的进程中逐步完成。中国农耕文明的强大使得海洋文明的发展很难像欧美国家一样成为区域文明与世俗政权的主导力量，这也是中国海洋文明与欧美海洋文明发展差异所在。

中国近代海洋文明在西方文明侵入下经历了一个从被动到主动的发展过程，它在与农耕文明同步转型并在借鉴欧美海洋文明发展经验的基础上最终形成了当代中国海洋文明演进的独特轨迹。在中国海洋文明从传统向现代变迁的过程中，近代浙江海洋文明的历史演变是一个重要的观察窗口。

作为东南沿海的主要省份，浙江的海洋文明在远古时期就已经孕育，并随着中华文明的发展而演进。资源贫乏、人多地少的困境使得浙江沿海居民纷纷下海，通过海洋资源开发与贸易拓展以获取粮食、食盐等生活与生产资料。近海与远洋贸易使得浙江沿海的城乡发展与生产活动带有明显的海洋痕迹。以港口和贸易线路为纽带，浙江的社会发展已经融入东亚海洋文明发展中。而农耕政权的强大使得古代浙江的海洋文明发展受到极大制约。直到外力冲击下，近代浙江海洋文明的发展才获得国家政权力量的支持。在中外文明冲突与相互影响中，近代浙江沿海经济的转型比内地省份更加灵活和彻底。而以宁波帮为代表的浙江商人群体在浙江乃至全国的近代经济转型与制度重建中发挥了非常重要的作用。自近代以来，中国涉及海洋制度的构建则是在清政府、北京政府和南京国民政府的更迭中逐次完善起来的。与此同时，作为浙江海洋文明重要组成部分的各海洋经济产业的转型呈现出先后次序。浙江海洋贸易合法的发展自晚清开埠后就迅速崛起，而海洋渔业的现代转型发端于20世纪初期，受国家管控最为严格的海洋盐业则到南京国民政府时期才出现实质性的改进。与经济转型的缓慢相比，浙江交通航运建设与文化交流更为迅速。新式港口的建立和现代轮船航运业的发展使得浙江沿海人口与商品的流动速度与辐射区域呈阶梯增长态势。在外来文明和经济发展的影响与推动下，近代浙江沿海城乡社会新陈代谢的进程明显加快，以通商口岸为代表的沿海地区文化转型也取得显著成效。

《浙江近代海洋文明史》在掌握丰富史料的基础上，以海洋政策变迁、经济转型、社会重建为主线，揭示近代浙江海洋文明发展进程。具体则涵盖沿海政权更迭与军事冲突、海关与海警、渔盐产业与临港工业孕育、交通航运与海洋贸易、沿海城乡变迁与海洋灾害应对、社会结构与信仰习俗演变、外来文明影响与作用、涉海教育与科技等诸多领域，力图呈现浙江近代海洋文明发展的历史脉络与丰富内涵及其在近代中国海洋文明发展变迁中的重要地位，由于是拓荒之作，本书存在着一些不足与缺憾。但21世纪是人类全面认识、开发利用和保护海洋的世纪，现实召唤我们更加重视海洋历史诸问题的研究，从这个意义上，其筚路蓝缕之功与勇气更应该值得肯定。

是为序。

2016年12月

目 录

导　论

浙江现代海洋管理和经济发展发轫于晚清时期浙江海洋经济变革，并在民国初期逐渐成形，南京国民政府成立后明晰海洋管理职能和推进现代海洋经济演进的变革。不过由于日本全面侵华，浙江现代海洋经济发展和政策变革的势头被打断。而战后的恢复和内战的爆发使得浙江再次回到现代海洋经济发展的正常轨道已经是在1949年之后。

现代浙江海洋管理在晚清中国抵御海上入侵战争与外交活动失败中就已经开始孕育。近代中国海防的空虚和面临海洋威胁的无力使得浙江在推动近代海洋管理与政策演变的过程中少了很多阻力。晚清浙江沿海开埠与清末新政对上层机构的变革确立了浙江海洋管理职能部门的界限与分工。渔政、盐政、航政、海关、水警与海防不仅构成了民国时期的浙江海洋管理体系，也是现代中国海洋管理体系的最初形态。与海洋管理相对应的则是，浙江海洋经济的现代转型，盐业、渔业、贸易和临港工业构成了浙江现代海洋经济的主体。与传统海洋经济所不同的是，民国时期的浙江海洋经济既包括传统的渔业、盐业和贸易，也有新型的航运与临港工业。而且，即使是传统的渔业，也由于现代生产技术的推广，开始向现代海洋渔业变革。在传统社会，浙江海洋经济的发展是沿着自身路径缓慢前行。到民国时期，特别是南京国民政府成立之后，国家开始挥动“统制经济”的大棒，动用国家权力来干预并推动浙江海洋经济的现代化进程。可以说，这一时期，浙江海洋经济发展与国家海洋管理之间的距离被大大缩短。

民国时期，浙江的渔政管理最初是由国民政府实业部渔牧司主导，具体活动是推动渔民自身组成团体在进行海洋作业时保证自己的安全。同时，实业部渔牧司也积极推动现代海洋渔业技术的革新和渔业公司的组建。南京国民政府成立后，浙江省建设厅积极推动浙江渔业合作社事务，以期待改善浙江沿海渔民的生计，保持社会稳定。实业部则从渔业生产技术推广、水产品流通、渔业金融等方面推动浙江海洋渔业的发展。由于经济因素，在浙江海域从事作业的现代渔轮以及浙江水产品的销售基地大多都在上海，而实业部对现代渔业经济革新的重点就是在上海设立新式鱼市场，推动新式渔业公司的组建和整合渔业金融组织。这些推动浙江海洋渔业现代化的政策与活动直到1936年才由实业部主导转为浙江省建设厅承担。尽管如此，浙江海洋渔业经济转型速度仍是十分缓慢。中央与地方政府在浙江沿海推动渔业技术革新和组织体系变革的过程中，遭遇到的阻力是十分巨大的。到1949年，浙江沿海渔业生产仍以传统的渔业作业方式为主。

盐业一直是传统中国国家管制的重要经济部门。按照盐业生产区域划分，盐业分为内陆盐业和沿海盐业，浙江属于沿海盐业。自秦汉时期，浙江的海洋盐业就已经十分发达。晚清时期，两浙盐业及盐税是国家财税的重要组成部分。正是基于此，在任何时期，盐业都是国家直接管理的经济部门。民国时期，国民政府在浙江设立两浙盐务稽核所，负责浙江的海洋盐业生产、流通与盐税征收工作。北京政府时期，浙江海洋盐业生产与流通仍维持晚清以来的专商引岸制度。浙江沿海各盐场食盐的征缴、运输和销售都被限定在特定区域由专门的盐商来负责所有除盐业生产以外的事务。盐务稽核所、盐场和盐商构成了浙江整个盐业活动的主体。稽核所负责征收盐税，盐场生产食盐，盐商则承担食盐的运输与销售工作。民国时期，由于浙江海洋盐业生产成本的上升，中央政府开始在浙江推行盐业生产的废煎改晒，期待通过技术革新的方式，提高浙江海盐产量，增加盐业税收。南京国民政府成立后，政府对晚清以来的专商引岸制度进行调整，逐步推行食盐的自由流通。不过从实际推行效果而言，废煎改晒和食盐自由流通不仅严重损害了盐商的利益，也没有获得盐民的支持。浙江海洋盐业产量并未有大幅度增加，而盐税负担的加重直接导致了盐民与政府的冲突。1935年的余姚盐民暴动与1936年岱山渔盐民暴动充分说明了浙江盐政改革的急功近利。

近代浙江的海关可以算是最早出现的现代海洋管理机构。晚清时期浙江的海关管理范围非常广泛，涉及海洋安全、航道、关税、缉私、邮政、外交等各个方面。进入民国后，浙江的海关职权有所缩小，但相比其他海洋管理机构而言，海关是最具现代特征的政府管理部门。尽管在中华民国初期，浙江的海关仍存在华洋不公的现象，但无法忽视的是，浙江海关的现代性与税收管理对浙江海洋贸易和航运的开展至关重要。而海关对于沿海航运基础设施的投入和管理不仅便利了沿海航运及航道安全，更重要的是浙江海关的相对独立性避免了传统中国政治机构转型过程中的内耗。浙江海关由税务司和海关监督两套机构组成，前者主要由外国人担任，后者则有中央政府任命的中国人担任，并起到对海关税务司活动监督的职责。南京政府成立后，随着关税自主运动的展开，浙江海关税务司一职开始有中国人担任。而50里常关归海关管理之后，浙江三大海关的管辖范围和人事编制都有较大变化。随着抗日战争的全面爆发，浙江海关也由于浙西和浙东沿海的沦陷被迫中止。到抗日战争后期，浙江唯一保留下的海关就是瓯海关。抗日战争胜利后，杭州关和浙海关由于海洋经济与外贸形势的变化先后被裁革。到1949年，瓯海关成为浙江仅存的海关。

晚清浙江海洋秩序的维护是由沿海水师和民间组织共同完成的。进入民国后，浙江传统的水师被改组为浙江外海水上警察厅，承担浙江沿海秩序的维护工作。不过由于浙江外海水上警察厅的各方面缺陷，在面对日益猖獗的海盗问题时，浙江海洋秩序的维护还需要考虑到民间组织与海军在其中所发挥的作用。尽管中国海军在面对外敌入侵中仍属孱弱，但在应对国内的海盗问题方面仍游刃有余。浙江外海水上警察厅、海军部海岸巡防处与浙江沿海民间自卫团体是民国时期浙江沿海治安的主体。在对外方面，中国海军的缺陷使得浙江的防卫主要依靠的是沿海陆军的反登陆作战及驻浙空军的支援。在整个抗日战争时期，浙江的海防主要依靠陆军来完成的。

综观整个民国时期的海洋管理政策和经济发展状况，其面临的外部政治与军事环境是此后无法复制的。从辛亥革命浙江的独立到江浙战争、北伐战争、一·二八事变、抗日战争，浙江地方政权的更迭和战争阴云始终制约着浙江海洋经济的发展。但即使如此，相比中国其他沿海省份，浙江地处国民党政府的统治核心区域与中国最富庶的长江三角洲，其海洋经济发展的先决条件要有利很多。

正是如此，北京政府时期推行缓慢的各项海洋政策在 1927 年南京国民政府建立后就得到了更加彻底的执行。相比北京政府时期，1927 年之后，从中央到浙江地方已经建立起一整套完善的海洋管理职能部门，现代海洋管理体系在南京国民政府的强力干预下逐渐完善起来，而这些正是中央政府在浙江推行海洋经济领域改革的先决条件。借助于国内日益高涨的民族运动与世界经济危机的影响，浙江海洋经济的现代变革在政府的推动下处于加速状态。直到 1937 年抗日战争全面爆发，浙江海洋渔业、盐业、贸易等领域都打下了现代化的根基。

第一章
民国时期浙江海洋行政管理机构

浙江近海海洋活动包括海洋渔业、海洋盐业、海洋造船与沿海航运。与之相应的政府逐步开始了对渔业、盐业、造船与航运业的各项管理。明代以后，由于木材的过度开采，浙江造船也日渐式微。而进入民国后，现代化的造船厂更是集中在上海、大连、福州等沿海城市。浙江沿海港口几乎没有涉及现代造船业，也就谈不上相应的管理措施。因此，民国时期浙江沿海的海洋管理集中在海洋渔业、海洋盐业和沿海的航政管理 3 个方面。现代海洋渔业的管理自晚清开始，在民国时期逐步成型。海洋盐业的管理在传统模式的规制下逐步适应现代官僚体制的结构。而沿海的航政管理则几乎伴随着西方殖民势力的东来，在诸多领域直接嫁接相应的法规与条款。

第一节　民国时期的渔盐管理机构及政策实施

渔盐，作为传统中国最早的海洋资源，历代政府对沿海渔业与盐业资源开发和利用的态度截然相反。直到 20 世纪初期浙江乃至中国在海防压力及海权纠纷下才开始逐步设立海洋渔业的管理机构，并在民国时期日渐完善。不过由于政府更迭，直至 1937 年全国抗日战争爆发，政府渔业管理机构在浙江海洋渔业发展过程中所起到的作用仍不甚重要。整个民国时期，浙江海洋渔业管理机构的职能和职责仍在不断探索之中。与之相反的是，作为与民众日常生活息息相关的盐业在战国时期就纳入到政府管理体制之中。自秦汉以来，无论是海盐还是内地出产的食盐，都在政府的严格控制之下，其管理模式已然成熟。民国后，盐税更是政府财政收入的重要组成部分。以浙江而言，盐业管理分为行政和稽核两个系统，更有盐税警察防止私盐贩卖。在政府海洋管理体制中，海盐管理一直是重中之重。

一、民国时期浙江海洋渔业管理体制

中国现代渔业管理职能部门的出现始于1901年晚清政府的官制改革。在当时内忧外困的环境下，清廷开始仿照西方现代管理方式对中央及地方政府架构进行变革，渔业被纳入农商部的管理范畴之内。辛亥革命后，中华民国政府继承了清王朝的政治遗产，其官制也得以保留，并做了相应的调整。在整个北京政府时期，海洋渔业的管理仍处在上层建筑的调整时期。而地方一级的渔业管理部门的出现要到南京国民政府成立之后。20世纪30年代，随着国民政府对全国形式上的统一，国内经济建设逐渐展开。在中央政府的指导下，省级渔业管理部门逐渐出现并日加完善，在随后的浙江渔业现代化改革中起到非常重要的作用。而浙江省渔业管理部门的调整在经历持续八年的全国抗日战争影响后，仍旧在浙江海洋渔业经济恢复过程中发挥了重要作用。

（一）中央政府海洋渔业管理部门的沿革

1912年3月，北京政府成立后，实业部分为农林部和工商部，渔业归农林部管理，“由部设立渔业局以司其事，此为中央设立专局之开始”。7月，北京政府将农林部与工商部合并为农商部。12月，袁世凯颁布了《大总统公布修正各部官制令》，农商部由张謇任总长，制令第五条规定了农商部置矿政局、农林局、工商局、渔牧司4个下属机构。渔牧司的职责有9个，其中涉及渔业的有4项，分别是：水产监督、保护与教育；渔业监督保护事项；公海渔业奖励事项；渔业团体管理事项。这里要注意的是，除了第三项，其他各项海洋渔业与内陆渔业的管理是没有分开的。民国政府时期政府渔业机构设置不断健全，机构职能、分工逐渐明确，渔政管理开始走向专业化。[①] 张謇在任职期间，致力于为农业、商业制定法规条例，筹办各种试验场，改革厘税，筹备资金和奖金，扶持民族工商业等开拓性的工作。而对于自己已艰难倡导了近十年的渔业近代化事业，张謇亦在颁布渔业法规、奖励远洋渔业、开展水产养殖等方面做了大量工作。他创设海图局，拟定渔业法案；饬令沿海各省设立渔会，沿海小学接受渔民子弟入学；通令沿海各省筹设水产讲习所，并派员巡回讲授，启发渔民；派员赴山东劝办渔轮公司，设立水产试验场；设立模范养鱼场与水产调查会，改良水产物制造；等等。在之后张謇还制定了许多关于渔业管理发展的条例，中国渔政"在张謇的主持下有了一个很大的进步"[②]。

1914 年 1 月，农商部颁布了第五号分科部令，将下属机构做了进一步完善，其中渔牧司设置三科，其中第一科主要执掌渔业保护、监督、奖励事项，水产、动植物保护、监督事项，关于渔业团体事项，关于水产教育事项，渔税、渔政厅事务监督事项，渔业交涉事项以及渔户人口调查等事项；第三科也涉及执掌水产动植物养殖事项、渔业及水产调查改良事项，水产物制造以及种类分析、鉴定的事项。渔牧司的设立及其职责的确立，开启中央政权直接管理渔政的先例。中央渔业管理机构经过一系列的改革，分工日益细化，并根据现实需要不断增加管理职能，很大程度上促进了渔业管理近代化的发展。4 月 28 日，农林部公布《渔轮护洋缉盗奖励条例》（12 条），对申报获得护洋资格轮船的权力做了法律上的界定，同时也对其活动在物质上给予奖励，如获得政府许可的船只必须承担海上渔船的保护工作，这些船只可以装配火炮与枪械，拥有在海上缉捕海盗的权力。对于护渔船的海上活动，政府按照护渔效果及抓捕海盗的数量进行奖励，同时对于在护渔过程中受伤或殉职的船员则给予经济上的救助。这一条例旨在鼓励渔业公司及渔船参与到国家海洋安全体系当中，应对当时非常严重的海盗问题。与此同时，农林部还公布了《公海奖励条例》（11 条），旨在鼓励渔民或公司购买或制造大型渔船在公海捕鱼，以缓解近海渔业资源的紧张及应对外国渔船的侵渔。按照规定：汽船和帆船超过 50 吨的分别按每吨 20 元和 6 元进行奖励，以鼓励渔业

---

① 参见蔺孟孟：《民国山东渔政研究》，山东师范大学硕士学位论文，2012 年，第 7—9 页。

② 都樾、王卫平：《张謇与中国渔业近代化》，《中国农史》2009 年第 4 期。

生产工具的革新。当然，受到奖励的渔船必须保证其公海作业时间超过整个渔业作业时间的3/4。对此，政府部门会随时派人随船实习与监督。次年4月24日，北京政府又颁布了两个条例的实施细则，规范条例的实施，同时又颁布《公海渔船检查规则》（14条）及其施行细则，第1条规定“凡本国人民，以公司或个人名义购买渔船，经公海渔船检查规则合格，取得登记证书者，依本规定给予奖励金”，鼓励中国渔民去外海开辟新的渔场，扩大渔区范围。这些政策法规，使渔政管理有章可循，逐渐走上规范化道路。①

袁世凯死后，北洋各派军阀为争夺中央政府的控制而厮杀混战，导致内阁更迭频繁、中央政令废弛，处于边缘的农林部门形同虚设，难有作为。这一时期的渔政工作更多的是对原定计划的执行。1917年农商部公布《渔业技术传习所章程》，并于第二年派出渔业技术人员李士襄等人前往宁波筹设定海渔业技术传习所。1919年，农商部派遣王文泰前往江苏与江苏省政府合作筹办海州渔业技术传习所。1923年5月，农商总长李根源颁布了《农商部修订本部分科规则令》，渔牧司机构设置以及各科职能与以前设置基本相同，没有根本性变化。1925年，农商部举行行政会议，通过多项和海洋渔业有关的议案，如沿海各省筹设水产专门学校、扩充水上警察厅、筹设沿海渔业管理局、创办或扩充渔业试验场。不过因政局突变，这些措施实际上很难实行。

1927年，张作霖就任大元帅后，将“农商部分为农工部和实业部，其中农工部下设渔牧司”，7月10日，委任米逢泰担任渔牧司长。仅1个月后，该职位由陈安策接任。9月31日，农工部向张作霖上呈农工要政计划纲要，其中涉及海洋渔业的有：“《渔轮护洋缉盗奖励条例》及《公海渔业奖励条例》，颁行已久，尚尠奉行，应再妥订办法，或筹办警察，或编练渔团，以资巡缉而严捍卫。又近年所颁《渔业条例》及《渔会暂行章程》皆寓保护及发展渔业之道，均应通令各省实力推行，俾观成效。至于启发渔民智识，尤关重要，除由部整顿旧有渔业试验场外，并令各地方官署劝导当地渔民组织渔会，筹办渔业讲习会，水产陈列馆等，

---

① 参见张爽：《近代日本对青岛渔业的侵略述论》，曲阜师范大学硕士学位论文，2013年，第19页。

以便研究渔捞养殖等技术，而图渔业之改良。”[①]这一计划虽然很好，但是当时的南北局势已经使得关于渔业的具体措施很难得到执行。这一时期的渔政机构除了北京政府下设的农工部外，广州国民政府同时在广州设置了实业部。而在孙传芳统治东南五省时期，其在上海设立江浙渔业局，委任莫永贞为局长，负责征收渔税，调解江浙渔会纠纷。国民革命军北伐后，国民政府在南京定都，原有实业部改为农矿部，下设渔牧科。根据当时农矿部制定并呈准国民政府备案实施的《训政时期工作纲要》，渔牧科的工作安排有：设立中央模范水产试验场、渔业保护管理局、渔业技术传习所、鱼种场等计划。从后来实施的情况来看，仅渔业保护管理局的设立得到有效执行，这还是在原孙传芳时期江浙渔业管理局基础上，由财政部接收改组成立的。1928 年 5 月，由财政部在南京召集，江、浙两省政府代表及渔业事务局局长等人参加的会议决定了各省渔业管理职权及渔税征收办法。随后，财政部又在上海举行江浙渔业建设会议，江苏省政府建设厅、浙江省政府建设厅、上海市市政府及渔商组织均派代表参加。1929 年 11 月 11 日，南京国民政府公布《渔业法》及《渔会法》。随后，农矿部公布《渔业法实施规则》、《渔会法实施规则》、《渔业登记规则》与《渔业登记规则实施细则》等多项政府法规。涉及渔业的法律条款逐渐完善。1931 年，农矿部与工商部合并为实业部，渔牧科升格为渔牧司。1931 年 2 月 21 日，国民政府公布《实业部组织法》，对实业部的职能和管理权限做了详细说明，其中涉及海洋渔业的管理事项有 6 个方面：渔业保护、监督与奖励事项，渔业机关与团体的监督，水产改良与奖励，渔税拟定，水产试验、检查与改良，其他涉及渔业的事项。

20 世纪 30 年代，随着日本侵华步伐的加快，其渔船对中国沿海资源的掠夺也日加频繁。为此，南京国民政府于 1931 年 3 月下令免除渔民所负担的渔税。同时，在中央政府第 21 次国务会议中，规定了中国的领海范围为 3 海里，海关缉私范围为 12 海里。其后，由财政部设立的江浙渔业事务局正式关闭，所有渔业管理事务转交实业部。至此，实业部成为中国海洋渔业管理的唯一机关。1931

---

① 李士豪、屈若搴：《中国渔业史》，商务印书馆 1937 年版，第 26 页。按：《中国渔业史》作 9 月 31 日，具体日期待考。

年6月16日，实业部成立江浙渔业管理局。6月25日，实业部公布《渔业警察规程》。1932年2月1日，实业部公布《渔轮长渔捞长登记暂行规程》。6月11日，国民政府公布《海洋渔业管理局组织条例》（13条）。基于此，江浙渔业管理局改组为江浙区海洋渔业管理局，下设总务、保安、改进3个课。随后，实业部又组织成立了冀鲁、闽粤两区海洋渔业管理局。同年11月5日，实业部修订《渔业法》、《渔业法实施规则》、《渔会法》、《渔会法实施规则》等涉及海洋渔业的法令，并上呈南京国民政府予以公布实施。这一时期，担任实业部长的是陈公博。他在任职期间，计划重组渔业管理系统，废除渔业杂税，推动渔业现代化建设。为此，他积极推动渔业建设费用的征收。根据1933年行政院公布的《江浙区渔业改进委员会规程》，实业部于同年2月17日成立了江浙区渔业改进委员会以及江浙区渔业建设费征收处。5月9日，实业部公布《征收渔业建设费暂行规则》（9条）。该政策的实施在地方产生很大争议，阻力极大。最终，同年11月，已成立的各区渔业管理局、改进委员会及渔业建设费征收处被下令停办。江浙区海洋渔业管理局改组为护渔办事处，仅负责护渔工作。1935年陈公博去职后，吴鼎昌接任实业部长职位，继续推行渔业改革。1936年5月，实业部下属上海鱼市场正式开办，同月护渔办事处停止办公。7月，实业部与各银行合作成立渔业银团，总资本为100万元。1937年4月，实业部渔业银团呈请实业部令各渔区所属县政府指导渔民组织合作社，以救济日渐衰落的渔业经济。依据1937年2月27日实业部公布的《实业部渔业银团组织规程》，该银团是以提倡渔民合作、流通渔业金融、调整渔产运销、促进渔村建设为宗旨，由实业部联合国内各银行组织而成。主要业务分四大部分，分别为：渔业款项贷放、提倡渔民组织合作社、建造新式渔轮租赁予渔民、办理经实业部委托以及理事会交办事项。[①]

从民国时期中央政府渔业管理机构的沿革和活动来看，在这二十余年里，海洋渔业管理机构多有变化，从农商部到实业部，由财政部到农矿部，最终职权统一到实业部。就职能而言，除民国前期中央政府推动渔业技术革新的具体活动

---

① 参见《国民党浙江省府宁海县府省渔管会等单位关于令发修正外海护渔办法等仰知照由令发渔业各种捐税数额调查表由》，宁海县档案馆藏，档案号：旧1-10-227。

外，更多时候渔业管理活动就是征收各种渔业税收，这从财政部与内务部下设渔业管理部门的具体职能就能看出。而这些不仅不能有效推动渔业变革，反而延缓并削弱了中国海洋渔业经济的竞争力。这种态势一直到抗日战争全面爆发都没有得到有效改善。中央渔业管理机构的混乱直接导致地方渔业改革的难以为继。不过这一时期渔业管理工作仍有可圈可点之处，首先是现代渔业法规的制定，使得远洋渔业生产、渔业保护、渔业组织建设都有法可依，其次是建立了完备的中央到地方一级渔业管理机构，渔业垂直管理模式已经出现并逐渐完善。这些都为战后浙江及中国海洋渔业的恢复打下基础。

（二）浙江海洋渔业管理部门的变革及其活动

作为拥有渔船近万艘，渔民近百万的东南渔业大省，浙江海洋渔业管理在古代一直是由各府县及渔业民间组织代行职能。民国时期，浙江现代渔业管理体制开始孕育。1920 年，浙江省公署在定海设外海渔业总局，在台州临海、温州永嘉设分局。作为浙江渔业行政管理机关，浙江外海渔业局的职能主要有五个方面：肃清海面盗匪；筹办远洋渔业；巩固海权；整理原有渔业公所护渔船及渔船牌照；提倡与改良本省渔业生产技术。不过在实际运转当中，外海渔业局仅开过 4 次会议，虽形成很多建议，但最终徒托空言。最后，该局于 1926 年被裁撤。① 南京国民政府成立后，浙江海洋渔业由实业部渔牧司和浙江省建设厅双重管理（见图 1-1）。

1929 年，南京国民政府公布《渔业法》，其中第 2 条规定："本法称行政官署者在中央为农矿部，在各省为农矿厅，未设农矿厅者为建设厅，在各地方为渔业局，未设渔业局者为县政府。"基于此，浙江省法定的渔业管辖机构是浙江省政府下属的建设厅。作为沿海渔业大省，浙江省政府在民国初期就积极配合中央海洋渔业管理部门推动本省的渔业经济发展与技术推广。1935 年 3 月 19 日，浙江省建设厅制定并公布了《浙江省水产试验场组织规程》（10 条）。1936 年 4 月，浙江

① 参见浙江省政府建设厅编：《两年来之浙江建设概况》，1929 年铅印本，载民国浙江史研究中心、杭州师范大学选编：《民国浙江史料辑刊》第 1 辑第 1 册，国家图书馆出版社 2008 年版，第 270 页。

省建设厅又公布了《浙江省渔业指导员训练班章程》（13条）、《浙江省渔业指导员任用规则》（7条）和《浙江省渔业指导员服务规则》（12条）。这些条例制定的目的是为了推动浙江渔业技术及行政人员的培养工作，以配合实业部在全国的渔业技术推广。

图1–1　南京国民政府时期水产行政系统图

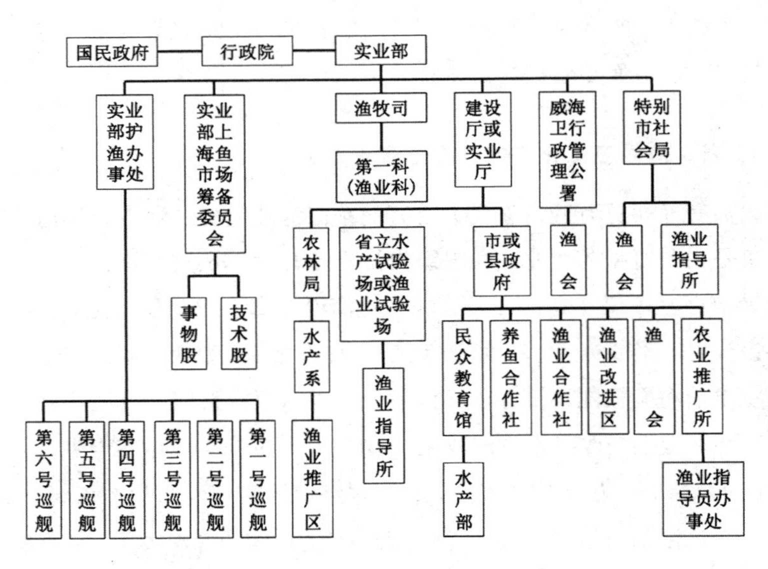

资料来源：实业部中国经济年鉴编纂委员会编：《中国经济年鉴》，商务印书馆1935年版，第115页。

除协助实业部建立定海渔业技术传习所与浙江水产试验场外，浙江省渔业管理部门还积极推动本省的渔业合作运动，希望通过渔业生产的规模化和组织化来提高本省海洋渔业经济的竞争力。相比于其他沿海省份，浙江省政府对渔业合作社的推动更加积极。1928年初，浙江省政府委员兼民政厅长朱家骅就提交派沿海各县县长前往日本考察包括渔业合作社的提案，并获省政府委员会议审议通过。[1]同

① 参见《浙省拟派县长赴日考察提议》，《申报》1928年2月2日。

年10月，江浙渔业会议的讨论中亦涉及组建渔业消费合作社等议案。随后，浙江省政府将筹办渔业银行的提案提请委员会讨论，并认为在组建渔业银行之前，应先派员指导渔民组织信用合作社。[①]1929年7月，浙江省负责推动合作事业的浙江省农民银行因资金不足未能成立，其职能转由建设厅合作事业室接手。1930年2月，浙江省农矿处成立，合作事业划归该处专管。与此同时，浙江省建设厅拟定发展渔业计划，设立渔业指导所，并指导渔业合作社组织。[②]次年1月，农矿处撤销，合作事业由建设厅接办，归第四科主持，设股专责办理。为更加全面地掌握沿海渔民现状，浙江省建设厅“派员先就渔业最盛之鄞县、镇海、定海三县，着手调查渔业状况，渔民生活情形”，随后订定《浙江省沿海各县指导渔民组织合作社应注意事项八条》，通饬沿海各县遵照办理。[③]1932年6月，建设厅恢复合作事业室，仍隶属于第四科。次年4月，提升合作事业室职权，与各科室并列。1934年，浙江省建设厅又拟定六项办法以督促渔民组织运销及其他各种合作社。[④]1935年2月，建设厅将农业总场、第四科及合作事业室合组为农业管理委员会，设合作事业管理处。1936年1月，该处奉令撤销，仍于建设厅内设合作事业室。同年6月，建设厅第二科改为农业管理处，合作事业划归该处办理。同年又于建设厅内单独设科，统一管理浙江渔业合作社事宜。这一时期，浙江省建设厅承担的渔业管理职能主要有渔业技术的推广与渔业合作社的孵化工作。与此同时，1936年5月，随着上海鱼市场的成立，护渔办事处及其他地方渔业管理部门也随之撤销。[⑤]在此背景下，1936年6月4日，浙江省政府成立渔业管理委员会，委员除省建设、民政、教育各厅厅长及鄞县、临海、永嘉等三区行政督察专员为当然委员外，其余均属聘请。同时，为“增进渔民福利，充实护渔力量”，时任浙江民政厅长的徐青甫将浙江“沿海护渔事宜，全部归于水警第二大队，以统一

---

① 参见《江浙渔业会议昨日开幕》，《申报》1928年10月2日；《江浙渔业会议之第三日》，《申报》1928年10月5日；《浙省将办渔业银行》，《申报》1928年10月14日。

② 参见《建设厅发展本省渔业计划》，《时事公报》1930年2月12日。

③ 参见中国合作学社：《合作月刊》1931年第9期。

④ 参见《浙建厅发展水产事业拟定办法六项》，《申报》1924年7月14日。

⑤ 参见李士豪、屈若搴：《中国渔业史》，商务印书馆1937年版，第29页。

指挥”。[①] 浙江省渔业管理委员会下设保卫、经济、指导 3 个组：保卫组主要管理警队、船舰、枪械、气象报告、海事通讯等渔警事项，兼管辖水上警察第二大队；经济组主要处理渔业金融、受灾救济、渔业用盐和水产试验、调查统计等工作；指导组主要是渔船保甲编组，管理渔民团体及渔村教育，处理纠纷等，并在重要渔区设立办事处或其他附属机构。[②] 1937 年，时任浙江省政府主席兼浙江省渔业管理委员会主任委员的朱家骅先生，力主逐渐彻底废除苛捐杂税，认为浙江省征收护渔经费，系属增加渔民负担之一，经浙江省政府委员会第 899 次会议议决取消浙江省护渔费，并令浙江省外海水上警察局积极整顿，加紧巡护，在护渔费取消后，绝不能稍有松懈。[③]

随着抗日战争的全面爆发，浙江重要渔区所在地相继沦陷，浙江省渔业机构亦裁撤大半。战前隶属建设厅的浙江省水产试验场，自省会杭州沦陷后，曾一度迁往绍兴，最后在 1937 年 2 月被迫停办。隶属于浙江省政府的渔业管理委员会则并于建设厅，该会在定海、海门、永嘉所设的三区渔业办事处，分别改称为建设厅第一、二、三区渔业管理处。宁波沦陷后，第一区渔业管理处相应裁撤，将第三区改为第一区，第二区不变。[④] 随着战事的波及，浙江省渔业继续衰退。鉴于此，战争初期，浙江沿海各县积极从事渔业救济工作。1938 年，宁波象山县政府在《象山县县政实施概况报告》中将救济渔民工作列为县政实施计划要点。经象山县政府调查，当时象山县渔民不下 5000 人，然而时值抗日战争，“渔民生计维艰，贷款救济益感急要”，于是由浙江省第二区渔业管理处贷放渔款 25000 元，由象山县渔民借贷所办理贷放，以资救济。为从根本上缓解与改善渔民的生计，象山县政府制订并出台了详细的救济计划，其内容包括：准许渔民出海捕鱼、继续办理渔民借款、设法便利渔获物运销、严禁渔区赌娼、

① 《浙沿海护渔事宜，将全部划归水警队，护渔收费另定办法以免重叠，省府公布渔业管理委员会组织》，《宁波民国日报》1936 年 6 月 5 日。

② 参见舟山渔志编写组编著：《舟山渔志》，海洋出版社 1989 年版，第 280 页。

③ 参见实业部上海鱼市场编印：《水产月刊》1937 年第 4 期。

④ 参见郭振民：《舟山渔业史话》（舟山文史资料第 10 辑），中国文史出版社 2007 年版，第 663—665 页。

设法办理渔民自卫。[①]至于宁海县，该县当时有大对船544对，渔业商号136家，直接与间接之渔民有3万人以上，占全县人口总数1/10。然而，因战时海面受敌舰骚扰，渔民出渔困难，生计垂绝。于是，“老弱者持乎海壑，少壮者铤而走险，故海洋盗匪蜂起”，致使该县渔业骤然衰落。1939年5月，宁海县县政府制定渔业救济办法，因其地拥有县属三门湾、象山港等处不下100万亩之涨河涂，故其救济渔民唯一也是最有效的办法，就是“化渔为农”。不过，该县也认识到因滩涂面积太大，“垦殖经费必巨，绝非本县之能力所及”，于是该县请中央拨款补助30万元，由该县特设机关负责进行渔业救济。[②]除各县积极进行救济外，浙江省政府亦于1940年10月9日颁布了《浙江省建设厅奖励渔业暂行办法》及《浙江省建设厅管理鱼行暂行办法》，以规范渔业产销，促进渔业经济。《浙江省建设厅奖励渔业暂行办法》规定：“凡在本省经营水产物、渔捞养殖制造及其他有关渔业事业，经本厅审核，成绩优异者，均得依照本办法奖励之”，并明确了奖励细则。而《浙江省建设厅管理鱼行暂行办法》除详细规定了鱼行必须遵守的法则和履行的义务外，还兼顾到了战时渔业救济，该办法规定：“各鱼行如有资金缺乏、运输困难、设备不周、销路滞塞、鱼价失调以及其他营业上之困难，需要政府协助者，得呈由各该区渔业管理处，会同该管县政府设法处理之。”[③]此外，1943年2月25日，浙江省政府奉农林部、社会部令，饬沿海各县派员密切联系各渔业团体，以争取战地渔民内向及渔产内移，并且明确“关于救济与援助受敌、伪、匪突害之渔业人民，应由该管县政府会同有关机关，参照院颁《非常时期救济渔民办法》、《战时沿海渔民管理救济办法》及省颁《救济渔业办法》切实办理”[④]。

在国民政府渔业机构相继裁撤的同时，日伪渔业组织陆续成立，日伪对浙

① 参见《象山县政实施概况报告》，象山县档案馆藏，档案号：01-3-700。

② 《国民党建设厅宁海县府六区专员公署等单位关于鱼行鱼栈渔捞户等调查表督饬填送县渔会沿海各乡镇为抄发护渔暂行办法仰知照由》，宁海县档案馆藏，档案号：旧1-10-229。

③ 《国民党省建设厅宁海县府文正区署等单位关于为抄发各区渔管处组织规程及各分处组织通则仰知照及奖励渔业暂行办法遵照施行由》，宁海县档案馆藏，档案号：旧1-10-228。

④ 《省府关于渔业生产的各类文件》，宁波市档案馆藏，档案号：2-1-22。

江渔业的侵略遂由零星的劫掠变为有计划的榨取。随着舟山及宁波的沦陷，日伪政府在宁波成立了伪宁波水产管理局，统括整个宁属滨海各县渔业机构，借"管理"之名，征收渔税，统制产销。日伪向每只渔船课收重税。至1944年抗日战争胜利前夕，每艘渔船缴纳的"护洋捐"累积达到5万元，隔年又涨至30万至40万元之巨，其中有登记费、牌照税、生产捐等，一只渔船税捐可以多达十余种，完税后由日伪渔业机关发予一张伪护洋执照，以为凭据，但靠其"护洋"则是不能奢望的。①

1945年日本投降后，浙江省政府主席黄绍竑发出浙江省政府主席行辕代电（辕建字第228号），下令浙江各县政府将敌伪所有财产物资切实查封保存，并将经办情形暨财产状况进行汇报。10月12日，浙江省政府派浙江省党政接收委员会代表、省合作供销处办事员顾殿臣会同各县办理查封接收业务。12月21日，浙江省政府第1433次委员会会议通过《发展本省渔业方案》，拟定工作方针三点：倡导集体生产，发挥社团力量，以谋整个渔业之发展；运用科学设备从事进步之经营，以提高渔获物之产量品质，展拓销场；清除渔业弊害，减轻渔民痛苦，活泼渔村经济，供给渔需用品，以期改善渔民之生计。开列实施办法七大点：健全充实渔业主管机构，改进渔业经营方法，修筑渔港、渔船避风地及渔业码头，供给渔需品，贷放出渔资金，举办渔民储蓄及保险，实行护渔。②与此同时，浙江省政府会议提出集合渔业人士组设"官商合办宁波鱼市场股份有限公司"，简称"宁波鱼市场"。1946年初，隶属于省建设厅的浙江省渔业局在定海县城关大校场正式成立，负责"推广渔业、编组渔港暨改进渔民福利"，"督导考核各渔业团体目的、事业之推进"。③4月，由浙江省第三区渔业管理处筹备成立宁波鱼市场，拟定以接收敌伪宁波鱼市场财产作为官股五百股入股宁波鱼市场，由渔业管理处作为官股所有权的主体。5月1日，官商合办宁波鱼市场股份有限公司正式成立，

① 参见新潮通讯社编：《新潮通讯社（乙种稿）》，1946年6月1日。《省府关于渔业生产的各类文件》，宁波市档案馆藏，档案号：2-1-22。

② 参见《省府关于渔业生产的各类文件》，宁波市档案馆藏，档案号：2-1-22。

③《国民党省建设厅宁海县府省社会处等单位关于催报渔民固有组织概况及其活动情形由仰遵照规定要点指导渔会对敌伪斗争由》，宁海县档案馆藏，档案号：旧1-10-230。

呈报浙江省政府建设厅登记。嗣后奉农林部核示"宁波为设置二等鱼市场地点，应由省厅联络渔业人民筹设"。后由李星颉会同渔业局局长饶用泌对宁波鱼市场进行整组，并于9月26日举行创立会，并修改章程。9月27日，浙江省政府建设厅核定《官商合办宁波鱼市场鱼货交易暂行规则》。同年7月17日，农林部江浙区海洋渔业督导处致函浙江省政府，提出"为谋渔业救济物资之合理分配运用，并使渔业长足进展起见，沿海各重要渔区应谋积极普遍成立渔业合作社"[①]。另外，战时浙江渔业饱受摧残，使得战后浙江海洋渔业经济衰落，生产无法继续，渔村民生凋敝，急需政府重新办理渔业贷款，以维渔民生计。为此，浙江省政府积极筹措资金办理渔贷。1946年，由浙江省渔业局、浙江省水产建设协会请得国民政府中央批准浙江省渔贷10亿元（即1947年春汛渔贷）。1947年春夏汛，在舟山沈家门普陀渔区，浙江省渔业局向银行洽借，由浙江省建设厅承还担保，月息8分，期限3个月，发放渔贷9700万元。战后浙江渔业管理机构的努力在一定程度上有助于海洋渔业经济的恢复。1948年6月，浙江省渔业局迁往杭州。同年7月，渔业局迁往宁波，8月又迁回定海，1949年5月停办。

二、浙江海洋盐业管理机构及政策实施

自辛亥革命爆发，新浪潮猛烈冲击清末的盐务体系，时人记载旧制度的黑暗时说到"专商积弊，迄未革除，各省盐务，纷乱如丝，国课民生，交受其困"[②]，盐务的黑暗腐败状况，引起中国一些有识之士的担忧和不满，加速了旧体制的崩溃。其后几十年，中国的政治舞台上，盐政一直扮演重要的角色，也是学者研究的热点。就浙江而言，随着新式制盐法的推广以及西方盐政管理体系的传入，浙江海洋盐业管理机构历经多次变化。下文着重介绍浙江盐政机构的变迁与浙江省缉私盐所做措施。

---

① 《准江浙区渔业督导处函请转令沿海各县切实指导组织渔业合作社等由电仰饬遵照由》，象山县档案馆藏，档案号：01-3-0844-015。

② 田秋野、周维亮：《中华盐业史》，台湾商务印书馆1979年版，第322页。

（一）民国时期浙江盐政管理机构

民国时期浙江海洋盐业管理机构有3个，分别是：两浙盐运使公署①、两浙盐务稽核分所和两浙盐务管理局（各机构主管人员名单见下文表1-1、表1-2、表1-3）。

自辛亥革命后，国民政府对盐政进行了重大改革，其中在浙江是废除了两浙盐运使司，新设浙江省盐政局，不久于1912年12月撤销，改设两浙盐运使公署，公署的最高长官是两浙盐运使，是由财政部呈请简任的。翌年4月，北京政府为举借外债，设置两浙盐务稽核造报分所，盐务机构遂分为行政与稽核两个系统。②至此，两浙盐运使的职责下降，主要分管场产管理、督销查验及缉私等行政事宜。两浙盐运使公署的下属机构也经过多次调整，至1929年辖有宁波、台州等地办事处，温处盐务行政局，绍属、常广、徽属督销局，杭余、嘉兴、绍兴、曹江、富阳、桐庐、严州、沈家门、壶镇、镇下关等查验处及临海掣验处，钱清、余姚、海沙、东江、岱山、长林、双穗、许村、鲍郎、黄湾、芦沥、三江、金山、清泉、大嵩、穿长、定海、玉泉、长亭、杜渎、黄岩、上望、南监、北监场等众多的场公署及鸣鹤、衢山场佐。1931年1月，各场裁并较多，原26场（包括场佐）并为16场。翌年8月，财政部令将两浙盐运使职务由两浙盐务稽核分所经理兼任，运署所属机构分别裁并，由稽核人员兼办。盐务行政管理职能自此并入稽核系统。1935年6月，为减少行政经费支出，遣散原运署人员，仅留产销课办理行政事务，对外行文保留运使公署名义，机构已不存在。1937年4月，根据《盐务总局组织法》，各省所属机构相应改组，撤除两浙盐运使公署，取消运使职衔。③

1913年，北京政府向五国银行团举借"善后大借款"，以盐税及关税做抵押，接受银团对盐务监督管理，成立盐务稽核总所。4月，在杭州设置两浙盐务稽核造报分所。10月，改称两浙盐务稽核分所。稽核分所与运使公署分权并列，互不

---

① 1913年北京政府签订的借款合同上称为盐运司。参见中国第二历史档案馆编：《中华民国史档案资料汇编：第五辑（第一编）财政经济（二）》，江苏古籍出版社1994年版，第181页。

② 参见南开大学经济研究所经济史研究室编：《中国近代盐务史资料选辑》第1卷，南开大学出版社1985年版，第134—137页。

③ 参见浙江省盐业志编纂委员会编：《浙江省盐业志》，中华书局1996年版，第311页。

隶属。稽核系统专司“盐税稽征”、签单秤放及税款收支监督。分所经理为华人，副职协理为外籍人员，收支税款等重要稽核事项必须协理签发生效。1914年“下设绍属、温州、台州收税总局，委派收税官”[①]。翌年5月，两浙盐务稽核分所在仁和、双穗场设盐务秤放局，主管称秤放员，后改称局长。1916年4月，在宁波设立宁波盐务稽核支所，委派华、洋助理各1员为主管，加强盐税控制。1922年4月，稽核分所先后增设三江、镇塘殿、东江、濠河头、许村、长林、余姚、岱山、南沙、黄湾、金山、北监、穿长、黄岩、鲍郎、玉泉、乍浦、定海、南监、清泉、大嵩、长亭、杜渎等秤放局共25处，另在镇下关设秤放分局1处。两浙稽核系统机构于是建成。

1927年，南京国民政府统一全国后，为收回盐政主权，决定裁撤稽核机构。两浙盐务稽核分所于当年3月并入两浙盐运使署，下属稽核机构也同时撤销。1928年，宋子文接任财政部长后，认为稽核所“服务人员，向经考试，于盐政经验，自较充实……责任之严明，制度之整齐，都有值得保存者”[②]。于是，财政部又命令复设。3月，各地原设之分支机构也次第恢复，运署交还稽核职权。值得注意的是，恢复后的稽核所开始摆脱外国势力控制，职能和稽核制度虽仍继承北京政府时期的做法，但事权在逐步集中。1932年8月，财政部指示由两浙盐务稽核分所经理兼任两浙盐运使，运署下属机构一律裁撤，运署保留产销科以运署名义办理行政事宜。各场场长由秤放员兼任，裁撤宁波稽核支所，其下属9个秤放局归由分所直辖，全区盐务产、运、销、税、缉私统辖于稽核分所。同年，浙江硝磺局并入盐务系统，由经理兼任局长，合署办公。1934年，稽核分所税警课改组为两浙税警局，下辖6个区，计有18个队，68个分队。翌年8月，两浙盐运使公署行政事宜亦并入稽核分所，撤销保留的运署产销科。1937年4月，盐务机构全面改组，两浙盐务稽核分所撤销，改为两浙盐务管理局。[③]因此，时人曾说“国民政府成立后，取稽核制度之所长，而将从前有损主

---

① 温州市盐业志编纂领导小组编：《温州市盐业志》，中华书局2007年版，第17页。

② 《民国十七年度财政公报》，《中央周报》1937年3月17日。

③ 参见浙江省盐业志编纂委员会编：《浙江省盐业志》，中华书局1996年版，第312页。

权之点，悉行改善，核实整顿，成效大著。自21年以后，将行政稽核两机关，逐渐归并办理，法令既趋统一，经费节省尤多”[①]，这也标志中国盐政主权被侵犯的稽核所自此消失。

1937年4月，根据《盐务总局组织法》的规定，改组两浙盐务稽核分所，成立两浙盐务管理局（以下简称两浙局）。稽核所及运署同时撤销。两浙局置局长、副局长。副局长仍聘用外籍人员，但不再掌握实权。1943年最后一任外籍副局长被辞退，嗣后再无外籍职员。两浙局下属机构有：税警局，从事缉私事务，有税警4300余名；温处盐税局，并辖双穗、长林、南监、北监4场公署及秤放局；台州盐税局，并辖玉泉、长亭、杜渎、黄岩4场公署及秤放局。两浙局直辖场公署及秤放局，计有黄湾、鲍郎、乍浦（局）、南沙、余姚、岱山、镇塘殿（局）、金山、清泉、定海、濠河头（局）11处。此外，尚有余姚、岱山食盐检定所，镇塘殿食盐复查所及临浦临时秤放处等。机构及人员较以往减少。

新机构成立不久，抗日战争全面爆发。当年11月，日军在平湖全公亭登陆，芦沥、鲍郎、黄湾场先后被侵占。两浙局于11月迁往兰溪，12月迁至永康，后又迁至金华。1939年5、6月，日军攻陷定海、岱山场。翌年4月，钱清、余姚、金山、清泉、玉泉各场先后被占领。1938年2月，为抢运余姚、钱清场存盐，由浙江省政府在金华成立战时食盐运销处。7月，改组成立由财政部、浙江省合办的浙区战时食盐收运处，两浙局局长兼任处长，并在黄岩、临海、杜渎、仙居等地设办事处。收运处下设汽车、手车运输大队及转运站、储盐仓库等机构。1942年1月，为实行盐专卖制，相应调整机构，撤销收运处，业务及人员并入两浙局。所属机构凡办理税销者称分局及支局；管理场产者称场公署，主持运销者称运输办事处或转运站；秤放局并入场公署。改组后直属机构有皖属、温属（下辖双穗、长林、南监、北监4场）、台属（下辖长亭、杜渎2场）、永康、金华、萧绍、建德、浙西、皖南9个分局；诸暨、临浦、鹰潭、兰溪、滴渚、安华、义乌、江山、玉山9个办事处；余姚、黄岩2个场公署及汽车、手车、护运3个总队部。4月，

---

① 秦孝仪主编:《革命文献》第七十三辑，台北文物社1977年版，第189页，转引自刘经华:《抗战时期国民政府盐务管理体制的变迁》,《盐业史研究》2005年第3期。

日军流窜侵犯，两浙局由金华迁至龙泉，9个办事处及余姚场公署相继撤退后陆续撤销。[①]9月间，两浙局又先后在泰顺、庆元等内地筹设直属支局，继续行使办事处、场公署职能；3个总队改组为运输企业。浙江硝磺局也在当年改称浙江硝磺处，归盐务总局直辖。

1945年8月15日，日本投降。中共浙东区委于19日率部解放余姚盐区，在庵东镇成立浙东盐务管理局，对浙东盐务实施有效管理，规定按照盐价的30%征税。[②]10月6日，浙东区委奉令北撤。南京国民政府两浙局于10月推进杭州，接管收复区盐场，相应调整产、销区机构。1946年，两浙局直辖机构为：余姚、定岱、钱清、玉泉、黄岩、双穗、北监、南监、长林9个场公署；浙西、宁属、永嘉3个分局；临浦支局；衢县、港口、木蚌、二凉亭4个常平仓。1949年5月杭州解放，原余姚场场长倪士俊在宁波另立“两浙盐务管理局”，同月迁往定海，翌年5月率部去台湾。[③]

表1–1　民国时期两浙盐运使公署运使名单统计

姓名	字	籍贯	在职年月	说明
庄崧甫			1912	浙江省盐政局局长
张栩			1913.02	
陈廷绪			1914.04	
李穆			1914.11	
姚步瀛			1915.03	
胡思义			1915.11—1917.04	
胡彤恩			1917.04—1917.08	
袁思永			1917.08—1919.01	
蒋邦彦	晋英	浙江	1919.01—1920.09	
赵从藩	仲宣	江西	1920.09—1921.02	
周俊彦			1921.04	

① 参见浙江省盐业志编纂委员会编：《浙江省盐业志》，中华书局1996年版，第313页。
② 参见傅璇琮主编：《宁波通史（民国卷）》，宁波出版社2009年版，第274页。
③ 参见浙江省盐业志编纂委员会编：《浙江省盐业志》，中华书局1996年版，第313页。

续表

姓名	字	籍贯	在职年月	说明
蒋邦彦			1921.04—1922.05	
杜纯	梅叔	广东	1922.11—1924.04	
王锡荣			1924.10	
王金钰	湘汀	山东	1925.01	
刘宗翼	文荪	河间	1925.08—1926.02	
周俊彦			1927.04—1931.02	
余宗渭			1927.11	
冯汝良		浙江	1932—1934.07	
周宗华			1934.07—1937.03	运使公署裁撤

资料来源：浙江省盐业志编纂委员会编：《浙江省盐业志》，中华书局1996年版，第322—323页。

表1-2 民国时期两浙盐务稽核分所主管人员名单统计

职务	姓名	在职年月	注	职务	姓名	国籍	在职年月
经理	冯汝良	1913—1921		协理	大和平隆则	日	1913—1917
经理	钱文选	1922.11		协理	艾维思		1921
经理	刘宗翼	1925.09		协理	田边熊三郎	日	1922.11
经理	水崇逊	1926		协理	贝尔逊		1923.02
经理	周俊彦	1926		协理	保德成		1925.05
经理	钱文选	1927		协理	艾维思		1932.04
经理	冯汝良	1932—1934	兼运使	协理	贝尔逊		1934.08
经理	周宗华	1934—1937.03	兼运使	协理	鲁斯敦		1935.11
	—			协理	加藤兼一	日	
	—			协理	伍立夫	英	1936.06—1937.03

资料来源：浙江省盐业志编纂委员会编：《浙江省盐业志》，中华书局1996年版，第323页。

表1-3 民国时期两浙盐务管理局历任局长名单统计

职务	姓名	籍贯	在职年月	职务	姓名	籍贯	在职年月
局长	周宗华		1937.04—1938.06	副局长	伍立夫	英	1937.04—1938.09

续表

职务	姓名	籍贯	在职年月	职务	姓名	籍贯	在职年月
局长	郭劭宗	山东	1938.06—1941.08	副局长	成忠宣	英	1938.09—1943.05
局长	顾建中		1941.09—1942.03	副局长	宋惠华		1943.11—1946.04
局长	纽建霞	浙江	1942.03—1942.09	副局长	杨嵩华		1946.09—1948.01
局长	倪灏森	江苏	1942.09—1946.04	副局长	李泠		1947.09—1949.04
局长	赵武显	河北	1946.04—1947.12		—		
局长	纽建霞	浙江	1947.12—1949.01		—		
局长	关尹		1949.01—1949.04		—		

资料来源：浙江省盐业志编纂委员会编：《浙江省盐业志》，中华书局 1996 年版，第 323—324 页。

（二）民国时期浙江省盐业缉私

私盐问题在清末就已经很严重，当时全国据称有 1/3 都是私盐。到了民国，私盐问题进一步恶化。民国时期的私盐问题，是历史上私盐问题的继续和发展，这一问题产生的历史根源，不仅在于引岸制度，关键还在于，历代政府都对食盐征收重税，导致官盐价高私盐价低，私盐遂有市场，制售私盐有利可图，并且已经成为一部分人主要的谋生手段。而私盐赖以生存的社会环境，也促成了一批既得利益者，形成积重难返的局面。面对私盐猖狂的情况，民国政府从制定法律、组织缉私队两个方面着手，以期达到有效控制。

1914 年 12 月 22 日，北京政府公布《私盐治罪法》，计 10 条，主要规定：犯私罪不及 300 斤者，处五等有期徒刑或拘役；300 斤以上者处三等或四等有期徒刑；3000 斤以上者处二等或三等有期徒刑；携有枪械意图拒捕者，加本刑一等；结伙 10 人以上走私贩私，拒捕杀人，伤害人致死及笃疾或废疾者，处死刑；伤害人未致死及笃疾者，处无期徒刑或一等有期徒刑；盐务官及缉私场警兵役等自犯私盐罪或与犯人同谋者，加刑一等。[①] 此后还有 1929 年 8 月公布私盐轻微案件处罚章程。1942 年 5 月，南京国民政府公布《盐专卖暂行条例》规定：贩运或售卖

① 参见浙江省盐业志编纂委员会编：《浙江省盐业志》，中华书局 1996 年版，第 390 页。

私盐者，没收其盐及其自有供作贩运或售卖私盐之用具，并处以照私盐量按当地盐价 1—5 倍之罚款。私盐数量在 500 市斤以上者，除依前没收及罚款外，并加处 1 年以下有期徒刑或拘役；2000 市斤以上，加处 3 年以下有期徒刑；5000 市斤以上，加处 5 年以下有期徒刑。1944 年 10 月国民政府修正公布的《盐专卖条例》与 1947 年 3 月公布的《盐政条例》等都有关于私盐惩处的规定。

自 1912 年起，两浙缉私统领由浙江都督委任，此后由财政部直接管辖。1918 年，商巡改为官办，与其他官巡一律归由特设的统领节制。当时两浙缉私统领辖 16 营，共盐巡 3497 人，分驻浙盐产销各地，其经费按各地数目多寡，分别加入正税征收。后因嘉、湖、温等地官巡力量薄弱，又先后呈准恢复商巡组织。1931 年，两浙缉私队及盐（场）警先后移交两浙盐务稽核分所接管，改称税警，裁撤缉私局，并将缉私队改组为区队制，计分 5 个区，第一区设 8 个队分驻杭、嘉防地；第二区设 8 个队，分驻萧、绍防地；第三区设 9 个队，分驻余姚一带防地；第四区设 6 个队，分驻台属防地；第五区设 6 个队分驻温属防地。另于宁波设一副区队，隶属第三区管辖，下设 3 个分队，分驻宁属防地，“威靖”舰任水面缉私事宜。各处商巡同时由两浙盐务稽核分所分别接收管理（其组织情况见表 1-4）。

表 1-4 两浙盐务商巡各队人数及驻地表

名称	地点	员巡数		沿革
		员	巡	
两浙盐务商巡第一总队	嘉兴	39	183	原系嘉湖第一区盐巡所，前改为嘉湖第一区盐巡总队
两浙盐务商巡第二总队	湖州	39	183	原系嘉湖第二区盐巡所，前改为嘉湖第二区盐巡总队
两浙盐务商巡第一大队	杭州	26	122	原系杭县盐巡所前改为杭县盐巡大队
两浙盐务商巡第二大队	海宁	11	120	原系海崇盐巡所前改为海崇盐巡大队
两浙盐务商巡第三大队	德清	26	122	原系嘉湖第三盐巡所前改嘉湖第三区盐巡大队
两浙盐务商巡第一队	余杭	3	20	原系余杭盐巡所前改余杭盐巡队
两浙盐务商巡第二队	临安	3	20	原系临安盐巡所前改临安盐巡队

续表

名称	地点	员巡数		沿革
		员	巡	
两浙盐务商巡第三队	平湖	2	10	原系平湖盐巡所前改平湖盐巡队
两浙盐务商巡第四队	绍兴	11	82	原系绍属盐巡所前改绍属盐巡队
两浙盐务商巡第五队	萧山	9	62	原系萧山盐巡所前改萧山盐巡队
两浙盐务商巡第六队	金华	9	62	原系浙东第三区盐巡所前改浙东第三区盐巡队
两浙盐务商巡第七队	衢县	6	42	原系西龙盐巡所前改本龙盐巡队
两浙盐务商巡第八队	严州	11	82	原系浙东第一区盐巡所前改浙东第一区盐巡队
两浙盐务商巡第九队	江西玉山	6	42	原系浙东第二区盐巡所前改浙东第二区盐巡队
两浙盐务商巡第十队	宁波	8	55	商人呈请新编
合计		209	1207	

资料来源：浙江省盐业志编纂委员会编：《浙江省盐业志》，中华书局 1996 年版，第 393—394 页。

抗日战争全面爆发不久，日军侵占浙西一带，税警后撤至浙东。“建安”、“绥南”两舰拆卸退役，各地商巡改编遣散。1938 年，两浙缉私队改组为税警办事处。1939 年，税警办事处增募新警 30 队充实警力。1941 年，税警办事处改组为两浙盐务管理局税警科。经过整编，全省计有 9 个区、12 个分区、112 个队，3 个直属特务中队。1941 年，日军窜扰浙东，各区队向后转移，并予以调整，改编为查产警 48 个队，押运警 50 个队，缉私警 22 个队，共计警力 4300 余名。1942 年，浙江成立缉私署，浙区税警全部移交改编为税警第 10、11 团，一部分编入其他税警团。1944 年，税警 11 团拨还给两浙盐务管理局，成立 42 个税警队，后扩编为 45 个队。1945 年 8 月抗日战争胜利后，浙江沦陷盐场得以收复，两浙盐务管理局又增设盐警 31 个队。①

至 1946 年，两浙盐务管理局税警科划拨上海盐务办事处 11 个队，裁汰 12 个队，拨交山东盐务局 5 个队。截至 1946 年底，两浙盐务管理局税警科计有盐警 48 个队，一等区 7 个，二等区、直辖区各 1 个、二等分区 4 个，共计

① 参见浙江省公安志编纂委员会编：《浙江警察简志（清末民国时期）》，浙江省公安厅文印中心内部刊印，2000 年，第 55—56 页。

警力2306名（见表1-5）。

表1-5 1946年两浙盐警配备情况表

区	分区数	队数	人数		区部驻地	辖区
			官佐	士警夫		
第一区		3	14	135	平湖乍浦	配驻浙西分局布防平湖、海宁、海盐一带
第二区		4	19	180	绍兴党山	配驻钱清、余姚两场布防绍兴、萧山、上虞一带
第三区		7	28	215	余姚庵东	配驻余姚场布防余姚一带
第四区	1	7	31	315	定海道头	配驻定岱场及宁属分局布防定海、岱山、镇海、宁波一带
第五区	1	5	25	225	象山石浦	配驻玉泉场布防象山、三门一带
第六区	1	8	34	360	温岭新河	配驻黄岩场布防温岭、临海、黄岩一带
第七区	1	6	28	270	乐清浦边	配驻长林、北监两场布防乐清、玉环一带
第八区		6	25	270	瑞安	配驻双穗、南监两场布防瑞安、平阳、永嘉、丽水、云和一带
直属分区		2	9	90	杭州	配驻管理局临浦支局及浙西分局布防萧山、杭州一带
海州舰			7	26	宁、象、定沿海	
共计	4	48	220	2086		

资料来源：浙江省盐业志编纂委员会编：《浙江省盐业志》，中华书局1996年版，第395页。

1949年初，两浙盐务管理局税警科计有盐警51队，又有查缉大队3个中队，驻地分别为：第一区驻浙西，盐警3个队；第二区驻党山，盐警6个队；第三区驻庵东，盐警8个队、1个中队；第四区驻舟山，盐警7个队、1个中队，另配备“海丰”、“海州”两缉私舰；第五区驻象山，盐警5个队；第六区驻温岭、黄岩，盐警8个队，又驻海门1个中队；第七区驻玉环、乐清，盐警6个队；第八区驻温州，盐警6个队；直辖分区盐警2个队，分驻钱江、杭州等处。①

① 参见浙江省盐业志编纂委员会编：《浙江省盐业志》，中华书局1996年版，第395—396页。

第二节　民国时期浙江航政与安全管理机构

自晚清沿海港口开埠以来，浙江航政管理由外国人控制的海关把持。直到1927年南京国民政府成立后，在中央政府的支持下，交通部成立航政局，开始接管中国沿海各港口航政工作。上海航政局宁波办事处及温州办事处承担了浙江沿海宁波、温州、台州港的航政事务。与此同时，浙江省政府建设厅成立航政管理局，其管辖范围包括浙江内江及沿海所有帆、轮船。抗日战争全面爆发后，出于国防需要，浙江沿海船只及港务管理同时也要接受地方军事当局的管辖。战争时期，浙江军事部门可根据战局需要开放或者禁止沿海港口通行。随着航务管理工作的不断调整，浙江沿海航政管理最终由交通部上海航政局下属各办事处承担，浙江省政府建设厅下属航政管理局则负责内江船只通航事务。战后，浙江航务主管部门为交通部上海航政局宁波办事处、海门办事处与温州办事处。

一、民国前期浙江航政管理

中华民国成立后，浙江航政管理机构仍旧由外国人控制的海关把持，其管理包括引水、岸线及除关税外其他杂税的征收。港口的价值和规模致使海关在宁波港及温州港的航政管理中起到非常重要的作用，而同时期海门港的航政管理是由常关及民间组织共同完成。南京国民政府成立后，全国统一性的交通部航政局成立，作为上海航政局所管辖的一部分，航政局宁波、海门、温州办事处于1931年逐步建立起来。与此同时，浙江省建设厅下属的船舶管理也逐步完善。中央直属部门与地方管理部门在职责上既有区别又有交叉。从船舶管理上而言，前者侧重的是对海员和海船的管理，而后者的范围还包括内河航道及内河船只管理。

（一）民国前期浙江航政管理

晚清以来，浙江沿海航政管理皆由外商或外国人把持的海关负责。鸦片战争之后，在各港口税务司成立之前，浙江沿海港口出入的轮船由各国领事馆管理。

随着浙海新关的建立，当时浙江唯一对外通商港口——宁波港的航政管理职能一分为二：一部分归清政府浙海关管理；一部分归外国人担任的税务司管理。晚清至民国初期，浙江沿海浙海关负责管理宁波、台州港口航政事务，而瓯海关负责温州港的航政管理。随着浙江沿海港口的管理权落入外国人之手，近代港口管理方法也逐步引进到浙江。这一时期航政管理的主要职责包括两类：一类是针对港航设施和服务的课税；另一类是修建港航设施，提供服务以及有关使用岸线、锚地和其他港航设施的一系列规定。

以宁波港为例，晚清时期的浙海关建立后就下设理船厅，专门管辖岸线、水域；确定港界，指定船舶停泊处所和建筑码头，安置趸船的管理；考核并聘任引水员事宜；航道、航标的维护和设置等。浙海关当时的主要业务就是引水，并收取相应的引水费。对于进出口货物，除了由海关征收相应的进出口税和子口税等商业关税外，浙海关还征收引水费、船钞、码头捐和船舶注册费等。引水费是指轮船或篷船在进出港所支付的入口引水费，按船只吃水计收，不同河段收费不同。如宁波至镇海，船只吃水1尺收费2元，这就意味着吃水3尺的船只在经过这一河段的话要收费6元；宁波至七里屿，船只吃水1尺收费3元，这就意味着出水3尺的船只在经过这一河段的话要收费9元。船钞则针对进出港口超过48小时以上或上下人员与货物的船只。船钞按照吨位征收，每4个月征收1次。而码头捐则是对于进出口货物征收的税种，每件征收制钱3文，其征收对象主要是华商。船舶注册费是对浙海关编号注册船只征收的注册费，每年100海关两。按照当时浙海关规定，所有货物装卸及码头作业必须要在白天完成，周日及节假日不进行。与“引水权”相对应的是宁波内河沿线的“白水权”。根据中英《南京条约》，宁波被辟为通商口岸后，英美等国在宁波江北岸外滩一带开设领事馆，并修筑住宅、教堂等设施，形成了外国人聚集的居留地。由于对外国人居留地范围没有正式的文件规定，这使得当时的法国天主教堂非法侵占了新江桥至宁绍码头一带的水岸线。教堂将这一带岸线出租给别人修筑码头、停靠船舶。这就是民国时期所谓的“白水权”，其实质是宁波港水岸线的管理主权。由于政治因素，民国早期宁波的航政管理主要围绕管理权展开。1919年以前，宁波港的引水员皆由外国人担任。随着五四运动的爆发和中国民主革命的兴起，加上1921年英籍引水员引领一艘糖船搁浅导致船商损失惨重，沪甬两地航运界及商人给当时的浙海关施加了很大压力。在社会舆论压力下，当时宁波税务司和港务长不得不撤换两名外籍引水员，选用在宁波航运界有丰富经验的周裕昌、顾复生担任引水员。随后在反帝浪潮下，浙海关港务长一职也改由中国人柯秉璋担任。相比“引水权”的收回，宁波“白水权”的问题更为复杂。1927 年 7 月下旬，宁波地方人士王斌孙、陈行荪等人致函宁波市政府，主张收回“白水权”。[①] 此后，宁波市政府借此开始制定章程，拟定收验契约的办法和日期，决心将江北岸一带私自出租的岸线一律收回。不过当宁波交涉员向宁波各国领事馆交涉的时候，立即遭到英法领事的反对和抗议。英国驻宁波领事馆领事认为宁波市政府制定的章程没有经过外国在华公使团审议，不具备约束力。据此，领事馆认为宁波市政府不能收回英商在宁波私产。而法国领事馆更是以 1899 年宁绍台道的照会为由，认定当时中国政府已经将这一地带所有权转于个人。此后，宁波市政府根据外交部指令，对《宁波市暂行租用江河沿岸码头章程》进行了修订，并于 1928 年 3 月 17 日上呈浙江省政府和外交部核准。但此后，宁波市政府一直未收到回复文件，此事不了了之。1931 年宁波行政区划发生变化，“白水权”问题划归鄞县管理。在当地民众要求下，鄞县政府制定《鄞县水岸线租借暂行规定》，上报省政府建设厅核准后于 1932 年 1 月实施。根据该规则，宁波沿江两岸水岸线划归国有，所有个人与单位在内河岸线修筑码头等港口设施，均需要向县政府申报和租用。为此，法国驻沪总领事馆向中国政府提出抗议。在鄞县政府提出强有力证据以及外交部的积极争取下，宁波“白水权”于 1933 年 8 月正式收归国有。[②]

台州海门港的航政在晚清时期是由临海县衙与黄岩镇中营共同管理，其职责是给出入口的商渔船只发放、验收执照，收取“号金”，检验船舶，维持水上交通和安全。海门设立渔团局，船舶出入由当地渔团管理。这一局面一直维持到 1897 年海门港轮埠的建立。与宁波非常相似的是，海门港南岸岸线被当时法国天主教堂侵占。海门天主教神父李思聪依靠教会势力，霸占海门印山书院和海门港埠，

---

① 参见《函请收归甬江白水权》，《时事公报》1927 年 7 月 29 日。

② 参见傅璇琮主编：《宁波通史（民国卷）》，宁波出版社 2009 年版，第 129—132 页。

并在其地上修建新式轮埠，供轮船靠泊。这时海门港的管理权由法国天主教堂和地方渔团局分别管理。中华民国成立后，按照1914年8月1日浙江省政府命令，海门港进出口船只的营业执照发放及牌照费的收取改由水上警察厅负责，不过该税种遭到船户反对作罢。同年10月，林海绅商集资20万元成立海门振市股份有限公司，从法国天主教堂赎回码头涂地及运营权。其后海门港的航政管理由海门振市公司和浙海关常关海门分关共同管理。前者负责码头基础建设和运营，而后者则负责船舶的出入口事务及港口航标等引水设施的维护。

与海门港不同，随着晚清瓯海关的建立，温州港的航政工作就由瓯海关负责。民国建立后，瓯海关仍然由外国人把持。1913年4月，瓯海关正式兼管温州常关，但海关和常关仍旧并存。1920年5月，瓯海关对晚清时期制定的《温州口理船章程》进行了大规模修订。尽管修改后的章程对港口的边界和范围没有进行明确的划分，但是章程中对锚地的区域做了调整，原来船舶停泊的下游锚地被撤销，保留下来的是海门港东门株柏浦至西门浦桥浦段的城区锚地。除此之外，章程增加了不准在港口内快速行驶、不准在港区任意鸣笛等细节性条款。同时，鉴于海门港进出船舶所装载货物的不同，特别对装载易燃品、爆炸品船舶的停泊和装卸、有疫船舶的停泊和检疫事项都做出了具体的规定。在卫生防疫方面，按照章程的规定，如果进港船只发现有传染病患者或死者，必须悬挂疫情信号旗，并按照港口管理部门的要求在指定地点锚泊，未经理船厅或港口卫生检查员同意之前，船员和旅客不准上下船。1926年5月12日，瓯海关首先公布了《温州口暂行卫生章程》，对于港口卫生检疫有关事项，如由关医担任港口卫生员、有疫船的锚泊地点以及有疫港口、有疫船只、有疫嫌疑船只的定义等，都做了具体的规定。其后，随着南京国民政府的建立，海关卫生检疫工作自1930年7月1日起逐渐向卫生部海港检疫处移交，不过温州港的检疫工作则仍旧由瓯海关负责。

1927年南京国民政府交通部成立后，陆续颁布了船舶、船舶登记法等有关船舶行政管理的法规。1931年，上海、汉口、天津、哈尔滨等地航政局相继成立，所属各地根据具体业务情况，分别设立办事处或船舶登记所。同年7月1日起，原由海关负责管理的船舶登记、检查、丈量等工作，移交航政局办理。1931年7月1日，上海航政局成立，辖区包括江苏、浙江和安徽，局址设在四川路33号。

上海航政局内部设立第一科，下辖庶务股、文书股、统计股、出纳股；第二科，下辖登记股、验船股、考核股，此外还设有船舶碰撞委员会和航线调查委员会。同年12月，上海航政局下设镇江、南京、海州、宁波、南通、温州、芜湖、安庆等14个办事处。1932年7月，各办事处改为船舶登记所。1933年3月，船舶登记所恢复为办事处，并合并为镇江、芜湖、宁波、温州、海州5个办事处。上海航政局的主要职能有：负责航路及航行标志的管理和监督；管理并经营国营航业事项；负责民营航业监督事项；负责船舶发照注册事项；负责计划筑港及疏浚航路事项；管理监督船员、船舶、造船事项；负责改善船员待遇事项；负责处理其他航政事项。[①] 不过在上海航政局实际运行中，上述各项职能并未全部涉及。在全国抗日战争爆发之前，上海航政局仅负责中国船舶的登记、检查丈量、船员考试发证、进出口船舶登记及签证等。其余各项权利被海关、水上警察厅、各省建设厅下设航务管理部门所分割。

上海航政局宁波办事处在其设立直至抗日战争全面爆发均未发生大的变动，而上海航政局下属的海门及温州办事处机构则多有变化。1931年12月，上海航政局温州办事处设立，其后因机构精简于1932年7月1日改为上海航政局温州船舶登记所。1933年3月1日，上海航政局温州船舶登记所又改为上海航政局温州办事处。该处平时的工作主要是管理船舶登记、检查、丈量、船员考核等工作。上海航政局海门航政办事处与温州办事处同时成立，其职能限于登记、丈量与检查20总吨以上的轮船及容量200担以上的民船。由于九一八事变的影响，海门航政办事处因为经费原因于1932年4月13日裁撤，其业务归并到温州航政办事处。1934年10月8日，上海航政局重新设立海门航政办事处，不过是由宁波航政办事处兼理。初期上海航政局海门航政办事处设在海门永慈堂码头道头，1935年1月5日搬迁至东新街14号新永川公司。在管辖范围上，海门航政办事处与浙江省建设厅航政局第四区管理船舶事务所第五分所的职能有相当大的重合，不过后者所管辖的船只不仅限于沿海，还包括内河船只。这种重叠管理在其后的实际操作中不仅没有达到船舶安全管理的效果，反而给部门推诿责任提供了借口。

---

① 参见张燕主编:《上海港志》，上海社会科学院出版社2001年版，第486页。

作为浙江南北航运的中间节点，航政管理的任何细微差错都会导致严重的海难事故。北京政府时期，因为台州沿海没有专门的官方航运管理机构，使得1923年3月1日发生了非常严重的“金清”轮超载倾覆事故，船上900名旅客仅生还70余人。十年后，即1933年1月，台州海域又发生了“新宁台”轮超载倾覆事故，船上500余人无一生还。究其原因，是当时航政部门的重叠管理导致各行其是，使得这艘违章船只有机可乘，最终导致海难的发生。

（二）浙江省建设厅航政局

民国建立以后，北京政府交通部准备接管航政工作。但由于该项工作操纵在外国侵略者代理人所控制的海关手中，阻力很大，无法实现。1927年，南京国民政府交通部成立后，陆续颁布了《船舶法》、《船舶登记法》等有关船舶行政管理法规。在上层管理部门逐渐完善的情况下，地方航政管理体制也随之发生变化。根据南京国民政府交通部的要求，浙江省政府开始整顿本省航运，并在建设厅下面设立航政局，统一管理本省航政事务。1927年11月，浙江省建设厅航政局在省内8个区域设立管理船舶事务所。从《浙江省各区管理船舶事务所及所属各分所组织规程》中我们可以了解到，浙江省建设厅航政局下属的各个管理船舶事务所的职能主要有：船舶查验、船舶执照颁发、船舶取缔、船舶注册、船照收费、其他航政事务。由此可见，船舶事务所的职权仅限于船舶和各项行政事务，港务的管理仍有海关负责。各区管理船舶事务所设所长1人，会计员1人，事务员2人，稽查1人，书记2人，其中所长和会计员由建设厅委任。除常设职务外，各事务所可根据事务所的需要聘用巡丁、船夫、勤务工等人，但不能超过4人。按照区域大小，各区管理船舶事务所可设立分所，定名为浙江第几区管理船舶事务所第几分所。截至1930年，浙江省建设厅航政局下设四区25所，其中第一区管理船舶事务所驻杭州市，管辖26个县，分别是：杭县、余杭、临安、富阳、新登、桐庐、於潜、昌化、分水、兰溪、浦江、东阳、义乌、金华、汤溪、龙游、衢县、江山、常山、建德、寿昌、淳安、遂安、开化、武义、永康。第二区管理船舶事务所驻吴兴县，管辖13个县，分别是：吴兴、长兴、德清、武康、安吉、孝丰、嘉兴、嘉善、平湖、海宁、海盐、桐乡、崇德。第三区管理船舶事务所驻鄞县，管辖12个县，分别是：鄞县、定海、镇海、慈溪、奉化、绍兴、诸暨、萧山、余姚、上虞、新昌、嵊县。第四区管理船舶事务所驻永嘉县，管辖24个县，分别是：永嘉、青田、缙云、丽水、松阳、宣平、遂昌、云和、龙泉、庆元、景宁、泰顺、平阳、瑞安、乐清、玉环、临海、天台、仙居、黄岩、温岭、宁海、象山、南田。四区管理船舶事务所中，第一区下设6个分所；第二区下设8个分所；第三区下设5个分所；第四区下设6个分所（见表1-6）。

表1-6　浙江省各区管理船舶事务所暨所属各分所名称及所在地一览表（1931年2月）

机构名称	所在地
浙江省第一区管理船舶事务所	驻杭州市
浙江省第一区管理船舶事务所第一分所	驻桐庐县
浙江省第一区管理船舶事务所第二分所	驻杭州市大关
浙江省第一区管理船舶事务所第三分所	驻杭县塘栖镇
浙江省第一区管理船舶事务所第四分所	驻淳安县威坪镇
浙江省第一区管理船舶事务所第五分所	驻兰溪县
浙江省第一区管理船舶事务所第六分所	驻衢县
浙江省第二区管理船舶事务所	驻吴兴县
浙江省第二区管理船舶事务所第一分所	驻吴兴县南浔镇
浙江省第二区管理船舶事务所第二分所	驻吴兴县菱湖镇
浙江省第二区管理船舶事务所第三分所	驻长兴县虹星桥
浙江省第二区管理船舶事务所第四分所	驻吴兴县乌镇
浙江省第二区管理船舶事务所第五分所	驻嘉兴县
浙江省第二区管理船舶事务所第六分所	驻平湖县
浙江省第二区管理船舶事务所第七分所	驻崇德县石门湾
浙江省第二区管理船舶事务所第八分所	驻海宁县硖石镇
浙江省第三区管理船舶事务所	驻鄞县
浙江省第三区管理船舶事务所第一分所	驻定海县
浙江省第三区管理船舶事务所第二分所	驻镇海县
浙江省第三区管理船舶事务所第三分所	驻余姚县
浙江省第三区管理船舶事务所第四分所	驻绍兴县
浙江省第三区管理船舶事务所第五分所	驻萧山县临浦镇
浙江省第四区管理船舶事务所	驻永嘉县

续表

机构名称	所在地
浙江省第四区管理船舶事务所第一分所	驻瑞安县鳌江
浙江省第四区管理船舶事务所第二分所	驻平阳县鳌江
浙江省第四区管理船舶事务所第三分所	驻青田县
浙江省第四区管理船舶事务所第四分所	驻玉环县坎门
浙江省第四区管理船舶事务所第五分所	驻黄岩县海门
浙江省第四区管理船舶事务所第六分所	驻象山县石浦

资料来源：民国浙江史研究中心、杭州师范大学选编：《民国浙江史料辑刊》第1辑第1册，国家图书馆出版社2008年版，第554—556页。

浙江省建设厅航政局成立后，在管理浙江沿海船舶方面，已经逐步取得成效，但是在航政设施的投入及如何引导全省民众对航政事业的理解和支持仍需要更加努力的工作。鉴于此，1928年7月，浙江省建设厅召集省内外航政专家、本省航务行政人员在浙江举行第一次航政会议，对浙江省航政发展建言献策，并根据议案内容的轻重缓急，采取相应的措施保证实行。浙江省建设厅厅长程振钧在开幕式致辞中就指出浙江省航政建设所面临的问题与挑战，希望与会专家就航线扩充、航务设备建设、船舶水上交通管理及船舶牌照征收办法建言献策。会中，建设厅向与会专家提交《建设厅交议浙江省航政进行纲要咨询案》，就航政管理的具体内容向与会专家征求意见，其中涉及的问题包括起7大类27个问题（见表1-7）。

表1-7　建设厅交议浙江省航政进行纲要咨询案问题汇总

问题类别	具体问题
航线扩充	已有航线的改进
	新航线的增加
	钱塘江与外海的通航
	钱塘江与运河的通航
	全省航线的联络
	开辟东方大港
航务设备	公共码头设备
	灯塔、浮标设备
	水上救护设备
	气候报告

续表

问题类别	具体问题	
航务管理	涉及船舶	注册给照
		船舶及设备的检验
		载重量及拖船数量的取缔
		搭载人客的取缔
		载运各种物品的取缔
		传染病的取缔
		船舶航行标记及夜间悬灯的规则
		船上茶役及上下搬夫的取缔
	涉及船员	驾驶员的注册给照
		水手海员的待遇
	涉及运输	票价运货的取缔
		运输契约的取缔
		租用船舶的规章
	涉及河道	防碍物的取缔
		侵占河道的取缔
航政研究	筹办航政教育	
	编印航政出版物	
航政机关		
航政经费		
航权收回		

资料来源：民国浙江史研究中心、杭州师范大学选编：《民国浙江史料辑刊》第1辑第1册，国家图书馆出版社2008年版，第216—222页。

根据建设厅提交的问题，与会专家和行政人员一共提交议案90件，通过议案46件，并入其他议案通过33件，否决议案6件，撤回议案6件。相应的，1928年12月，浙江省建设厅召集各区管理船舶事务所所长会议，对议案具体内容的落实工作进行协调，其会议内容有：改临时稽查处为分所以增强区域管理；分区建筑公共码头和灯塔、浮标以便利船只航行；印制船舶牌照并将收费数目印入照内以防止征收流弊。

按照1931年修订的《修正浙江省管理船舶规则》，浙江沿海及内河航行、停泊船只必须呈请管理范围内的事务所查验及申请运营执照，其报验单分为三种不同类型。甲种报验单针对轮船、汽船等，其填写内容包括：船舶所有者姓名（如系租赁，并应填写租赁者姓名）；船舶名称；船舶类别及其制造年月日及场所；船舶的长宽深度及梁头尺；起止码头地点及经过处所；航线图说；购置或租赁及其价值；船舶载重及总吨数（总吨数＝载重量＋船只重量）；拖带船只的数目及各船只总吨数；机器名称、马力与行驶速率；管理员、舵工与机手的姓名履历；候验地点。乙种报验单针对普通船舶，其填写内容包括：船舶所有者姓名（如系租赁，并应填写租赁者姓名）；船舶名称；船舶类别及其制造年月日及场所；船舶的长宽深度及梁头尺；起止码头地点及经过处所；航线图说；购置或租赁及其价值；船舶载重量；管船员及舵工或船夫的姓名履历；候验地点。丙种报验单针对免费船舶，其填写内容包括：船舶所有者姓名；船舶名称；船舶的长度；管船员及舵工或船夫的姓名；候验地点。所有注册船舶须按照规定分别征收牌照费或免费，牌照费分两期征收，第一期自每年1月起，第二期自每年7月起，牌照在收费时发放。在实际征收当中，牌照费的征收标准有三种，第一种是按照吨位征收（其征收标准见表1-8）；第二种是按照船只大小征收（其征收标准见表1-9）；第三种是按照船只数量征收（其征收标准见表1-10）。

表1-8 浙江沿海轮船牌照费数目统计表（按吨位征收，1933年7月修正）

轮航	总吨数	每年原征银数	增加银数	每年征收银数
	未满10吨	8元	4元	12元
	10吨以上至50吨	12元	6元	18元
	51吨至100吨	18元	9元	27元
	101吨至500吨	30元	15元	45元
	501吨至1000吨	45元	22元5角	67元5角
	1001吨至2000吨	60元	30元	90元
	2001吨至4000吨	90元	45元	135元
	4001吨以上每500吨加10元	4001吨以上每500吨加15元		
轮营	总吨数		每年应征银数	每期应征银数
	未满10吨		8元	4元
	10吨以上至50吨		12元	6元

续表

轮航	总吨数	每年原征银数	增加银数	每年征收银数
	51 吨至 100 吨		18 元	9 元
	101 吨至 500 吨		30 元	15 元
	501 吨至 1000 吨		45 元	22 元 5 角
	1001 吨至 2000 吨		60 元	30 元
	2001 吨至 4000 吨		90 元	45 元
	4001 吨以上每 500 吨加 10 元			

资料来源：民国浙江史研究中心、杭州师范大学选编：《民国浙江史料辑刊》第 1 辑第 1 册，国家图书馆出版社 2008 年版，第 566—567 页。

表 1–9　浙江省管理船舶各区事务所征收船舶牌照费价目表（按船只大小征收，1933 年 7 月修正）

船别	船长	每年征费	每期征费
内河航船	1 丈以下	1 元 2 角	6 角
	2 丈 5 尺以下	1 元 8 角	9 角
	3 丈以下	2 元 4 角	1 元 2 角
	3 丈 5 尺以下	3 元 6 角	1 元 8 角
	4 丈以下	4 元 8 角	2 元 4 角
	4 丈 5 尺以下	6 元	3 元
	5 丈以下	7 元 2 角	3 元 6 角
	5 丈 5 尺以下	8 元 4 角	4 元 2 角
	6 丈以下	9 元 6 角	4 元 8 角
	6 丈以上每 5 尺加 1 元 2 角，不到 5 尺作 5 尺论		
内河营业船	2 丈以下	1 元	5 角
	2 丈 5 尺以下	1 元 5 角	7 角 5 分
	3 丈以下	2 元	1 元
	3 丈 5 尺以下	3 元	1 元 5 角
	4 丈以下	4 元	2 元
	4 丈 5 尺以下	5 元	2 元 5 角
	5 丈以下	6 元	3 元
	5 丈 5 尺以下	7 元	3 元 5 角
	6 丈以下	8 元	4 元
	6 丈以上每 5 尺加 1 元，不到 5 尺作 5 尺论		

续表

船别	船长	每年征费	每期征费
沿海航船	3 丈以下	3 元	1 元 5 角
	3 丈 5 尺以下	4 元	2 元
	4 丈以下	5 元	2 元 5 角
	4 丈 5 尺以下	6 元	3 元
	5 丈以下	7 元	3 元 5 角
	5 丈 5 尺以下	8 元	4 元
	6 丈以下	9 元	4 元 5 角
	6 丈 5 尺以下	10 元	5 元
	7 丈以下	11 元	5 元 5 角
	7 丈以上每 5 尺加 1 元，不及 5 尺作 5 尺论		
沿海营业船	3 丈以下	2 元	1 元
	3 丈 5 尺以下	3 元	1 元 5 角
	4 丈以下	4 元	2 元
	4 丈 5 尺以下	5 元	2 元 5 角
	5 丈以下	6 元	3 元
	5 丈 5 尺以下	7 元	3 元 5 角
	6 丈以下	8 元	4 元
	6 丈 5 尺以下	9 元	4 元 5 角
	7 丈以下	10 元	5 元
	7 丈 5 尺以下	11 元	5 元 5 角
	8 丈以下	12 元	6 元
	8 丈 5 尺以下	13 元	6 元 5 角
	9 丈以下	14 元	7 元
	9 丈 5 尺以下	15 元	7 元 5 角
	10 丈以下	16 元	8 元
	自 10 丈以上每 5 尺加 1 元，不及 5 尺作 5 尺论		

续表

船别	船长	每年征费	每期征费
汽轮拖船	3 丈以下	6 元	3 元
	3 丈 5 尺以下	7 元	3 元 5 角
	4 丈以下	8 元	4 元
	4 丈 5 尺以下	9 元	4 元 5 角
	5 丈以下	10 元	5 元
	5 丈 5 尺以下	11 元	5 元 5 角
	6 丈以下	12 元	6 元
	6 丈 5 尺以下	13 元	6 元 5 角
	7 丈以下	14 元	7 元
	7 丈 5 尺以下	15 元	7 元 5 角
	8 丈以下	16 元	8 元
	自 8 丈以上每 5 尺加 1 元，不及 5 尺作 5 尺论		
乐户船	3 丈以下	6 元	3 元
	3 丈 5 尺以下	8 元	4 元
	4 丈以下	10 元	5 元
	4 丈 5 尺以下	12 元	6 元
	5 丈以下	14 元	7 元
	5 丈以上每 5 尺加 2 元，不及 5 尺作 5 尺论		
民船游艇	1 丈以下	1 元	5 角
	1 丈 5 尺以下	2 元	1 元
	2 丈以下	3 元	1 元 5 角
	2 丈 5 尺以下	4 元	2 元
	3 丈以下	5 元	2 元 5 角
	3 丈 5 尺以下	6 元	3 元
	4 丈以下	7 元	3 元 5 角
轮船游艇照轮营办法以总吨数计算收费			

续表

船别	船长	每年征费	每期征费
渔船	1丈5尺以下	1元	5角
	2丈以下	1元5角	7角5分
	2丈5尺以下	2元	1元
	3丈以下	2元5角	1元2角5分
	3丈5尺以下	3元	1元5角
	4丈以下	3元5角	1元7角5分
	4丈5尺以下	4元	2元
	5丈以下	5元	2元5角
	5丈5尺以下	6元	3元
	6丈以下	7元	3元5角
	6丈5尺以下	8元	4元
	7丈以下	9元	4元5角
	1丈以下者免征，7丈以上每5尺加1元，不到5尺作5尺论		

资料来源：民国浙江史研究中心、杭州师范大学选编：《民国浙江史料辑刊》第1辑第1册，国家图书馆出版社2008年版，第568—573页。

表1–10　浙江省管理船舶各区事务所征收船舶牌照费价目表（按船只数量征收）

船别	船长	每年征费	每期征费
舢板类			
港湾驳艇	每艘	2元	1元
港埠搬运船	每艘	1元	5角
内河搬运船	每艘	1元	5角
收费渡船	每艘	1元	5角
特别船类			
大号乌山船	每艘	2元	1元
小号乌山船	每艘	1元	5角
脚划船	每艘	5角	2角5分
司罗舢板	每艘	5角	2角5分
临天仙长船	每艘	1元5角	7角5分
太平小船	每艘	1元	5角

续表

船别	船长	每年征费	每期征费
免费船类			
义渡船			
救生船			
公用船			
螺蛳船			
乞丐船			
江北贫民船			
农户自用船			

资料来源：民国浙江史研究中心、杭州师范大学选编：《民国浙江史料辑刊》第1辑第1册，国家图书馆出版社2008年版，第573—575页。

二、战时及战后浙江航政管理

自抗战军兴，浙江正常的航政管理被打破。随着战争的扩大，浙江沿海港口和航线均处于日军侵扰范围。地处抗日战争最前沿的上海，成为中日双方争夺的战场。在此情形下，上海航政局对浙江航政事务的管理日渐微弱。与此同时，地方军事当局也以战局需要开始逐渐插手浙江各港口日常航政管理工作。1941前后，宁波、台州、温州先后沦陷，浙江航政管理一度成为一纸空谈。其后随着太平洋战争爆发和日军兵力的收缩，浙江航政事业逐步在温州、台州得以恢复。这一时期的航政管理除传统的引水、港口防疫等工作外，更多的是配合军事需要，稽查违禁物品，防止敌特破坏等情事。抗日战争胜利后，浙江沿海各地港务管理部门逐渐恢复，并承担港口的战后重建工作。

（一）战时及战后浙江航政管理机构的变革

与南京国民政府成立后的前十年（1927—1937）相比，抗日战争爆发后，浙江航政管理部门由以前交通部航政管理处与浙江省建设厅航政局“两驾马车”变为增加地方军事机构的“三驾马车”管理模式。

1937年抗日战争全面爆发后，随着战局的恶化，上海航政局被迫裁撤，而原属于上海航政局的宁波航政办事处升格为交通部的直属机构，其名称改为“交通部直辖宁波航政办事处”。1940年7月，日军封锁宁波港，浙江航运与贸易的中心南移到石浦与海门。为适应航政的需要，交通部于7月16日命令在海门葭芷镇设立交通部直辖海门航政办事处，归宁波航政办事处兼理。次年1月11日，宁波航政办事处派驻人员设立海门分处，开始办公，主要办理轮船登记、检查、给照事项，并拟定《未登记给证轮船第一次来椒办法》。1941年4月，宁波沦陷后，交通部直辖宁波航政办事处被迫迁往海门。其后宁波航政办事处接到交通部指令，成立兼理办事处，与宁波航政办事处合署办公，全称为“交通部直辖宁波航政办事处兼理海门航政办事处”或“交通部直辖宁波、海门航政办事处”。“交通部直辖宁波航政办事处兼理海门航政办事处”的管辖范围包括宁波、台州两地的内河及外海，主管大小轮船及200担以上的帆船。[①]1940年后，交通部直辖宁波航政办事处兼理海门航政办事处的职能多受到浙江省政府成立的浙江省驿运站的干扰。这一情形直到1942年3月国民政府军事委员会修正《浙东沿海各口岸通航暂行规则》，限定浙江省驿运站的权限后才得以改善。1942年5月1日开始，管制出海帆船的事项统一由航政办事处负责。抗日战争胜利前夕，宁波港复航，海门港就无设置交通部航政办事处的必要，遂于1945年6月奉令裁撤。交通部直辖海门航政办事处自1940年7月设立到1945年6月裁撤，共存在整整5年。同时，由于浙江、福建等省海运业务的停顿，温州、宁波、福州、厦门等地航政机构业务日益减少，温州航政办事处于1945年4月被裁撤，其业务移交浙江省政府。该处除由原主任陈继严留守外其余人员即行解散。

与此同时，浙江省建设厅于1937年7月29日公布《浙江省建设厅管理轮、汽、航、快船规则》。依照规则，凡是浙江沿海出入船只除向交通部航政办事处注册外，还须在申请所在地县市政府注册，由省建设厅核准后给予执照。这就意味着，在浙江沿海港口出入的船只需由交通部航政办事处与建设厅交通管理处双方许可之后才能出海航行。1939年5月，浙江省交通管理处改组为浙江省船舶管理局，并在浙江沿江设立船舶办事处。同年8月1日，浙江省建设厅又通过《浙江省船舶管理局各江办事处及各地管理站组织通则》，进一步规定各办事处的职能

① 参见金陈宋主编：《海门港史》，人民交通出版社1995年版，第193—194页。

是管理全省沿江船舶的登记、编组、征集、调拨、输送、监护、水上交通管制及运输维护等，隶属于浙江省船舶管理局，性质为浙江省建设厅下属战时沿江军事管制部门。1940 年，浙江省船舶管理局还办理船舶注册、给照及颁发通行证等业务，此项职能与同时期交通部直辖浙江港口航政办事处的职能相重合。1940 年 3 月 20 日，浙江省船舶管理局下达《浙江省船舶管理规则》、《浙江省船舶管理局发给轮汽船牌照收费办法》、《浙江省船舶管理局发给通行证收费办法》、《浙江省战时船舶管制办法》等一系列地方法规。1940 年 5 月，浙江省船舶管理局制定《浙江省沿海各县渔帆船出口发给通行旗、证临时办法》，对出海渔帆船填发通行旗、证。1940 年冬天，浙江省驿运处成立，要求浙江无论大小轮船及帆船均在该处登记，发给牌照，方可航行。1942 年 3 月军事委员会修正《浙东沿海各口岸通航暂行规则》，将浙江省驿运处的权限限定在管理内港、内江帆船，轮船及出海帆船不在其管辖范围内。抗日战争进入相持阶段后，为严格管制温州、台州各港口，浙江省政府于 1940 年 3 月在温州临时成立浙江省战时温台航运管理处，由浙江省温台防守司令黄权兼任处长。10 月，海门港恢复外海航运。因已有交通部直辖的海门航政办事处的设立，浙江省战时温台航运管理处自无存在的必要，就于同月裁撤，所有管理轮船出入通航港口的事务，交由宁波与海门航政办事处办理。[①]

抗日战争时期，随着战局向浙江蔓延，宁、台、温均处国防前哨。在战争环境下，地方军事机构也参与港口的管理工作，并逐渐主导浙江沿海的日常航政管理。1938 年 10 月，国民党中央军事委员会颁布了《沿海港口限制航运办法》。根据办法的规定，浙江沿海各地方军事当局可根据战局的需要开放或封锁港口，并禁止船只通航。不过在抗日战争早期，浙江沿海尽管受到日军骚扰，但仍保持了较为畅通的海运，可以为中国抗日战争输送海外物资。因此，在这一时期，浙江沿海守备司令部并未完全封锁港口，所有出入港口的船只也同时纳入沿海守备司令部管理范围。据此，地方军事机关获得了对战时港口进出口货物查验的职能。如战时外籍船只行驶浙江沿海港口，首先须由当地公司或代理号呈请航政处，航政处核咨地方军事当局后才准予办理轮船通行证书。此后，

① 参见金陈宋主编：《海门港史》，人民交通出版社 1995 年版，第 193—194 页。

航政处还须向第三战区司令长官部、第10集团军总司令部、台州守备区指挥部进行备案。船只进港口，航政处依照第10集团军总司令部制定的《浙东沿海各口岸通航暂行规则》规定，将检查材料函送第10集团军总司令部备查。①

1945年9月抗日战争胜利后，宁波航政办事处得以恢复。10月，宁波航政办事处复名“交通部上海航政局宁波办事处”，地址在宁波外马路21号。办事处包括主任1人，技术员2人，员役10人。同年12月11日，温州航政办事处亦重新设立，归上海航政局管辖，恢复战前原名“上海航政局温州办事处”。其职责基本与战前相同，办理船舶登记、检查、丈量以及船员的考核等工作。1948年1月起，温州航政办事处又接管了引水工作。②

（二）战时浙江航政管理活动

1937年7月7日，中国全国抗日战争爆发。8月13日，日军大举进攻上海。为防止日本海军在中国沿海登陆，南京国民政府下令征用全国各轮船公司轮船、趸船自沉于港口航道。上海沦陷后，日军侵扰浙江沿海各口岸，进攻镇海和宁波。为此，宁波城防司令部下令将招商局“新江天”轮沉于甬江口，防止日军登陆。1938年，宁波城防司令部又下令在镇海入海口打下梅花桩，作为阻止日本军舰入侵宁波内江航道的第一道防线。镇海口的封锁使得上海前往宁波的旅客只能乘船到台、温港口，然后经陆路前往宁波。③在宁波旅沪同乡会的请求下，宁波军事当局制定行驶舟山新办法，规定载货船只行驶舟山须提前由军事当局批准，凡特准船只可以通过封锁线，驶入宁波内港。另外，所有靠泊船只只准兼湾，不得“由沪直放”④。6月，随着战局的缓和，宁波军事当局准许轮船搭载人员停靠舟山。往来沪甬旅客，可乘船到舟山，再由舟山乘坐小轮船抵达宁波。⑤同年7月，浙东防守司令部规定货轮行事办法，按照规定，凡是停靠浙东沿海船只的押货人员必

---

① 参见金陈宋主编:《海门港史》，人民交通出版社1995年版，第194页。

② 参见周厚才编著:《温州港史》，人民交通出版社1990年版，第145页。

③ 参见《沪浙交通情况》,《新闻报》1938年3月23日。

④《我军事当局规定行驶舟山新办法》,《新闻报》1938年5月22日。

⑤ 参见《舟山恢复外轮搭客，温州限制货物进出》,《新闻报》1938年6月6日。

须持有证明文件，绝对禁止外轮私自搭载旅客，所载货物不能超过贸易委员会的限制；所有船只必须遵守各江戒严条例，接受沿线军警登轮查验。对于违反规定的船只，除了取消其特准航行权外，还会有相应的处分。[①]其后，随着日本海军的骚扰，宁波港时禁时松。1939年初，第10集团军总司令部颁布修正通航办法。依照办法规定，对于航行沪甬船只，军事当局不限制其搭载旅客，但对可以乘船的旅客做了规定：（1）本国16岁至45岁男子，未持有合法证件（身份证或当地县政府以上机关证明）的人员不得乘船；（2）因公出差公务人员须持有派遣机关证明文件，投考入学学生须持有原籍县政府或学校证明文件，否则不得乘船；（3）往来商人须填报申请书，附本人两寸照片一张，并由当地2000元以上商铺作保或当地县政府及以上机关证明文件，否则不得乘船；（4）轮汽船员，须持有该船证件，否则不准上下码头；（5）入口旅客，须持有合法证件，否则将斟酌情形，予以扣留、拒绝登岸或取保放行；（6）凡国内土产货物，未经许可或浙省政府规定，一概禁止装运；（7）日货禁止入口，其他国家商品，除中央或浙省政府明令限制外，一概听其输入。[②]另外，宁波城防司令部下令将当时停泊在甬江上的"太平"轮、"福安"轮、"大通"轮、"定海"轮、"新宁海"轮、"象宁"轮、"姚北"轮等7艘轮船以及"海光"、"海皓"、"海星"3艘小兵舰，再加上8艘大帆船，总计18艘船只自沉于镇海口招宝山到小金鸡山一带，作为阻止日军登陆的第二道防线。1940年，宁波城防司令部又将"凯司登"轮和"海绥"轮沉于镇海拗甏港转弯处作为第三道防线。[③]至此，宁波港作为货物中转的功能消失。除了熟悉航道的小型轮船外，大部分船只已无法停靠宁波港。其后，随着日军占领宁波，交通部直辖宁波航政办事处被迫搬迁到台州海门。

几乎与宁波港封锁同时，第三战区司令长官部下令驻台州海门的浙江省第七区行政督察专员兼保安司令于1938年3月4日起封锁海门港。海门港封锁线北起松浦闸下，南至飞龙庙下，在椒江口外台州湾。该封锁线由11米—12米长的

① 参见《浙东防守司令规定货轮行使办法》，《新闻报》1938年7月8日。

② 参见《沪甬直航轮只载客装货仍受限制》，《新闻报》1939年1月31日。

③ 参见郑绍昌编著：《宁波港史》，人民交通出版社1989年版，第359页。

松木桩和沉船、沙石组成，6 月 25 日完工。不过此次封锁时间不长，1938 年 7 月 18 日至 1939 年 3 月，海门港又短暂开放，准许船只出入贸易。海门港的封锁与开放均是有限度的，要受到军事机关的管制。1938 年 7 月，驻守浙江的国民革命军第 10 集团军总司令部公布《浙东沿海各口岸及钱江南岸各口通航临时办法》，对通航做出限制。同时，出于外籍轮船来华贸易的需要，国民党中央军事委员会于同年 10 月发布《沿海港口限制航运办法》，规定中外轮船在战区内或戒严区域内航行，必须取得航政机关发给的通行证书。1939 年，地方军政当局又封锁海门港上游的三江口与口外的金清港。但是，这一封锁线留有缺口，以便小型船舶出入。如 1939 年 5 月，海门组织"台州草帽运销处"，将收购的草帽一度由内河转运温州港出口。另外，1939 年 3 月至 1940 年 9 月海门港关闭期间，曾于 1939 年 10 月至次年 3 月短暂开放，以便船只在金清港与岩头运销桔果。而在封锁期间，经特许后，仍有少数轮船进出。如 1940 年 9 月，"曼丽・密勒（S. S. Marie Moller）"轮与"江定"轮先后停靠海门港。1940 年宁波镇海失守后，日军于 7 月 16 日封锁宁波港，沪甬线和沪瓯线停航，浙东贸易中心南移至石浦和海门。出于贸易需要，1940 年 10 月至 1941 年 3 月，海门港短暂开放，准许外轮出入。期间，海门于 1940 年 10 月恢复与上海、石浦的通航，"高登"轮、"海宜"轮、"海福"轮、"永生"轮、"利平"轮、"永茂"轮、"江南"轮、"曼丽・密勒"轮、"克来司丁"轮、"海康"轮、"飞康"轮、"瑞泰"轮、"江定"轮、"新安利"轮等先后通航上海—石浦—海门线。1941 年 3 月，国民革命军第 10 集团军总司令部公布《浙东沿海各口岸通航暂行规则》，开放庵东、穿山、石浦、椒江、清江、瓯江、飞云江、鳌山各口岸，准外轮出入。同年 4 月 19 日，日军在宁波、石浦、海门、温州登陆，宁、台、温一度陷落。因此，台州守备区指挥部于 1941 年 4 月起关闭海门港，禁止轮船出入。5 月 3 日日军撤退后，台州守备区指挥部于 7 月又关闭帆船出入，同时关闭金清港与松门的交通。这次关闭时间很短暂，同年 7 月又准许轮汽船在松门港进口，11 月又准许帆船在金清、岩头出入。[①] 不过此后，随着日军对中国沿海的封锁日益严格，海门港进出轮船的数量逐渐减少以致绝迹。轮

---

① 参见金陈宋主编：《海门港史》，人民交通出版社 1995 年版，第 182—184 页。

船停航后，帆船趁机而起，代替轮船进行贸易运输。“椒江口外，港汊密集，海关难以控制的临海县上盘、杜下桥，黄岩县的金清港，温岭县的石塘、松门，以及玉环岛，乐清湾的乌根、水涨等就是走私活跃的处所。帆船就在那些地方秘密装卸货物，然后通过内河输往温、台各地。”①1943年9月，经海门航商的要求，封锁线内的帆船准予出海投入航运。但是出于军事防卫的考虑，这一时期的帆船只准出不准进，不能驶入封锁线，只能在岩头起卸货物。

与宁波、海门港相比，温州港口的局势相对比较安定，尽管先后沦陷两次，但不久即被光复。因此，在抗日战争的大部分时期，温台防守司令部并未宣布封锁温州港，禁止港口通航。1941年5月温州第一次沦陷光复后，温州守备区指挥部先后下令封锁瓯江南水道和北水道，禁止船舶进出。所有进出港船舶只能在瓯江下游离温州市区15公里的琯头靠泊。同时从温州市区驶出的船只，最远也只能到琯头。在实际操作中，封锁令并未得到严格执行，40吨以下的木帆船一般都能进出封锁线，在温州港靠泊。4个月后，温州军事当局放宽封锁令，中型木帆船在海关办理手续后均可出入温州港。次年8月，温州港再次沦陷后光复，温台防守司令部再次加强对瓯江的封锁，结果导致粮食、食盐、水产品等生活用品无法运入温州市区，给市民生活带来困难。基于此，温州当局于1943年1月准许装载生活用品的船只进出温州港，而其他船只只能在磐石、永强两地靠泊。根据温台防守司令部规定，进出温州港轮汽船都要申领军事通行证。很多时候，温台防守司令部在核发通行证的时候进行敲诈勒索。如1941年1月，“民和”轮因未能满足温台防守司令部非法要求被长期扣留，结果在1942年5月28日被日机空袭炸沉。②

在浙江战时航政管理当中，军事当局明确船只能否进出港口以及进出港口的时间，而交通部下属航政办事处则承担对进出港口船只的管理工作。宁波沦陷后，交通部在台州海门设立直辖海门航政办事处，其职责是：内河外海大小轮船及容量在200担以上木帆船至检验、丈量、登记及各项证书核发事项；航业督导

① 金陈宋主编:《海门港史》，人民交通出版社1995年版，第193页。

② 参见周厚才编著:《温州港史》，人民交通出版社1990年版，第143—144页。

事项；船员及引水人员考核监督事项；造船修船监督指导事项；航线支配核定管理事项；其他航政事项（如防止帆船资敌，管制出海帆船）；办理外籍轮船给证事项（这是本国轮船转移外国籍后，通航开放口岸所举办的特殊航政事宜）。[①] 1939年交通部直辖宁波航政办事处公布施行《新订轮船进出口发证办法》，按照规定，行驶宁波内港之间船只在进出口时，须凭该处核发至内港签证单，向浙海关呈验结关放行。外海轮汽船只，须自 1939 年 3 月 1 日起，第一次进口时，“应预先向本处声请核发进口通行证，再呈请宁波防守司令部令饬镇海各警队查照放行，以后每次进口通行证书存放船上，经镇海各警队查验收缴后，方准行驶。其有特别情形，不及赶办手续之轮汽船，进口时得斟酌事实，商请宁波防守司令部核定办理之”。轮汽船出口时，自 1939 年 3 月 1 日起，每次出口时，“须先向本处声请核发出口通行证书，经向浙海关呈验结关后，再呈向宁波戒严稽查处，查验收缴放行”[②]。到抗日战争后期，海门航政办事处的具体工作有：1941 年起办理检丈与登记船舶；1943 年起，在调查各河流客货运交通的基础上，调整与开辟内河航线；1943 年 5 月起办理轮船业登记、小轮船注册给照、拖驳船码头船丈量检查注册给照等事项；统制客货运价；1944 年 9 月公布《各轮应即注意办理之要点》等有关行轮的法规，对轮船航行规则、旅客安全及船员服务态度等进行规范，如轮船到埠，船员应在外接待，衣服整洁、语言谦和、态度诚恳等。除此之外，海门航政办事处于 1943 年 9 月拟订《防止帆船资敌办法》（20 条），对渔帆船修建、船只出入港口的时间、通行证书的核发等事项做了严格规定。该办法经由交通部电请第三战区长官司令部同意后，于 1944 年 2 月核准施行。而因国内外形势的变化，1942 年 3 月军事委员会核发的《修正浙东沿海各口岸通航暂行规定》随着《防止帆船资敌办法》的颁布而废止。

---

① 参见金陈宋主编：《海门港史》，人民交通出版社 1995 年版，第 218 页。

② 《甬航政办事处新订轮船进出口发证办法》，《新闻报》1939 年 2 月 27 日。

第二章
民国时期浙江海关管理与关税征收

海关是“一个国家监督管理进出口国境的货物、物品和运输工具并执行关税法规及其他进出口管制法令、规章的行政管理机关。其主要任务是依照国家法令对进出国境的货物、货币、金银、证券、行李物品、邮递物品和运载上述货物、物品及旅客进出境携带货物、物品征收关税、查缉走私、编制进出境统计”[①]。不过，近代中国海关却远非这个定义所能涵盖。近代中国海关实行的是一套外籍税务司管理制度，它的业务非常庞杂，除去“征收对外贸易关税、监督对外贸易之外，还兼办港务、航政、气象、检疫、引水、灯塔、航标等海事业务，同时还经办外债、内债、赔款及以邮政为主的大量洋务，并从事大量的‘业余外交’活动，涉及近代中国财政史、对外贸易史、港务史、洋务史、外交史以及中外关系史等专门学科”[②]。由此可见，海关在民国时期浙江海洋经济发展中扮演了非常重要的角色。可以说，在晚清中国海洋管理混乱和民国时期海洋职能管理部门还没有完全成熟之前，浙江三大海关在浙江海洋管理中扮演了非常重要的过渡角色。民国时期，浙江海关因对外贸易的发展进入了一个短暂发展的历史时期。一方面，西方列强在利用海关各种特权对中国进行倾销，借此以达到打开中国国门，发展本国经济需要和转嫁经济危机。另一方面，在管理浙江海关期间，他们带来了许多西

---

① 赵林如编:《市场经济学大辞典》，经济科学出版社 1999 年版，第 574 页。

② 佳宏伟:《近 20 年来近代中国海关史研究述评》,《近代史研究》2005 年第 6 期。

方先进的海关管理经验，将浙江从早先封建社会的旧式海关改革成直接与西方海关模式接轨的新式海关。这个过程尽管是痛苦的、被动的、压制的，但它也使浙江直接且迅速有效地掌握了西方资本主义现代海关的管理模式。

第一节　民国时期浙江海关的沿革与人事管理

海关变革和人事管理制度直接涉及海关的本质。陈诗启认为，近代中国海关实行的是一套外籍税务司制度，它的产生“一方面是作为资本主义因素出现在中国，这就不可避免地带进了资本主义的新事物；另一方面，也是主导方面，它作为维护、发展列强经济的工具，因而也就不可避免地阻碍了中国社会的发展”①。归根结底，海关作为近代西方列强对华关系的基石，在更广泛的范围维护和发展了列强特别是英国在华的经济利益。其中海关税务司的一整套人事制度强烈地体现了西方列强对中国海关主权的干预。在民国初期，不仅海关税务司均由外国人担任，而且海关中大部分中高级职位也被外国人占据，浙江的海关税收均由外国人把持。基于此，北京政府设立海关监督一职，对海关税务司的活动进行有限监督。海关监督与海关税务司相并列的这一现象，直到南京国民政府成立后，大量中国人充任浙江海关税务司一职才有所变化。在南京国民政府发动关税自主运动后，海关内部华洋不平等的现象才日渐缓和。1937 年全国抗日战争爆发后，基于国际形势的变化，西方各国开始放弃对浙江海关事务的干预。而浙江的海关管理也在战时和战后发生了非常明显的变化。

一、北京政府时期浙江海关的沿革与人事变更

辛亥革命后，中华民国政府成立，因其定都北京，又称为北京政府。在这一时期，浙江海关除海关税务司外，国民政府还设立海关监督一职，以便监督海关税务司的活动。与浙江海关税务司由外国人充当所不同的是，浙江海关监督由北

---

① 陈诗启:《中国近代海关史》再版序言，人民出版社 2002 年版，第 2—3 页。

京政府直接任命。出于外事交涉的方便，浙海关和瓯海关监督还兼任外交部交涉员一职。杭州关监督则一般由浙江省财政厅厅长兼任。北京政府时期的海关税务司中，除税务司一职外，大量的中高级职务均有外国人担任。浙江海关税务司内也有洋员和华员之分。相比之下，洋员无论在薪酬待遇还是晋升机会上都远超华员。即使同一级别、同一职务，洋员的薪酬也超过华员。北京政府时期，与杭州关不同的是，浙海关与瓯海关税务司的规模和编制总体上呈扩张趋势。

（一）北京政府时期浙江海关的沿革与海关监督

1911年11月，辛亥革命爆发后，宁波光复并成立军政分府，海关监督由提督兼任，但税务司一职仍由外国人担任。而原本兼任瓯海关监督的温处道郭则澐逃离温州，瓯海关监督由暂代温州临时军政分府负责人梅占魁（原温处巡防统领）兼任。1912年2月14日，根据总税务司的电令，浙江海关悬挂中华民国国旗，取消海关旗上龙的标志。同年6月，浙海关监督署成立，地址在中山西路清代海关行署内，设海关监督1人，由北京政府大总统委派。8月7日，杭州关在杭州闸口车站设置验关房，办理由铁路运往上海的土货。1913年，浙海关设常关分关。1913年4月1日，瓯海关税务司取得了对50里内常关（宁村、状元桥、蒲州、上陡门、双门［朔门］、西门等关口）的全部管理权，不再与瓯海常关监督共同管理。1914年，瓯海关制定《瓯海关常关船舶进出章程》。同年2月6日，总税务司要求，中国银行杭州代理汇解海关税款，银行佣金不应超过2.5%。1916年3月，浙海关呈财政部核准，浙海关常关在定海沈家门、岱山、衢山、螺门等地添设四卡，由定海分关管辖。1917年，浙海关公布《宁波理船章程》及《浙海关理船厅通告》。1925年2月14日，京沪、沪杭、杭甬铁路管理局江海关税务司公署签订《路运转口洋货办法》33条。1926年5月12日，瓯海关公布实施《温州口暂行卫生检疫章程》。

民国初年，浙海关监督属于专职，不再由道尹兼任。不过，监督兼任外交部宁波交涉员，以便与各国驻宁波领事协商办理外商事务等，该兼职直到1929年8月才取消。继梅占魁后，姚志复于1912年9月16日被浙江都督任命为瓯海关监督。1912年12月19日，北京政府财政部拟定的《新任各关监督办事暂行规则》规定各海关监督直隶中央政府，不归各省都督节制。其后，浙江海关监督由北京政府大总统直接任命，如冒广生、徐锡麟、周嗣培、胡惟贤等瓯海关监督。同时，这一时期的瓯海关监督还兼任外交部温州交涉员。袁世凯死后，中央政府对地方的控制能力减弱。第二次直奉战争时期，瓯海关监督一度由闽浙巡阅使兼浙江都督孙传芳派员担任。直到 1925 年 4 月后，瓯海关监督的任命权才重新回到北京政府手中。杭海关监督公署位于杭州浦场巷，内部设有总务科、稽征科和交涉科。1925 年，因“军官教育团”需要，杭海关监督公署另租民房为办公场所。浙海关监督下设有部派会计主任 1 人，课长 1 人，课员 7 人，护员 8 人；另设稽查员 2 人。按照《浙海关监督署办理细则》的规定，浙海关监督署的职能为：税务科掌握稽查、稽征税票及文牍、庶务、收发、会计、金柜、报解、航政、护照等事宜；稽核科掌管审核、登记、簿记、表册及统计等事务。[①] 浙海关监督署日常工作主要是监督浙海关税务司的活动及处理其上交的文件（见表 2-1）。相比浙海关监督公署，北京政府时期的杭州关监督公署的规模在 20—30 人之间。1917 年 6 月，杭州关监督公署有监督 1 人、科长 2 人、一等科员 2 人、二等科员 4 人、三等科员 3 人、一等雇员 3 人、二等雇员 2 人、工役 13 人，共计 30 人。1923 年 11 月，杭州关监督公署人员减少到 25 人。[②] 浙海关监督署在北京政府时期先后有 6 人担任监督，分别是：王镛、孙宝宣、袁思永、李厚棋、周承芪、张传保（见表 2-2）。瓯海关监督署在北京政府时期先后有 13 人担任监督，杭海关监督署则有 12 人担任监督（见表 2-3、表 2-4）。浙江海关监督的工资从海关税收中提取，每年为 2.6 万关平银两。辛亥革命后，杭州关监督的薪俸按银元发放。1919 年 6 月，杭州关监督每月工资为 500 银元，科长 80 银元，一等科员 60 银元，二等科员 50 银元，三等科员 30 银元。一等雇员 30 银元，二等雇员 20 银元。1924 年，杭州关监督公署部分人员的薪俸有所增加，科长增至 100 银元，一等科员增至 80 银元，二等科员增至 60 银元。不过，一等雇员的薪俸降为 26 银元，二等雇员降为 18 银元。[③]

---

① 参见宁波海关志编纂委员会编：《宁波海关志》，浙江科学技术出版社 2000 年版，第 59—60 页。

② 参见杭州海关志编纂委员会编：《杭州海关志》，浙江人民出版社 2003 年版，第 399 页。

③ 参见杭州海关志编纂委员会编：《杭州海关志》，浙江人民出版社 2003 年版，第 432 页。

表 2–1 民国初期浙海关监督署应处理浙海关税务司呈交文件统计

甲类	逐日征收各项税钞清单
	各国军舰出入每月调查报告
	吗啡进口月报告表
	民国 × 年 × 月渔、牧、农产品进出口数目表
	关税收支月报表
	中外贸易月刊报告
	票照单详细月报表
	第 × 结罚款案由清折
	第 × 结国民物品清折
	第 × 结缉获充公洋土鸦片及毒品详情表
	浙海关 × 季度收支总表
乙类	号簿，即商船缴纳关税的报告书
	红单，各商船船钞和关税月报告书

资料来源：宁波海关志编纂委员会编：《宁波海关志》，浙江科学技术出版社 2000 年版，第 59—60 页。

表 2–2 北京政府时期浙海关监督名单统计表

姓名	职务	任职时间
王镛	署理监督	1912.03—1913.01
孙宝宣	监督	1913.01—1921.07
袁思永	监督	1921.07—1922.10
李厚棋	监督	1922.10—1925.04
袁思永	监督	1925.04—1926.12
周承芪	监督	1926.12—1927.01
张传保	监督	1927.02—1928.05

资料来源：中华人民共和国杭州海关译编：《近代浙江通商口岸经济社会概况：浙海关、瓯海关、杭州关贸易报告集成》，浙江人民出版社 2002 年版，第 861—862 页。

表 2–3　北京政府时期瓯海关历任监督名单统计表

姓名	任期	任命机关	附注
梅占魁	1911.11.08—1912.05.31	（临时兼任）	原系温处巡防统领，1911 年辛亥革命后，即于 11 月 8 日暂时担任温州临时军政分府负责人
陈范	1912.06.01—1912.09.15	浙江都督府财政司	
姚志复	1912.09.16—1913.02.28	浙江都督	
冒广生	1913.03.01—1917.11.30	北京政府大总统	
徐锡麟	1917.12.01—1919.02.28	北京政府大总统	
周嗣培	1919.03.01—1922.03.22	北京政府大总统	兼任温州交涉员，死于任期间，曾一度由欧阳保筱暂代
胡惟贤	1922.03.23—1924.08.15	北京政府大总统	兼任温州交涉员
蒋邦彦	1924.08.16—1924.10.15	北京政府大总统	兼任温州交涉员
杨承孝	1924.10.16—1925.03.11	闽浙巡阅使兼浙江都督	兼任温州交涉员
程希文	1925.03.12—1925.04	浙江督理	兼任温州交涉员
高尔登	1925.04—1925.06	北京政府临时执政	
程希文	1925.06—1927.01.29	北京政府临时执政	
刘强夫	1927.01.30—1927.03.07	国民革命军浙江省防军司令部	兼任温州交涉员
徐乐尧	1927.03.08—1927.10.31	第 26 路国民革命军司令部	

资料来源：中华人民共和国杭州海关译编：《近代浙江通商口岸经济社会概况：浙海关、瓯海关、杭州关贸易报告集成》，浙江人民出版社 2002 年版，第 865—866 页。

表 2–4　北京政府时期杭州关历任监督名录

姓名	职务	任职时间
高尔登	浙江省军政府财政部长兼处理杭州关监督事务	1911.12.14—1912.05.22
胡铭盘	浙江省财政司长兼杭州关监督	1912.05.22—1912.09.20
张寿镛	浙江省财政司长兼杭州关监督	1912.09.20—1913.10.08
张允言	杭州关监督	1913.10.08—1915.10.20
吴钫	浙江省财政司长兼代理杭州关监督	1915.10.20—1916.01.14

续表

姓名	职务	任职时间
程思培	代理杭州关监督	1916.01.14—1917.09.05
沈尔昌	杭州关监督	1917.09.05—1920.07.01
杜纯	代理杭州关监督	1920.07.01—1920.08.28
陈昌谷	浙江省财政厅长兼杭州关监督	1920.08.28—1920.09.19
杜纯	兼代理浙江省财政厅长杭州关监督	1920.09.19—1922.05.08
孙寿恒	代理杭州关监督	1922.05.08—1924.10.01
陈蔚	杭州关监督	1924.10.01—1927.03.29
赵文锐	杭州关监督兼二五附税总办	1927.03.29—1932.04.24

资料来源：中华人民共和国杭州海关译编：《近代浙江通商口岸经济社会概况：浙海关、瓯海关、杭州关贸易报告集成》，浙江人民出版社2002年版，第869—871页。

北京政府时期，浙江海关的建设在不断扩大中。1918年，瓯海关以5500元购买英国传教士苏慧廉在嘉福寺巷的住宅，作为税务司的寓所。1924年5月，由英国驻宁波领事兼任的驻温州领事一职撤销，江心屿上的领事馆所有的两栋楼房由瓯海关作价以14100元购置。瓯海关以其中一幢三层楼房作为监察长的寓所，另一幢两层楼作为验货员的寓所。而整个20世纪20年代，浙海关投入大量经费用于改善办公、居住条件及基础设施建设。1920年6月19日，浙海关购买房屋为海关货栈，地址为宁波外马路66号，总计关平银5386两。1921年浙海关在原税务司网球场地基上修筑海关职工宿舍，用于改善职工住房条件，建筑费总计关平银1846两。同年2月，浙海关购买草马路基地13亩，总计关平银3333两。1925年，浙海关改造七里屿和虎蹲山灯塔的房屋建筑，总计花费关平银24000两。1928年，浙海关在宁波江东建造一所新式船坞，长250米，宽38米。

（二）北京政府时期浙江海关税务司的职能与人事变更

与浙江海关监督署相并列的是浙江海关税务司。民国初期，浙海关税务司兼管50里内常关。其人员与下属机构相对比较简单，没有大的变化。浙海关税务司有华洋职位之分，也有正式编制和非正式编制的差别。浙海关税务司有坐办、文书课、总务课、会计课、统计课等不同部门。北京政府时期的杭州关设有总务课、秘书课、会计课、稽查课等4个职能部门，其具体职责分工为：(1) 总务课：负责税务征收、记账及报解，进出口货物的验放，各项单照的核发，船只进出口登记及结关，违章或偷税案件的处理，各项报表的编制，分支机构的督导，章则文稿的撰拟，不属其他课室的事项；(2) 秘书课：收发文件、保管档案、撰拟文稿、编造人事及文书的各项报表；(3) 会计课：经费的收支造报、编造预决算、编造会计报表；(4) 稽查课：外勤人员工作的督察支配，货物仓栈及船只车辆等交通工具的检查与管理，货物起卸及出入货栈的监视、衡量与检验，私运漏税及违犯禁令货物的查缉及执行处分，其他庶务事项。[①] 在这些部门中，相比华人而言，外国人无论在工资还是晋升上都比华人占有优势。[②] 在1914—1919年的编制中，洋班占了大多数职务，华人正式在编人员并不是很多（见表2-5）。浙海关税务司的职员有内班和外班之分，内班为帮办（俗称“大写”）、税务员、文牍员、核税员；外班为监察长（俗称“哈夫头”）、验货员（秤手）、稽查员（打手）。与浙海关监督署不一样的是，浙海关税务司一职在北京政府时期都是由英、法、美、德等国家人员担任的，其中大多数时期是由英国人担任（见表2-6）。杭州关与浙海关的情形差不多，只是期间有日本和挪威人担任过海关税务司的职务（见表2-8）。北京政府时期，杭州关的人员在80—90人之间浮动，1913年杭州关总计有86人，其中内班20人、外班10人、工役57人。此后杭州关人员总体呈逐年减少趋势。1925年，杭州关人员降为81人，其中内班16人、外班7人、工役58人。瓯海关的税务司除了英、法、美、日等国家人员担任外，还有中国人担任，即吴兆熊在1927年4月19日起暂代瓯海关税务司（见表2-7）。浙海关的人事制度效仿英国的文官制度，外籍关员绝大多数都是海关总署从外国招考进来的。内班一般都是各国著名大学文、法、经济科出身，文化程度较高。这些人到中国后，按照海关自编的中文语言教材学习中文，并按中文考试成绩提升。因此，浙海关内班职员不但能使用中文作为交际会话，而且能看懂中文公事。而外籍外班关员多为水手出身，文化

---

① 参见杭州海关志编纂委员会编：《杭州海关志》，浙江人民出版社2003年版，第9页。

② 参见马丁：《民国时期浙江对外贸易研究（1911—1936）》，中国社会科学出版社2012年版，第43页。

程度不高，但大部分也学中国话，能看懂中式账簿和码子。[①]

表 2–5 1914 年、1919 年浙海关税务司部分华洋人员编制统计表

部门	国籍	职务	1914 年	1919 年	编制	差额
征税科	洋班	帮办一级、二级	2		1	0
		帮办三级、四级	1	1	1	0
	华班	帮办三级、四级	1	2	2	0
		同文供事一级、二级	2	4	4	0
		供事三级、四级	7	6	6	0
		见习供事	1			
稽查科	洋班	头等总巡	1	1	1	0
		二等、三等总巡	1	1	1	0
		超等、头等钤字手	1	2	2	0
		二等、三等钤字手	7	1	2	1
	华班	钤字手	0	1	2	1
验货人员	洋班	头等验货员	1	1	1	0
		二等验货员	2	1	3	2
		三等验货员	2	2	2	0

资料来源：宁波海关志编纂委员会编：《宁波海关志》，浙江科学技术出版社 2000 年版，第 74—75 页。

表 2–6 北京政府时期浙海关税务司名录

国籍	姓名		职务	任职时间
法	P. J. Crevedon	柯必达	税务司	1911.06.23—1913.04.16
英	J. C. Johnston	湛参	税务司	1913.04.16—1915.04.07
德	A. H. Wilzer	威礼士	税务司	1915.04.07—1917.05.30
英	F. W. Lyons	来安士	代理税务司	1917.05.30—1917.07.16

① 参见陈善颐：《帝国主义控制下的浙海关》，载浙江省政协文史资料委员会编：《浙江文史集粹（经济卷）》上册，浙江人民出版社 1996 年版，第 569—573 页。

续表

国籍	姓名		职务	任职时间
法	R. C. Gurnier	葛尼尔	税务司	1917.07.16—1917.08.24
英	F. W. Lyons	来安士	代理税务司	1917.08.24—1918.05.13
美	E. Gilchrist	克立基	税务司	1918.05.13—1918.06.06
法	P. P. P. M. Kremer	克雷摩	署理税务司	1918.06.06—1919.03.31
法	P. P. P. M. Kremer	克雷摩	代理税务司	1919.03.31—1919.07.13
英	W. C. G. Howard	铖蔚良	副税务司	1919.07.13—1919.11.01
英	F. W. Carer	葛礼	税务司	1919.11.01—1920.10.16
英	F. W. Carey	甘福履	税务司	1920.10.16—1924.05.16
英	A. G. Bethell	贝德乐	税务司	1924.05.16—1925.04.18
英	C. A. S. Williams	威立师	代理税务司	1925.04.18—1926.05.03
英	H. S. T. J. Wulding	威勒鼎	税务司	1926.05.03—1927.10.22
英	J. H. Cubbon	郭本	代理税务司	1927.10.22—1929.04.12

资料来源：中华人民共和国杭州海关译编：《近代浙江通商口岸经济社会概况：浙海关、瓯海关、杭州关贸易报告集成》，浙江人民出版社 2002 年版，第 862—864 页。

表 2-7 北京政府时期瓯海关税务司名录

国籍	姓名		职务	任职时间	接任时职衔
英	C. T. Bowring	包来翎	代理税务司	1909.01.14—1914.04.26	代理税务司（超等一级帮办）
英	S. Acheson	阿岐森	税务司	1914.04.27—1916.11.07	税务司
法	C. E. Tanant	谭安	税务司	1916.11.08—1921.04.24	税务司
英	E. Alabaster	阿拉巴德	税务司	1921.04.25—1922.05.08	税务司
英	C. A. S. Williams	威立师	代理税务司	1922.05.09—1925.04.12	代理税务司（超等二级帮办）
美	I. S. Brown	卜郎	暂代税务司	1925.04.13—1925.05.14	四等一级帮办
俄	E. Bernadsky	裴纳玑	代理税务司	1925.05.15—1927.04.18	代理税务司（超等二级帮办）
中		吴兆熊	暂代税务司	1927.04.19—1927.10.21	三等二级帮办
日	T. Suzuki	铃木藤藏	代理税务司	1927.10.22—1929.07.27	代理税务司（副税务司）

注：铃木藤藏于 1929 年 7 月 27 日在职时病亡。

资料来源：中华人民共和国杭州海关译编：《近代浙江通商口岸经济社会概况：浙海关、瓯海关、杭州关贸易报告集成》，浙江人民出版社 2002 年版，第 867—868 页。

表 2–8 北京政府时期杭州关税务司名录

国籍	姓名		职务	勋位 / 奖章	任职时间
法	H. P. Destelan	铁士兰	代理税务司兼管浙东货厘事务	五品衔	1910.10.14—1912.10.17
英	J. W. Innocent	殷尃森	税务司兼管浙东货厘事务	三等嘉禾章	1912.10.17—1915.09.16
挪威	A. Nielson	倪额森	副税务司兼管浙东货厘事务	四等嘉禾章	1915.09.16—1915.09.30
英	J. W. Innocent	殷尃森	税务司兼管浙东货厘事务	三等嘉禾章	1915.09.30—1917.04.24
英	E. Alabaster	阿拉巴德	税务司兼管浙东货厘事务	四等嘉禾章	1917.04.24—1917.11.04
英	W. C. G. Hoard	钺蔚良	代理副税务司兼管浙东货厘事务	四等嘉禾章	1917.11.04—1917.11.07
英	E. Alabaster	阿拉巴德	税务司兼管浙东货厘事务	四等嘉禾章	1917.11.07—1918.06.07
英	W. C. G. Hoard	钺蔚良	代理税务司兼管浙东货厘事务	四等嘉禾章	1918.06.07—1918.07.10
英	E. Alabaster	阿拉巴德	税务司兼管浙东货厘事务	四等嘉禾章	1918.07.10—1920.05.04
英	W. Mac Donala	马都纳	税务司兼管浙东货厘事务	二等嘉禾章	1920.05.04—1920.09.28
荷	N. H. Schregardus	崔楷德	代理税务司兼管浙东货厘事务	六等嘉禾章	1920.09.28—1921.02.26
英	W. Mac Donala	马都纳	税务司兼管浙东货厘事务	二等嘉禾章	1921.02.26—1921.11.04
英	L. H. Lawford	罗福德	代理税务司兼管浙东货厘事务	三等嘉禾章	1921.11.04—1922.04.29
法	A. L. M. C. Pichon	毕尚	代理税务司兼管浙东货厘事务	四等嘉禾章	1922.04.29—1924.04.26
日	H. Otaki	大泷巴郎	代理税务司兼管浙东货厘事务	四等嘉禾章	1924.04.26—1925.10.15
日	R. Lnokuma	恩顾陌	代理税务司兼管浙东货厘事务		1925.10.15—1929.03.11

资料来源：中华人民共和国杭州海关译编：《近代浙江通商口岸经济社会概况：浙海关、瓯海关、杭州关贸易报告集成》，浙江人民出版社 2002 年版，第 871—872 页。

民国初期，浙海关的日常经费都是由北京政府拨付，还有一部分是直接在关税中抵扣。这些经费中有10%是作为维持海关日常运行的资金，其中60%以上为海关职员及勤杂员工的工资。[①]浙海关税务司的薪水是十分可观的，如浙海关一等帮办后班来安仕的月薪为350两；1915年11月晋级为前班后的薪水为400两；1916年晋级为超等帮办后月薪增加到500两；1917年5月晋升浙海关代理税务司的月薪为550两，外加代理津贴关平银100两。1922年，总税务司对华班帮办及供事等薪水等级进行调整，帮办最低等级薪水为关平银100两，供事最低等级薪水为关平银55两。同时，总税务司对外班华员的薪水也进行调整：新进关的称货员月薪为18元，工作25年以上可增加到53元；水手、巡役起始月薪为15元，工作25年以上可增加到34元；一般的轿夫、更夫、门役等起始工钱为每月13元，25年后可升至23元（见表2-9）。

表2-9 1926年浙海关海务处就地录用员工薪给表

工龄（年）	称货员（元）	水手（元）	跟班（元）	听差（元）	指泊手（元）
1	17	14	15	12	14
2	18	15	16	13	15
3	19	16	17	14	16
4	20	17	18	15	17
5	21	18	19	16	18
6	24	18	19	16	18
7	24	19	20	17	19
8	27	19	20	17	19
9	27	21	22	18	21
10	30	21	22	18	21
11	30	23	24	20	22
12	33	23	24	20	22

① 参见马丁:《民国时期浙江对外贸易研究（1911—1936）》，中国社会科学出版社2012年版，第46页。

续表

工龄（年）	称货员（元）	水手（元）	跟班（元）	听差（元）	指泊手（元）
13	33	24	26	21	24
14	36	24	26	21	24
15	36	26	26	22	25
16	39	26	28	22	25
17	39	27	28	22	25
18	42	27	28	22	25
19	42	29	30	22	25
20	45	29	30	22	25
21	45	30	30	22	25
22	45	30	32	23	25
23—24	48	30	32	23	25
25	48	30—33	34	23	25
26—27	53	30—33	34	23	25
28	53	30—33	34—37	23—25	25—27
29—30	53—58	30—33	34—37	23—25	25—27

资料来源：宁波海关志编纂委员会编：《宁波海关志》，浙江科学技术出版社 2000 年版，第 95 页。

杭州关设立后，先后设立了分支机构和派出机构，其中嘉兴分关设于 1896 年 12 月 15 日，关址在嘉兴县端平桥京杭运河旁的杉青闸，距离杭州关 200 里。按照总税务司的批示，嘉兴分关把嘉兴作为杭州的外围口岸管理，常年有副税务司驻于此。嘉兴分关的职能是：征收货税、烟土厘金以及管理经往运河的船舶和货物。1931 年国民政府裁撤厘金后，嘉兴分关税收锐减。1933 年 11 月 20 日，杭州关嘉兴分关被裁撤。在嘉兴分关运转期间，担任嘉兴分关主任的主要是英国人和德国人，1920 年后开始由中国人担任（见表 2-10）。北京政府时期，杭州关设立的分支机构还有 1912 年 7 月 2 日设立的杭州关闸门口火车站办事处、1924 年设立的杭州关邮包办事处。

表 2-10　晚清民国时期嘉兴分关主任名录统计表

姓名		国籍	职务	任期
英文	中文			
J. Macphail	马格斐	英	总巡	1896.12—1903.03
C. Pape	巴播	德	三等一级帮办	1903.03—1904.04
J. Macphail	马格斐	英	副税务司	1904.04—1912.10
A. Nielsen	倪额森	挪威	副税务司	1912.10—1915.01
A. W. Leach	李知	英	二等一级帮办	1915.01—1915.02
A. Nielsen	倪额森	挪威	副税务司	1915.02—1915.06
R. T. Nelsen	倪络生	英	代理税务司	1915.06—1915.09
A. Nielsen	倪额森	挪威	代理副税务司	1915.09—1915.10
R. T. Nelsen	倪络生	英	代理副税务司	1915.10—1915.11
W. Grundmann	顾伦曼	德	代理副税务司	1915.11—1917.08
A. W. Leach	李知	英	二等一级帮办	1917.08—1917.12
W. Howard	钺蔚良	英	代理副税务司	1917.12—1918.07
A. W. Leach	李知	英	一等二级帮办	1918.07—1918.08
W. Howard	钺蔚良	英	代理副税务司	1918.08—1919.11
A. W. Leach	李知	英	一等二级帮办	1919.11—1920.03
Ho Chee Fai	何智辉	中	三等二级帮办	1920.03—1920.05
N. H. Schregardus	崔楷德	荷	代理副税务司	1920.05—1921.10
Hsia Ting Yao	夏廷耀	中	三等二级帮办	1921.10—1926.03
Li Kway Yoong	李规庸	中	代理副税务司	1926.03—1929.01
Hya Song-van	夏松藩	中	代理副税务司	1929.01—1929.10
Chan Pak Hong	陈柏康	中	代理副税务司	1929.10—1933.12

资料来源：中华人民共和国杭州海关译编：《近代浙江通商口岸经济社会概况：浙海关、瓯海关、杭州关贸易报告集成》，浙江人民出版社 2002 年版，第 873—874 页。

二、南京国民政府时期浙江海关的变化

南京国民政府成立后，浙江海关的编制和人事多有变化。在南京国民政府发起关税自主运动后，浙江海关在 1928 年宣布实行关税自主。借此，南京国民政府开始对浙江沿海海关机构进行调整，其中变化最大的是原属海关监督所管辖的 50 里

内常关全部划归海关税务司接管，由此导致的结果是浙江三大海关编制和人员的大幅度增加。关税自主带来的最大变化是华洋同体，原本只能外国人担任的税务司一职也开始出现中国人，而中国人与外国人无论在薪酬还是晋升机会上都逐渐平等。1931 年后，浙江各海关在取消子口税和复进口税的同时，开始大幅度提高进口税率，以保护国内市场的发展。而随着中国人担任海关税务司一职，原本的浙江海关监督的作用日益缩小，最终在抗日战争爆发后被撤销。

（一）南京国民政府时期浙江海关的活动与人事变化

南京国民政府成立后，浙江海关的关税征收及管理职能多有变化。就浙海关税务征收而言，根据 1927 年 12 月宁波市公布的《宁波市特别码头捐则例》，浙海关代市政局征收码头捐。自 1928 年 4 月 1 日开始，原本由浙海关税务司代收的厘金转由浙江邮包厘金局接管。随着 1927 年南京国民政府发起的收回关税自主权的运动，浙江海关在 1928 年 7 月 20 日宣布实行关税自主。1930 年 3 月，南京国民政府在获得关税自主权的同时，为进一步整顿税收制度，对浙江沿海各处常关机构进行部分调整。原浙海关监督所辖 50 里外常关分口定海、象山等 12 处及厅属 24 傍口分卡，划归浙海关税务司；次年 3 月，撤 50 里外常关分口和常关子口，恢复进口、厘金等税，及各常关分口和所属傍口分卡，留 50 里内的江东、镇海 2 个常关；6 月，旋撤征收转口税。[①] 就瓯海关而言，自 1930 年 3 月 1 日起，原瓯海关常关管理的温州 50 里外常关分口计瑞安、平阳、大渔、蒲岐、坎门等 5 处及所属旁口，划给瓯海关管理；自 1931 年 1 月 1 日起，温州 50 里外的常关分口计所属旁口撤销；自 1931 年 6 月 1 日起，温州 50 里内常关总关和所属的宁村、龙湾、状元桥、蒲州等 10 处常关分卡和堵卡全部裁撤。[②] 另外，自 1931 年 1 月 1 日起，浙江各海关废止征收子口税、复进口税。因此，同日浙东厘金局及其所属各总局、分局被撤销。同年 12 月 1 日起，杭州关代征救灾附加税，按关税的 10% 征收。鉴于台州地区沿海一带走私活动十分猖獗，瓯海关特地于 1933 年 1 月 12 日

---

① 参见马丁：《民国时期浙江对外贸易研究（1911—1936）》，中国社会科学出版社 2012 年版，第 45—46 页。

② 参见周厚才编著：《温州港史》，人民交通出版社 1990 年版，第 114 页。

在台州海门设立分卡一处，以便加强缉私工作和增加税收。同年12月31日，杭州海关嘉兴分关被裁撤。1934年，根据《修正鄞县码头捐征收章程》，由浙海关代收鄞县码头捐款。至1937年7月抗日战争前夕，瓯海关分关只剩下海门与古鳌头两个（见表2-11）。抗日战争前瓯海关的管辖范围北起海门，南至浙闽交界附近的镇下关（镇霞关）沿海一带。就管辖职能而言，1930年7月1日开始，浙江海关代监督和领导执行的检疫工作交由卫生部负责。不过温州港的卫生检疫工作因卫生部检疫处未派员来接收，因此仍由瓯海关负责管理。自1931年起，国民政府以欧美模式划分航政与海关权限。这意味着，浙江沿海海关管理港口的权限缩小。同年12月，上海航政局温州办事处成立，温州港进出船舶的登记、检验、丈量工作由瓯海关移交给该处办理。1935年，南京国民政府下令浙海关原管辖的普通民船、木帆船、中小轮船公司船舶的检验、丈量、登记、船员管理及海事处理等，移交给上海航政局宁波办事处。同年6月，海关缉私舰"海清号"由上海驶至宁波，分配为浙海关缉私及捕盗之用。次年12月，缉私舰"海绥号"由上海至甬江，作为浙海关缉私之用。1936年6月3日，杭州关在杭州城站设立"防止陆运走私稽查处。

表2-11　1931—1937年瓯海关分卡（支关）变化统计表

分卡（支关）名称	设立时间		裁撤时间		附注
	年	月	年	月	
坎门	1931	1	1932	4	由常关裁撤后改组设立，后因税收不旺而裁撤
七里	1931	1	1932	4	由常关裁撤后改组设立，后因税收不旺而裁撤
瑞安	1931	1	1932	4	由常关裁撤后改组设立，后因税收不旺而裁撤
古鳌头	1931	1	1948	5	由常关裁撤后改组设立，后因税收不旺而裁撤
镇下村	1931	1	1933	1	由常关裁撤后改组设立，1933年1月划归福海关管理
宁村	1931	6	1932	9	由常关裁撤后改组设立，后因税收不旺而裁撤
海门	1933	1	1948	5	该分关系为加强海门港缉私和征税工作而设立，后因税收不佳予以撤销

资料来源：温州海关志编纂委员会编著：《温州海关志》，上海社会科学院出版社1996年版，第13页。

南京国民政府成立后，在财政部内设关务署管理海关行政。1928年开始，浙江各海关监督归南京国民政府财政部关务署管辖。1928年3月起，海关监督由南京国民政府财政部委派，不再兼任外交部交涉员。不过随着1928年5月25日蒋锡侯接任浙海关监督并兼任宁波外交交涉员，由于其与蒋介石的亲缘关系，使浙海关监督的权力与其他各地海关监督相比有所增加。[①]1931年1月15日，根据国民政府关务署令，杭州关监督派驻杭州关税务司公署的委员撤回杭州关监督公署。1933年10月2日，中国人卢寿汶担任浙海关税务司，为中国人任该职最早的一员。至此，名义上为了监督外籍税务司的海关监督署已经没有存在的必要。1935年7月，刘灏接替蒋锡侯担任浙海关监督一职。1937年9月30日，南京国民政府裁全国各海关监督署，仅留监督1人，驻在税务司公署中。同时，南京国民政府公布《海关监督办事暂行规程》，规定海关监督只有监督关务、提出改善意见、会同税务司与地方机关洽商有关关务等职权。10月，瓯海关监督公署即行撤销，只留监督1人。次年2月2日，南京国民政府财政部鉴于杭州沦陷，杭州关监督无法执行职务，杭州关监督署被撤销。同月28日，浙海关监督公署亦裁，所留人员统由浙海关税务司掌管。1938年9月，原浙海关监督署所有房产归浙海关税务司接管。浙海关监督署被裁后，瓯海关监督署仍旧保留下来。1927年至1945年，由国民政府委派的瓯海关监督有庄智焕（1927.11.01—1927.12.23）、何家猷（1927.12.24—1928.02.29）；由国民政府财政部委派的瓯海关监督有贝志翔（1928.3.01—1935.10.20）、徐鸿宾（1935.10.21—1940.08）和陶承润（1940.08—1945.01.31），其中贝志翔还曾一度兼任瓯江口内地税局局长。[②]而这期间担任杭州关监督的有来长春（1932.04.24—1932.06.01）、扬骏（1932.06.01—1935.01.25）、樊光（1935.01.25—1936.04.04）、赵世楷（1936.04.04—1936.08.11）、何轶民（1936.08.11—1937.12.31），其中来长春以税务科长身份暂代理杭州关监督。[③]1945年1月，国民政府决定撤销全国各

---

① 参见胡丕阳、乐承耀：《浙海关与近代宁波》，人民出版社2011年版，第78页。

② 参见中华人民共和国杭州海关译编：《近代浙江通商口岸经济社会概况：浙海关、瓯海关、杭州关贸易报告集成》，浙江人民出版社2002年版，第866页。

③ 参见中华人民共和国杭州海关译编：《近代浙江通商口岸经济社会概况：浙海关、瓯海关、杭州关贸易报告集成》，浙江人民出版社2002年版，第871页。

关监督，瓯海关监督一职于2月1日裁废。

南京国民政府时期浙海关税务司除英国人担任外，还有比利时、美国、法国及日本人担任。值得注意的是，自瓯海关有中国人担任税务司外，1933年开始，中国人开始担任浙海关税务司一职。太平洋战争爆发后，随着宁波及浙东沿海的沦陷，浙海关也被迫撤销，直到抗日战争胜利后才得以恢复。由于战时中国与西方各国不平等条约的废除，因此战后浙海关恢复后的税务司一职全部由中国人担任（见表2-12）。瓯海关税务司在南京国民政府时期主要是由中国和英国人担任，另有几任由意大利人担任。抗日战争爆发后，英国人担任两任税务司至1943年后，瓯海关税务司一职一直由中国人担任直到新中国成立（见表2-13）。杭州关在南京国民政府时期基本都是由中国人担任的，除了1933年由英国人暂代税务司以及抗日战争时期杭州沦陷后日本人担任这一职务。抗日战争胜利后，杭州关由中国接收，并在1945年底裁撤（见表2-14）。

表2-12 南京国民政府时期浙海关税务司名录

国籍	姓名		职务	任职时间
英	J. H. Cubbon	郭本	代理税务司	1927.10.22—1929.04.12
比	A. Sadoine	萨督安	代理税务司	1929.04.20—1929.09.30
比	A. Sadoine	萨督安	税务司	1929.10.01—1929.10.11
日	T. Ebara	江原忠	税务司	1929.10.11—1930.09.30
美	H. W. Bradler	柏德立	代理税务司	1930.09.30—1931.02.20
英	E. N. Ensor	安斯迩	税务司	1931.03.30—1932.03.08
英	H. G. Lowder	劳德迩	代理税务司	1932.03.08—1933.10.08
中		卢寿汶	代理税务司	1933.10.18—1934.10.05
英	F. D. Goddard	克达德	税务司	1934.10.05—1934.11.06
中		霍启谦	代理税务司	1934.11.06—1936.03.16
法	J. M. A. Fay	费安德	副税务司	1936.03.16—1937.03.22
英	K. Ashdowne	艾适丹	代理税务司	1937.03.22—1938.10.15
英	W. E. Annett	安乃第	税务司	1938.10.15—1940.03.23
英	A. J. Hope	贺溥	代理税务司	1940.03.23—1941.12

续表

国籍	姓名		职务	任职时间
中		丁贵堂	副总税务司兼浙海关主任	1945.12.01—1946.05
中		陈善颐	代理税务司	1945.12—1946.01
中		王学俊	代理税务司	1946.05—1947.01
中		童炳	代理税务司	1947.01—1948.08
中		乔汝镛	副税务司	1948.08—1950.01

资料来源：中华人民共和国杭州海关译编：《近代浙江通商口岸经济社会概况：浙海关、瓯海关、杭州关贸易报告集成》，浙江人民出版社2002年版，第863—864页。

表2-13　南京国民政府时期瓯海关税务司名录

国籍	姓名		职务	任职时间	接任时职衔
中		谢永钦	暂代税务司	1929.07.28—1929.09.10	二等二级帮办
中		张伯烈	代理税务司	1929.09.11—1931.04.26	代理税务司（副税务司）
中		周子衡	税务司	1931.04.27—1933.05.24	税务司
中		杨明新	代理税务司	1933.05.25—1934.03.25	代理税务司（超等一级帮办）
中		李可任	暂代税务司	1934.03.26—1934.04.20	二等一级帮办
意	A. Casati	克萨悌	税务司	1934.04.21—1934.09.20	税务司
中		李可任	暂代税务司	1934.09.21—1934.10.25	二等一级帮办
英	H. C. Margan	莫尔根德	税务司	1934.10.26—1935.04.19	税务司
英	E. A. Macdonald	马多隆	代理税务司	1935.04.20—1936.04.29	代理税务司（副税务司）
意	S. Toscani	德世堪	代理税务司	1936.04.30—1936.11.06	代理税务司（副税务司）
中		乔汝镛	暂代税务司	1936.11.07—1937.01.03	超等二级帮办
英	H. C. Morgan	莫尔根	税务司	1937.01.04—1941.01.12	税务司
英	W. A. B. Gardener	葛敦诺	代理税务司	1941.01.13—1943.09.13	副税务司
中		陈祖秬	税务司	1943.09.14—1946.01.20	税务司
中		李秉光	税务司	1946.01.21—1946.04.23	副税务司
中		宋克诚	暂代税务司	1946.04.24—1948.04.21	税务司
中		夏廷耀	税务司	1948.04.22—1949.03.27	税务司

续表

国籍	姓名		职务	任职时间	接任时职衔
中		麦僖曾	暂代税务司	1949.03.28—1949.04.24	二等二级帮办
中		李秉光	代理税务司	1949.04.25—1949.05.06	代理税务司（副税务司）

注：夏廷耀于 1949 年 3 月 27 日在职时病亡。

资料来源：中华人民共和国杭州海关译编：《近代浙江通商口岸经济社会概况：浙海关、瓯海关、杭州关贸易报告集成》，浙江人民出版社 2002 年版，第 868—869 页。

表 2–14 南京政府时期杭州关税务司名录

国籍	姓名		职务	任职时间
中	Ho Chee Fai	何智辉	代理税务司兼管浙东货厘事务	1929.03.11—1929.08.30
中	Hya Song-Van	夏松藩	代理税务司兼管浙东货厘事务	1929.08.30—1930.03.28
中	Ho Chee Fai	何智辉	代理税务司	1930.03.28—1932.04.15
中	Chan Par Hong	陈柏康	代理税务司	1932.04.15—1932.09.23
中	Hau King Son	侯曜章	代理副税务司	1932.09.23—1933.03.31
中	Hu Fu-Sen	胡辅辰	税务司	1933.04.01—1933.10.18
英	H. Dawson-Grove	克勒纳	税务司	1933.10.18—1934.10.15
中	Liu Ping 1	刘丙彝	代理税务司	1934.10.15—1936.04.15
中	Lu Ping	卢斌	税务司	1936.04.15—1938.10.31
中	Chen Tso	陈祖巨	苏州关驻上海办事处税务司兼理杭州关事务	1938.10.31—1939.02.15
中	Lu Ping	卢斌	杭州关驻上海办事处税务司兼理苏州关事务	1939.02.15—1941.03.27
中	Yang Ming Hsin	杨明昕	税务司	1941.03.27—1942.02.03
中	Lu Shou Wen	卢寿汶	苏州关驻上海办事处税务司兼理杭州关事务	1942.02.03—1942.04.01
日	Y. Akatani	赤谷由助	江海关关长兼理杭州关事务	1942.04.01—1942.09.08
日	K. Ayamada	小山田晃一	江海关关长兼理杭州关事务	1942.09.08—1943.02.09
日	K. Tanioka	谷岗胜美	江海关关长兼理杭州关事务	1943.02.09—1943.09.15
中	Wang Yi Fu	王义福	护理税务司暂行代理主任	1945.10.09—1945.10.26
中	Zhang Yung Zheng	张允祯	暂行代理主任	1945.10.26—1945.12.10

资料来源：中华人民共和国杭州海关译编：《近代浙江通商口岸经济社会概况：浙海关、瓯海关、杭州关贸易报告集成》，浙江人民出版社 2002 年版，第 872—873 页。

（二）南京国民政府时期浙江海关的编制与薪水

南京国民政府成立后，浙海关税务司还兼管江东和镇海2处常关。外班人员有超等总巡兼理船厅1人，洋验货员4人，江东常关五等巡总1人，镇海常关一等稽查员1名日本人，华人稽查员6人，就地巡员十余人，水手三十余人。[①]1929年2月27日，关务署下发《改善海关制度审议会决议》，规定各海关停招洋员，职权平等，统一薪给标准，晋级、慰劳金、退职年限等华洋平等。1930年常关划归浙海关管理后，浙海关的人事编制有了一次大的扩充。划归浙海关的常关包括乍浦分关、沥海口分关、古窑分关、蟹浦口分关、穿山分关、定海口分关、湖头渡口分关、象山口分关、白桥口分关、家子口分关和江下口埠口分关等11个分关26个分卡，总计人员有分关长11人，会计11人，核算8人，征收员11人，稽查员3人，查验员15人，文牍6人，稽征员41人，扦巡75人，公役35人，共216人（见表2-15）。相比浙海关，同年杭州关的职员仅为71人，其中内班15人、外班6人、工役50人。另外还有驻嘉兴分关5人，办理厘捐1人。1931年南京国民政府裁撤厘金局及1933年裁撤嘉兴分关后，杭州关人员骤减。截至1937年6月，杭州关仅有33人，其中内班7人、外班3人、工役23人。

表2-15　1930年浙海关所辖50里外常关分口及所属傍口分卡编制统计表

分关	分卡	编制
乍浦分关	分关长1人，会计1人，核算1人，征收员1人，稽查员1人，查验员1人，文牍1人，扦巡3人，公役2人：总计12人	
	澉浦分卡	稽征员2人，扦巡1人
	旧仓分卡	稽征员1人，扦巡1人
沥海口分关	分关长1人，会计1人，征收员1人，扦巡2人，公役1人：总计6人	
	闻堰分卡	稽征员1人，扦巡1人
	钱江分卡	稽征员1人，扦巡1人

① 参见《调查：浙海关述略》，《关声》1928年第6期。

续表

<table>
<tr><th>分关</th><th>分卡</th><th>编制</th></tr>
<tr><td rowspan="2">古窑分关</td><td colspan="2">分关长 1 人，会计 1 人，征收员 2 人，扦巡 2 人，公役 1 人：总计 7 人</td></tr>
<tr><td>王家路分卡</td><td>稽征员 1 人，扦巡 1 人，公役 1 人</td></tr>
<tr><td rowspan="2">蟹浦口分关</td><td colspan="2">分关长 1 人，会计 1 人，征收员 1 人，扦巡 2 人，公役 1 人：共 6 人</td></tr>
<tr><td>龙山分卡</td><td>稽征员 1 人，扦巡 1 人，公役 1 人</td></tr>
<tr><td rowspan="3">穿山分关</td><td colspan="2">分关长 1 人，会计 1 人，核算 1 人，征收员 1 人，查验员 1 人，文牍 1 人，扦巡 3 人，公役 1 人：总计 10 人</td></tr>
<tr><td>郭巨分卡</td><td>稽征员 1 人，扦巡 2 人，公役 1 人</td></tr>
<tr><td>新碶口分卡</td><td>稽征员 1 人，扦巡 1 人</td></tr>
<tr><td rowspan="5">定海口分关</td><td colspan="2">分关长 1 人，会计 1 人，核算 2 人，查验员 5 人，文牍 1 人，书记 1 人，稽征员 3 人，扦巡 5 人，公役 3 人：总计 22 人</td></tr>
<tr><td>沈家门分卡</td><td>稽征员 2 人，扦巡 2 人，公役 1 人</td></tr>
<tr><td>岱山分卡</td><td>稽征员 2 人，扦巡 2 人，公役 1 人</td></tr>
<tr><td>衢山分卡</td><td>稽征员 2 人，扦巡 1 人，公役 1 人</td></tr>
<tr><td>高亭分卡</td><td>稽征员 1 人，扦巡 1 人</td></tr>
<tr><td rowspan="3">湖头渡口分关</td><td colspan="2">分关长 1 人，会计 1 人，核算 1 人，扦巡 1 人，公役 1 人：共 5 人</td></tr>
<tr><td>江窑分卡</td><td>稽征员 1 人，扦巡 1 人，公役 1 人</td></tr>
<tr><td>大嵩分卡</td><td>稽征员 1 人，扦巡 1 人，公役 1 人</td></tr>
<tr><td rowspan="6">象山口分关</td><td colspan="2">分关长 1 人，会计 1 人，核算 1 人，征收员 1 人，稽查员 1 人，查验员 3 人，文牍 1 人，稽征员 4 人，扦巡 4 人，公役 2 人：总计 19 人</td></tr>
<tr><td>墙头分卡</td><td>稽征员 2 人，扦巡 3 人，公役 1 人</td></tr>
<tr><td>陈山分卡</td><td>稽征员 2 人，扦巡 2 人，公役 1 人</td></tr>
<tr><td>爵溪分卡</td><td>稽征员 1 人，扦巡 2 人，公役 1 人</td></tr>
<tr><td>西周分卡</td><td>稽征员 1 人，扦巡 2 人，公役 1 人</td></tr>
<tr><td>泗洲分卡</td><td>稽征员 1 人，扦巡 2 人，公役 1 人</td></tr>
<tr><td rowspan="4">白桥口分关</td><td colspan="2">分关长 1 人，会计 1 人，征收员 1 人，扦巡 1 人，公役 1 人：共 5 人</td></tr>
<tr><td>海游分卡</td><td>稽征员 2 人，扦巡 2 人，公役 1 人</td></tr>
<tr><td>长街分卡</td><td>稽征员 1 人，扦巡 1 人</td></tr>
<tr><td>健跳分卡</td><td>稽征员 1 人，扦巡 1 人</td></tr>
</table>

续表

<table>
<tr><th>分关</th><th>分卡</th><th>编制</th></tr>
<tr><td rowspan="3">家子口分关</td><td colspan="2">分关长1人，会计1人，核算2人，征收员2人，稽查员1人，查验员5人，文牍2人，扦巡7人，公役4人：共25人</td></tr>
<tr><td>金清分卡</td><td>稽征员2人，扦巡2人，公役1人</td></tr>
<tr><td>盈峙分卡</td><td>稽征员1人，扦巡1人</td></tr>
<tr><td rowspan="3">江下口埠口分关</td><td colspan="2">分关长1人，会计1人，征收员1人，扦巡4人，公役1人：共8人</td></tr>
<tr><td>松门分卡</td><td>稽征员1人，扦巡3人，公役1人</td></tr>
<tr><td>楚门分卡</td><td>稽征员1人，扦巡3人，公役1人</td></tr>
<tr><td colspan="3">总计：分关长11人，会计11人，核算8人，征收员11人，稽查员3人，查验员15人，文牍6人，稽征员41人，扦巡75人，公役35人：共216人</td></tr>
</table>

资料来源：宁波海关志编纂委员会编：《宁波海关志》，浙江科学技术出版社2000年版，第75—76页。

1932年，总税务司署颁布新的《海关任职条例》，并向浙海关发出第4399号信函，要求浙海关进行裁员和紧缩编制。同年5月，浙海关税务司裁减税务员1名，稽查员5名。经过裁减后，浙海关内班职员有帮办4人，税务员6人，汉文文牍1人，稽查员4人（其中2人充当汉文书记）。这些人员分布在统计科、会计课、文书课等部门。[①] 浙海关外班有华员17名，分别是：区煜城（招商码头验货）、周天霖（太古码头验货）、殳柏荣（宁绍码头验货）、荆满昆（三北码头验货）、王少萍（轮船稽查兼练习验货）、刘天演（轮船稽查兼练习验货）、郭建勋（轮船稽查兼练习验货）、成立（轮船稽查兼练习验货）、张厚坤（轮船稽查兼练习验货）、蒋沈廷（轮船稽查兼练习验货）、沈堃（轮船稽查）、刘天生（轮船稽查）、陈祖耘（轮船稽查）、陈鑫（轮船稽查）、金汉椿（轮船稽查）、杨福生（轮船稽查）、黄昌仁（轮船稽查）。[②] 而浙海关下属常关分卡一般由分关长、稽查员、巡役与水手组成。以浙海关镇海分卡为例，其有高级外勤职员1名，由监查员或副监查员充任，稽查员1名，巡役1名，水手10名。高级外勤职员即分卡主任除管理全分卡一切事务外，

① 参见宁波海关志编纂委员会编：《宁波海关志》，浙江科学技术出版社2000年版，第76页。

② 参见《浙海关外班华员现任职务分配表》，《关声》1933年第5期。

还须测验及报告气象，每月往浙海关所辖的虎蹲山、七里歧灯塔及各处暗礁经海关设有标示的地方巡视 1 次；稽查员管理查验往来船只并登记、丈量、烙印一切民船及颁发挂号簿、航运凭单等暨进出口结关；巡役职务为襄助稽查员执行一切日常工作；水手职务除任分卡内一切杂役外，还须时常巡视港道，驱逐船只停泊于通道内（因有碍进出口轮船航路）。[①] 1935 年 1 月 8 日，浙海关采用新的关务体制，其内班稽查员增加到 6 名，所需完成的任务总计有 38 项（见表 2-16）。而在造册房汇编年度报告书的时候，统计科总务股会派遣 1 名稽查员和 1 名税务员协助完成年度报告书的书写工作。

表 2-16 1935 年浙海关稽查员工作分配统计表

序号	任务	稽查员编号
1	计算邮包税	1
2	撰写《邮包税备忘录》	1
3	登记邮包税	1
4	计算进口税，登记金单位和海关两总账	2
5	按英文税单核对进口税	2
6	计算每日征收的进口税	2
7	计算各船只所缴关税总数	2
8	计算和登记进出口关税	4
9	按英文税单核对进出口关税	4
10	计算每日出口税总数	3
11	印发《船舶吨税备忘录》和证书	5
12	每天结束，与银行收款部核对所收税款	2
13	编写征税逐日报告，呈交海关监督署	4
14	每月底统计税收总数，并与英文登记数进行核对	3
15	将每份进口申请书细节登入专册	5
16	在船舶结关后，将每份出口申请书细节登入专册	3

① 参见涓洵:《关区指南：浙海关区镇海分卡小志》,《关声》1933 年第 2 期。

续表

序号	任务	稽查员编号
17	撰写呈报海关监督的函件，报告向商船征税的详细情况	3
18	将号簿（登记各船所缴关税）呈报海关监督署	3
19	登记统税	4
20	登记工厂产品的关税	4
21	发放工厂产品证件	4
22	管理汉语船舶告示牌	4
23	填写和发放每月的入境证和结关证，交给 I. W. S. N 的船只	5
24	向不定期的内港船只发放《航线指南》	5
25	登记由关督署发放的免税运米船护照	1
26	登记运送硫磺、硝石船的护照	1
27	登记每日银元对金单位兑换率，求出平均数，以供下月折算使用	1
28	登记关员生活必需品市场价格，以便做出半年报告书	1
29	汇编《渔业、畜牧业和棉花产品月报表》	6
30	汇编《入境外国船舶月报表》	6
31	制作《浙海关税收总额月报表》	6
32	制作《武器和弹药季度报告》	6
33	制作《国家贮存特用物品季度报告》	6
34	制作《浙海关没收和罚款季度报告》	6
35	制作《缉获毒品走私季度报告》	6
36	制作非紧急的汉语函件月报告书	6
37	誊写汉语急件	6
38	撰写通知	6

资料来源：宁波海关志编纂委员会编：《宁波海关志》，浙江科学技术出版社 2000 年版，第 76—77 页。

南京国民政府时期，浙海关税务人员的工资特别是洋员的工资有所变化。1929 年，国民政府修改薪率，以递退百分率为标准计算工资。同时，对华员与洋员的工资采用同级同薪的待遇。不过由于洋员远赴千里在华工作，生活水平要求较高，因此其还有工资外的特别津贴。工资调整后，浙海关税务司的基本薪水为每月关平银650两，最高每月为700两。华洋副税务司的薪水为每月550两，华洋代理人员在代理期间按照其代理职务的薪水和津贴计算。除此之外，浙海关外班华洋检查人员的薪水也有所调整（见表2-17）。相比北京政府时期，这一时期的薪水都普遍有所上调。刚入职的低等级中国雇员薪水最高可以超过正常以往薪水的15元—20元，但必须在海关服务25年以上才能领取。除此之外，各口岸还有各种不同的津贴。1930年，50里外常关各分关及分口划归海关税务司管辖后，其薪水仍维持以往的标准。不过由于国民政府的货币改革，海关常关人员的薪水按照法币支取。其薪水自160元至12元不等（见表2-18）。

表2-17 1929年浙海关外班华洋检查人员月薪水统计表（单位：关平银两）

职务	月薪水	职务	月薪水	职务	月薪水
试用稽查员	50	一等副验货员	160	超等一级验货员	260
四等稽查员	65	一等副监查员	185	二等检查长	285
三等稽查员	80	二等验货员	185	二等验估员	285
二等稽查员	95	监查员	210	一等检查长	310
一等稽查员	110	一等验货员	210	一等验估员	310
超等稽查员	135	二等副监查长	235	总监查长	350—550
二等副验货员	135	超等二级验货员	235	超等验估员	350—550
二等副监查员	160	一等副检查长	260		

资料来源：宁波海关志编纂委员会编：《宁波海关志》，浙江科学技术出版社2000年版，第96页。

表2-18 1930年浙海关常关人员月薪水统计表（单位：法币元）

职务	月薪水	职务	月薪水	职务	月薪水
大关分关长	160	征收员	20—32	稽征员	20—32
中关分关长	120	稽查员	20—32	扦巡员	12—18
小关分关长	80	查验员	26—32	公役	12
会计	24—40	文牍员	26—32		
核算	32—40	书记员	24		

资料来源：宁波海关志编纂委员会编：《宁波海关志》，浙江科学技术出版社2000年版，第96—97页。

三、抗日战争时期及战后浙江海关的变化

抗日战争爆发后，浙江三大海关所属关区先后沦陷。在战争影响下，杭州关和浙海关先后被迫关闭，而瓯海关的活动也受到日军日益频繁的骚扰。随着浙西和浙东沿海区域的沦陷，瓯海关成为浙江唯一也是最主要的海关管理机构。抗日战争时期，瓯海关关区逐渐从温州沿海向整个浙江内陆的国统区延伸。而在浙江的沦陷区，日伪先后在杭州和宁波建立了伪关税征收机构，从事海关税收的征收工作。抗日战争胜利后，由于沿海经济与贸易形势的变化，杭州关最先在1945年被撤销，浙海关也在1948年被并入江海关。到1949年，浙江保留下的海关只剩下瓯海关。

（一）抗日战争时期浙江海关的变化

1937年抗日战争爆发后，上海、杭州先后沦陷，宁波成为内地货物及战区军用物资转运的主要口岸。11月22日，杭州关撤至安徽省后，在歙县城北门外，设立杭州关驻歙县办事处。同年12月，温州航政办事处停办轮、帆船的检验、丈量工作，改由瓯海关代为办理。1938年2月7日，瓯海关瑞安分卡重新建立，以适应征收转口税的需要。3月，交通部直辖温州航政办事处成立，船舶的检验、丈量工作由该处负责办理，瓯海关不再代办。同月，杭州关撤至温州后，根据总税务司指示，其撤退的职员均在温州安排工作。6月11日，杭州关撤至上海后，在江海关办公楼内设立杭州关驻上海办事处。9月30日，浙海关50里外常关的不动产及动产等，均由浙海关税务司接管。由于浙东沿海走私严重，浙海关税务司在绍兴新埠头、象山港翔鹤潭设立分卡。1940年5月、8月、10月，浙海关先后在象山石浦港、余姚县庵东[①]、镇海县穿山设立分卡。1941年1月16日，浙海关在洋南口、英生卫、雀嘴里设立分卡。同月22日，温台防守司令部组织成立戒严时期温州引水办事处，负责办理引水业务，瓯海关即停止管理引水工作。1940年7月20日，宁波城防司令部向浙海关调用缉私舰“海清”号和“海绥”号，载

① 参见《本省经济消息：财政：浙海关在余姚县设庵东分卡》，《浙光》1940年第9期。

石沉于梅墟附近拗甏江弯处，用以彻底封锁航道。同年，由于浙东沿海被日军封锁，浙海关关船无法出海，而且很多关船也被日军飞机炸沉，使大部分船员无事可做。于是浙海关颁布《关船下级员役暂准离职留资办法》，规定暂准离职留资期内，船员仍在海关员役名单内，可以自由在任何处所另谋职业；离职期内，其工资按照以往标准减半按月发放，其他津贴及奖金停止发放；离职期内需向浙海关税务司留下永久通讯地址，以便联系。该文件得到总税务司的同意和批准。按照该办法，一个工龄为5年及以上的水手每月可领取的薪水为25元左右，而超等轮机师可领取50元（见表2–19）。

表2–19 浙海关关船部分人员月薪水统计表（单位：法币元）

职务	工龄	1938年	1941年
水手长	5年工龄及以上	51	25.5
舵手长	5年工龄及以上	42	21.0
舵工长	5年工龄及以上	26	13.0
	不足5年工龄	25	12.5
超等轮机师	5年工龄及以上	100	50.0
轮机师	5—10年工龄	75	37.5
锅炉技工		37—61	18.5—30.5
锅炉工		21—29	10.5—14.5

资料来源：宁波海关志编纂委员会编：《宁波海关志》，浙江科学技术出版社2000年版，第97页。

宁波沦陷后，日军又继续向温台方向入侵。1941年4月9日至5月10日，日军短暂占领温州。当时的海关税务司总关人员，一部分人员及家属200余人躲在税务司寓所的防空洞中；另一部分约70人躲在江心屿的外籍监查长寓所中。1941年12月8日，太平洋战争爆发后，温州港轮汽船业务完全停顿，瓯海关日常活动也趋于瘫痪。至此，瓯海关监督与管理工作的重点逐步从港口转向内陆。1942年1月1日，闽浙区货运稽查处裁撤，其所属浙江境内安吉、桐庐、於潜、建德、诸暨、嵊县、金华、兰溪、丽水和宁海10个分站由瓯海关予以接收。为此，财政部总税务署派瓯海关副税务司黄国材赴金华接收，筹设瓯海关副税务司办事处，并将金华分处改组为瓯海关分关。其余各分支处9处，全部改组为瓯海关分卡，负责征收关税事宜。原稽查处所有人员一律留任，各分关分卡均由副税务司办事处直辖管理节制。金华分关主任仍由原货运稽查处金华分处处长蒋甫善继任，内部组织分为总务、查验、税务等三股及秘书室。[①] 瓯海关接收闽浙区货运稽查处所属浙江分站是抗日战争时期瓯海关在浙江内陆各地设立分卡的开始，也使该关管辖范围从沿海扩展到内陆。为了便于对内陆分卡的管理工作，瓯海关特地在金华设立分卡，调派1名副税务司驻在分关，成立副税务司办事处，全面负责瓯海关各内地分卡的管理事宜。同年4月15日，瓯海关奉令开始征收战时消费税，原海关征收的转口税取消。为适应征收战时消费税和自沦陷区运来的洋货进口税，以及开展对敌进行经济斗争的需要，瓯海关又陆续在浙江内地安华、孝丰、东阳、青田、龙泉、仙居、临海、淳安、衢县、泽国、壶镇、临安以及沿海的金清镇、石塘等地设立分卡，最多时达到20多个。当时瓯海关管辖的范围几乎遍及浙江全省（沦陷区除外），正式关员（仅为海关职员，不包括雇员和工人）多达100余人。总关内部设有秘书、会计、总务、监察、缉私、情报、分卡管理等许多课室。1942年7月11日至8月15日，温州再次沦陷，温州税务司及总关人员撤退至瑞安县。至此，温州引水办事处随之无形解散，温州港引水工作由瓯海关负责。同年8月20日，温州光复后，瓯海关总关人员开始回城办公。由于该关办公楼房遭到日机轰炸及战争破坏，故总关改在墨池坊原监督公署中办公。而执行征税、监督、缉私等任务的总务课和监察课则自10月12日起，另在东门株柏码头租赁一座房屋办公。1943年初，因工作需要，原由闽海关于1939年4月划给瓯海关管理的沙埕分卡归还给闽海关管理。同时，由于战事关系，瓯海关金华分关和副税务司办事处撤销，各内地分卡改由瓯海关总关直接管理。1944年初，由于军事形势的变化，瓯海关撤销了诸暨、兰溪等支关。同年6月，为了管理工作的便利，瓯海关将安吉、於潜、孝丰、临安4个支关划给上饶关屯溪分关管理。9月9日，温州第3次沦陷，瓯海关总关人员撤退至瑞安县高楼和平阳县腾蛟堡两地办公。1945年1月战时消费税裁废后，瓯海关又撤销了龙泉、石塘等支关。至

① 参见《本省经济消息：二、财政消息：财政部在金华筹设瓯海关办事处》，《浙光》1942年第1期。

抗日战争结束时，瓯海关只剩下海门、瑞安、古鳌头、金清镇、桐庐、淳安、衢县、宁海、临海、丽水、青田等11个支关（见表2-20）。[①]4月，交通部直辖温州航政办事处撤销，有关船舶检丈工作改由瓯海关办理。6月18日，温州第三次光复。6月24日，瓯海关总关人员返回温州开始办公。由于瓯海关北边的一幢办公楼房遭到损失较轻，所以稍加修理后，即可供税务司和部分课室办公，直接对外办理海关业务的总务课和监察课仍在东门株柏码头办公。9月20日，杭州关恢复建制，总税务司任命王义福为杭州关暂行代理主任。同年12月10日，杭州关奉总税务司命令关闭，其善后工作交由江海关处理。

表2-20　抗日战争时期瓯海关分卡（支关）概况表

分卡（支关）名称	设立时间		裁撤时间		附注
	年	月	年	月	
瑞安	1938	2	1947	10	该分卡系由于征收转口税需要而重新设立，后因税收不佳予以撤销
沙埕	1939	4	1943		该分卡原属闽海关，1939年4月为管理工作便利起见，划归瓯海关管理，约在1943年初仍划归闽海关管理
安吉	1942	1	1944		由闽浙区货运稽查处所属分站撤销后改组设立，后为管理工作便利起见，移交上饶关屯溪分关接管
於潜	1942	1	1944	6	由闽浙区货运稽查处所属分站撤销后改组设立，后为管理工作便利起见，移交上饶关屯溪分关接管
桐庐	1942	1	1946	10	由闽浙区货运稽查处所属分站撤销后改组设立，抗日战争结束后因失去其征税和对敌经济斗争的作用而裁撤
建德	1942	1	1943	1	由闽浙区货运稽查处所属分站撤销后改组设立，1943年1月移设于淳安港口，改称淳安分卡
诸暨	1942	1	1944		由闽浙区货运稽查处所属分站撤销后改组设立，约于1944年初因军事形势关系而撤销
嵊县	1942	1	1944		由闽浙区货运稽查处所属分站撤销后改组设立，约于1944年初因军事形势关系而撤销
兰溪	1942	1	1944		由闽浙区货运稽查处所属分站撤销后改组设立，约于1944年初因军事形势关系而撤销

① 参见温州海关志编纂委员会编著：《温州海关志》，上海社会科学院出版社1996年版，第11页。

续表

分卡（支关）名称	设立时间		裁撤时间		附注
	年	月	年	月	
宁海	1942	1	1946	3	由闽浙区货运稽查处所属分站撤销后改组设立，抗日战争结束后因失去其征税和对敌经济斗争的作用而裁撤
金华	1942	1	1943		由闽浙区货运稽查处所属分站撤销后改组设立，约于 1943 年由于军事形势关系而撤销
丽水	1942	1	1946	4	由闽浙区货运稽查处所属分站撤销后改组设立，抗日战争结束后因失去其征税和对敌经济斗争的作用而裁撤
临海	1942	4	1945	11	由于征收战时消费税需要而设立，抗日战争结束后因失去其征税和对敌经济斗争的作用而裁撤
金清镇	1942	5	1945	11	由于征收战时消费税需要而设立，后因战时消费税取消而裁撤
安华	1942	5	1944		由诸暨分卡安华分所改组设立，约于 1944 年初因军事形势关系而裁撤
孝丰	1942	5	1944		由于征收战时消费税需要而设立，后为管理工作便利起见移交上饶关屯溪分关接管
临安	1942	5	1944	6	由于征收战时消费税需要而设立，后为管理工作便利起见移交上饶关屯溪分关接管
东阳	1942	5	1944		由于征收战时消费税需要而设立，约于 1944 年初因军事形势关系而撤销
仙居	1942	5	1944	6	由于征收战时消费税需要而设立，1944 年 6 月移设于壶镇，改称壶镇支关
青田	1942	5	1945	11	由于征收战时消费税需要而设立，抗日战争结束后因失去其征税和对敌经济斗争的作用而裁撤
龙泉	1942	6	1945		由于征收战时消费税需要而设立，后因战时消费税取消而裁撤。
淳安	1943	1	1946	8	由建德分关移设淳安港口而设立，抗日战争结束后因失去其征税和对敌经济斗争的作用而裁撤
衢县	1943		1946	2	约于 1943 年初由于征收战时消费税需要而设立，抗日战争结束后因失去其征税和对敌经济斗争的作用而裁撤
石塘	1943		1945	4	约于 1943 年 10 月由于征收战时消费税需要而设立，后因战时消费税取消而裁撤
泽国	1943		1944		由于征收战时消费税需要而设立，后因税收不佳而裁撤
镇下关	1944	3	1945	4	由于征收战时消费税需要而设立，后因战时消费税取消而裁撤
壶镇	1944	6	1945	4	由于仙居支关移设于此而设立，后因战时消费税取消而裁撤

资料来源：温州海关志编纂委员会编著：《温州海关志》，上海社会科学院出版社 1996 年版，第 13—15 页。

1941 年 4 月 19 日，日军占领宁波。9 月 8 日，日本海军特务部在镇海设立办事处，办理帆船与海船登记税务及船舶管理事务。12 月 8 日太平洋战争爆发后，汪伪政府总税务司岸本广吉派伪总税务司企划处副处长加藤畦一来宁波接收浙海关。1942 年 1 月，汪伪政府接收浙海关，并任命李广业为伪副税务司。因无洋税可以征收，汪伪政府关闭浙海关。3 月，汪伪总税务司命令浙海关于月底停止办公，职员全部迁往上海，宁波浙海关关产由日本宪兵队接管。1943 年 5 月 15 日，汪伪政府在宁波江东原浙海关常关总关旧址成立日伪海关转口税宁波征收所，并在江东、江北岸轮船码头、灵桥、新江桥、长春门、望春门、永宁桥等处设立分卡，在镇海设立伪分所。伪海关转口税宁波征收所为伪所长下辖监察、总务二课和会计、秘书二直属股；监察课下辖总务、监察二股；总务课下辖进口、出口、统计、分卡管理、缉私、市价调查等五股。[①] 同年 7 月 1 日，日伪浙东地区管理船舶事务所在宁波成立；11 日，日伪海关转口税宁波征收所在镇海城关建立分所。日伪时期，伪海关转口税宁波征收所所长基本都由日本人担任，充分表明了浙海关管理权沦落到日本侵略者手中，成为其掠夺浙江财富的一种工具（见表 2-21）。1944 年 2 月，汪伪中央税警团分驻宁波市及三北的庵东、周巷等处。同年 6 月 16 日，日伪上海船政局宁波办事处在江北岸外滩 35 号成立。1944 年，日伪海关转口税宁波征收所有总务课长兼所长 1 人，监察课长 1 人，一等支所税务员 1 人，检查员 4 人，女检查员 1 人，雇员、税收 22 人，听差 1 人，杂役 7 人。

表 2-21 伪海关转口税宁波征收所所长名单统计表

国籍	姓名	职务	任职时间
中	李广业	伪副税务司	1942.01—1943.04
日	三村平八	代理伪所长	1943.04—1943.05
日	加藤圭一	伪所长	1943.05—1944.05
日	森俊雄	伪所长	1944.05—1944.07
日	林崎进	代理伪所长	1944.07—1944.08

① 参见宁波海关志编纂委员会编:《宁波海关志》，浙江科学技术出版社 2000 年版，第 60 页。

续表

国籍	姓名	职务	任职时间
中	丁永寿	代理伪所长	1944.09—1944.11.06
日	田中悌四郎	伪所长	1944.11.06—1945.07
日	藤田严	伪所长	1945.07—1945.10
中	李广业	代理主任	1945.10—1945.12

资料来源：中华人民共和国杭州海关译编：《近代浙江通商口岸经济社会概况：浙海关、瓯海关、杭州关贸易报告集成》，浙江人民出版社 2002 年版，第 864 页。

1943 年 9 月 14 日，伪杭州转口税局成立，隶属于日伪总税务司公署，同时接收杭州关驻上海办事处的档案和资料。伪杭州转口税局地址在杭州市清波门桥 45 号，局内设总务课、监察课、秘书股、会计股等部门。伪杭州关转口税局下辖杭州城站分卡、清波门分卡、艮山门分卡、钱塘分卡、武林门分卡、南星桥分卡、邮政局分卡。截至 1943 年 12 月，伪杭州关转口税局总计有 32 人，其中代局长 1 人、检察课长 1 人、检察员 9 人、税务官 2 人、事务官 1 人、税务员 10 人、文牍员 1 人、副监察官 1 人、验查官 2 人、监察员 4 人。1944 年 1 月 5 日，伪杭州关转口税局所属分卡一律改称支所。8 月，伪杭州转口税局为加强转口税收，工作人员增加到 77 人，其中日籍人员 12 人，占职员总数的 16%。在伪杭州转口税局中，中外雇员的俸给除正常薪水外，还有各类津贴，如特别津贴、房租津贴、伙食津贴、午餐津贴、家属津贴与仆役津贴等，但华员的工资比日籍职员要少很多。1945 年 1 月 1 日，伪杭州关转口税局设立“萧山支所”，所址位于西门外金家潭。同月 15 日，伪杭州转口税局设“笕桥监视所”。4 月 16 日，伪杭州关转口税局增设鉴定课。日伪杭州关转口税局先后有 3 个日本人担任局长或代理局长，分别是内田润平（1943.09.14—1944.05.15，暂行代理局长）、中川陆三（1944.05.15—1945.07.20，局长）、田中悌四郎（1945.07.20—1945.08.23，局长）。[①]1945 年 8 月，日本投降后，浙江的日伪海关全部撤销。

① 参见中华人民共和国杭州海关译编：《近代浙江通商口岸经济社会概况：浙海关、瓯海关、杭州关贸易报告集成》，浙江人民出版社 2002 年版，第 874 页。

（二）战后浙江海关的恢复与机构调整

1945年8月15日，日本宣布无条件投降。浙江沿海港口的海运逐渐畅通，交通运输线路也恢复正常。瓯海关所属支关逐步裁革。10月19日，国民政府派员接收伪海关转口税宁波征收所，恢复浙海关税务司，关署迁往原江东浙海常关办公楼，并任命李广业为浙海关代理主任，作为过渡。12月11日，上海航政局温州办事处重新成立，有关船舶检丈工作仍恢复由该处办理。1946年1月14日，浙海关邮电支所正式成立。同年3月26日，浙海关在镇海设支关，开始登记民船，征收关税，缉私检查。同时，浙海关还兼理虎蹲山、七里屿灯塔、灯桩、浮标、立标等助航设备。9月13日，总税务司令浙海关将引水业务移交全国引水管理委员会闽浙区办事处接管。10月20日，交通部全国引水管理委员会闽浙办事处温州港分处设立。次月1日，瓯海关将引水业务移交给温州港分处接收。12月2日，浙海关新购舢板船一艘，供镇海支关使用，造价36万元。截至当年度底，瓯海关金清镇、桐庐、淳安、衢县、宁海、临海、丽水、青田等8个支关先后被裁撤（见表2-20）。1947年10月1日，瓯海关瑞安支关裁撤。12月30日，浙海关所属石浦港乌礁湾东明灯塔竣工。翌年1月20日，浙海关所属定海西后门菜花山灯塔竣工。1948年5月15日，瓯海关所属各地支关已全部撤销。

抗日战争胜利后，根据浙海关税务司第6947号通令，原战时停薪留职的关员予以复职；自愿在日伪海关工作的洋员、华员、杂役一律辞退。对于新的海关人员，浙海关按照智力、办事能力、是否负责、态度与仪表、工作表现和一般操作等6项指标，由负责部门用百分制给以评分作为晋级考核标准。1947年9月，浙海关举行甄拔稽查员的考试，本关的额外、临时、本口稽查员及打字员、书记、办事员等均可参加。凡考试合格者，经过6个月的试用期后就可擢升为正式的四等稽查员。如浙海关稽查员曹文奎就经过选拔晋级为四等稽查员。四等稽查员虽为浙海关正式职员最低等级，但其工资收入仍远高于临时聘用人员的薪水（见表2-22、表2-23）。战后，由于物价上涨，浙海关税务司职员工资也随之上调。同时，浙海关对本关低级关员及雇员的每月最低生活费用按照宁波物资价格作按月调查，并据此发放生活补助费。抗日战争胜利后的浙海关所管辖区域为浙东沿海一带，除镇海支关外，其他常关全部取消。浙海关主要职能为征税和缉私，下设总务课、文书课、会计课、监察课、验估课和港务课等。1948 年 8 月浙海关人员编制为：代理税务司 1 人，总务课税务员 3 人，文书课 4 人（税务员 3 人，书记 1 人），会计课 4 人（税务员 3 人，查缉员 1 人），监察课 6 人（监察员 1 人，副监察员 1 人，副验货员 1 人，稽查员 3 人），验估课 4 人（验估员 1 人，副验货员 3 人），港务课兼代港务长 1 人。另有镇海支关主任 1 人，副验货员 1 人，稽查员 2 人。此外，随着瓯海关内地各支关的裁撤，至 1949 年 5 月温州解放前夕，瓯海关的正式关员减少到 26 人，另有雇员、关警、工人等共 68 人。瓯海关内部设有会计、秘书、总务、稽查等 4 个课室，由瓯海关税务司和副税务司直接管理（具体组织系统职责见表 2-24）。

1947 年 3 月 31 日，浙海关总署迁往江北岸外马路 66 号已经重新改建过的原浙海关低级帮办宿舍。5 月，瓯海关南边办公楼房修理完毕，总务、监察两课迁回朔门总关办公，只留下民船管理组仍在东门株柏码头办公。9 月 29 日，浙海关填报《国有土地调查表暨国有土地附着物调查表》，清理关产。1948 年 9 月 1 日，浙海关改组，划归江海关管辖，更名为江海关宁波分关，派乔汝镛负责改组，并担任宁波分关副税务司。[①] 宁波分关的办公地点仍在江北岸外马路 66 号，下设镇海支关。1949 年 5 月，宁波、温州先后解放。同月 26 日，中国人民解放军宁波市军事管制委员会派军代表刘勇三等接管江海关宁波分关。根据“完整接管，逐步改造”的方针，宁波市军管会留用了全部海关人员。6 月 5 日，温州市军管会派遣军事代表王建华率助理军事人员 7 人接管瓯海关。

表 2-22 1946 年浙海关职员月薪统计表

职务	薪水（元）	职务	薪水（元）	职务	薪水（元）
代理税务司	857	二等副检察员	210	一等副验货员	249
副税务司	857	二等一级税务员	265	二等副验货员	210
总监察长兼港务长	483	三等一级税务员	203	超等稽查员	195
一等二级帮办	467	三等二级税务员	179	一等稽查员	179

① 参见《各地通讯：南洋线：宁波分局：（一）浙海关奉令改组》，《业务通讯》1948 年第 83 期。

续表

职务	薪水（元）	职务	薪水（元）	职务	薪水（元）
超等验货员	366	四等一级税务员	156	二等稽查员	152
二等检察员	288	书记	125	三等稽查员	132

资料来源：宁波海关志编纂委员会编:《宁波海关志》，浙江科学技术出版社 2000 年版，第 97—98 页。

表 2-23　1946 年浙海关在编灯塔管理人员（华人）工资级别表

职称（级别）	晋级工龄	工薪（元）
候补灯塔值事人	1 年	80
三级灯塔值事人 B	3 年	110
三级灯塔值事人 A	3 年	130
二级灯塔值事人 B	3 年	145
二级灯塔值事人 A	3 年	160
一级灯塔值事人 B	3 年	175
一级灯塔值事人 A	3 年	190
灯塔台长 B	3 年	210
灯塔台长 A	2 年	225
特级灯塔台长 B	2 年	250
特级灯塔台长 A	2 年	275

资料来源：宁波海关志编纂委员会编:《宁波海关志》，浙江科学技术出版社 2000 年版，第 98 页。

表 2-24　1949 年 5 月温州解放前夕瓯海关组织结构职能统计表

税务司、副税务司	会计课主任	账务台	职掌经费及杂项账务薪津计算及编造报表等
		出纳台	职掌账款收支事宜
		税款台	职掌税款记账、报解、统计等
	秘书课主任	文牍台	职掌拟稿、缮校、印信、收发、档案等
		人事台	职掌人事动态及表册等
		文具单照台	职掌保管文具、空白单照等
		掌管不属于其他各课事宜	

续表

税务司、副税务司	总务课主任	进口台	职掌进口货物报运、核发关单
		出口台	职掌出口货物报运、核发有关单照及船只结关等
		缉私台	职掌缉私案件处理及编造各项有关报表等
		统计台	职掌进出口货物统计
		总务台	职掌总务课、档案、往来文件、进口船只准单、民船登记、发售单照及不属于其他各台的事务
		验估台	职掌货物查检及估价工作
			驻邮局检查征税人员，对外称瓯海关驻邮局支所：职掌关于邮包查验及征税事宜
	稽查课主任兼港务长	轮船管理组	职掌巡视码头、仓库、船舶检查及港务事宜
		民船管理组	职掌检查民船及内港轮船
		监察组	职掌外勤员工人事、准单、关产、零用帐等
			关警队：职掌查缉及保护关产

资料来源：温州海关志编纂委员会编著：《温州海关志》，上海社会科学院出版社 1996 年版，第 16 页。

第二节　民国时期浙江关税与海关管理

经过晚清的过渡，民国时期浙江海关已经形成了一整套完整的税收管理体系，这一体系包括对进出海关货物和报关活动的监管。申报制度、许可证制度、查验制度、保结制度、红箱制度和三联单制度构成了浙江海关关税货物监管的主要环节。而浙江海关对于报关行与报关活动的监管也日趋成熟。在完善的税收管理体系下，浙江三大海关的税收总额总体上呈现出不断增长的态势。不过，对于不同海关，在不同时期的税收结构，即不同税种收入在关税总额中的比重有较大的变化。三大海关的这一变化在 1912—1921 年、1922—1931 年及 1931 年之后这 3 个历史时期表现得非常明显。

一、民国时期浙江海关关税管理

晚清宁波开埠初期，浙海关管辖浙江全省。其后，随着温州和杭州的开埠，浙海关的管辖范围大大缩小，其海关管辖范围仅为宁波、绍兴和台州地区。1918年6月26日，浙海关颁布《宁波理船章程》规定了浙海关在宁波市区的监管区：自宁波盐仓门起至镇海止，均为浙海关管辖港口；大型洋式船只镇海抛锚界限自安远炮台起，至南岸盐田上边止；一般洋式船只的抛锚界限，自洋人坟地至新江桥止。杭州关的监管区域主要是杭州、嘉兴、湖州等地及所属县镇，因业务需要，也涉及绍兴、金华、兰溪等地。瓯海关在民国初期的管辖范围仅限于温州区域。抗日战争爆发后，随着杭州和宁波的先后沦陷，瓯海关的管辖范围扩大到整个浙江的未沦陷区域。对于进出浙江沿海关税区的货物，浙江三大海关主要是从货物监管、运输工具监管和报关监管三方面来进行管理。这里主要论述三大海关的货物监管和报关监管制度。

（一）民国时期浙江海关货物监管

浙江三大海关在对货物的监管有非常详细的规定，包括申报制度、许可证制度、查验制度、保结制度、红箱制度和三联单制度。

（1）申报制度。1861年浙海关开埠时颁布的《浙海关章》就规定，商船载运进出口货物必须向海关申报。进口货单必须由船主签字，单内详细开载一切货物。商船如要卸货，自备报单详细写明货物、种类、件数、重量及估价等，须领起货单。海关在起货单上盖章后，即允许将货起入驳船，运至海关码头，海关检验后发给验单。出口货物也须到海关码头候验，自备报单，呈请下货单，海关发给验单，由商人赴银号纳税，将号收交关给放行单，准其装货出口。1878年，浙海关实施总税务司颁布的《海关总章程》进行监管。规定：进口货物凭卸货准单卸入关栈，或运至海关码头查验；出口货物在海关码头接受查验，货物经查验交税后，浙海关发给装货准单。1896年8月，杭州关实施对进出口货物监管的申报制度。根据《杭州口各国商船进出口起下货物完纳税钞及各项开口试办章程》的规定，凡商船载运的进出口货物必须向海关申报，并向海关提供自备报关单一式两份（一英文、一中文），详细载明经营字号（经营人）、货名、件数、重量及估价数目等情况，由海关检查确定进出口货物的品种、数量。货主缴纳关税后，由海关发给上、下货准单，货物方可放行提取。在杭州关裁撤前，一直延续此项申报制度。[1]

（2）许可证制度。许可证制度是民国政府对进出口货物实行统制政策的一种制度。它包括审批、签发和验核三部分。1932年9月1日，根据南京国民政府财政部关务署通令，浙海关开始施行领事签证货单制度。1936年7月，南京国民政府对钨矿砂出口实行特许管理制度。杭州关对钨矿砂出口，须凭军事委员会所属资源委员会的钨矿砂出口证方能报关。1937年10月，南京国民政府实行贸易限制政策，法令禁止167类商品进口，包括可以国产品代替和非必需的奢侈品。1938年后，沿海各大港口先后沦陷，宁波、温州成为对外贸易的主要港口。浙海关和瓯海关是奉令执行验“凭特种许可证放行货物”的主要海关。1943年4月，《战时统制商品移动章程》施行，汽车及其配件、汽油、煤油、各种机械、金属及其制品、糖、火柴、橡胶等12类商品出入上海、浙江、江苏、安徽，货主须持凭全国商业统制总会的准许证方能申请运输。1946年11月17日，国民政府颁布和施行《修正进出口贸易办法》。其后，浙海关于11月18日开始对进出口货物实行许可证验放制度。

（3）查验制度。查验是海关对进出口货物监管的基本制度和环节。1912年7月7日，为方便土货运往上海，杭州关在闸口火车站，专设海关“验关房”，派员负责查验由铁路从杭州运往上海的土货。1916年10月，杭州关加强口岸检查，特别是加强对货物的实际查验，并形成比较完善的查验制度和方法，以利税收征管。1931年，浙海关设有出口台、副出口台、进口台、副进口台和验货棚。除总关外，浙海关还有江东验货棚，查验装载易燃、易爆等危险品船只的船货；又有隔天工作的宁绍码头验货棚和三北码头验货棚。主持海关验货工作的是浙江三大海关外班的各级验货员。同年，杭州关及嘉兴分关的查验制度更趋完善，海关查验人员除核对货物数量、重量外，还要对货物的贸易性质及税则归类进行鉴别，使征税与查验有机结合在一起。另外，杭州关还举办查验人员培训班及查验人员轮换制度。1936年，随着运单制度的实行，杭州关对按普通行轮章程由国内口岸进口的货物及其运单予以重点查验、核对，以防商人将

①　参见杭州海关志编纂委员会编:《杭州海关志》，浙江人民出版社2003年版，第43—44页。

货物非法私运内地。

（4）保结制度。1887年4月，江海关公布轮船常年保结制度。此后，浙海关也推行这一种制度，规定外轮向浙海关税务司保证自结关之日起6日内，缴纳进口货物税捐及提费，每艘轮船应对浙海关做如下保证：所有列入舱单货物，应运到该轮指定的目的地；于船上装载的非法鸦片的搜查，每一航程只能1次；船长及船员未经海关许可不得擅自装载鸦片；船上不得雇佣人从事协助或唆使有损于中国税收的行为；船长及船员应随时协助海关执行公务。[①] 除常年保结制度外，浙海关还在其他项目进行短期保结制度。1933年关务署令：对于米粮应严禁由浙江省私运日本；而以米谷在国境内转运准免关税。1946年1月，总税务司令纱布禁止运往华南，浙海关遵照办理。为防止流弊，浙海关规定：轮船或帆船运到温州以北各地的纱布，准予验凭保结放行。

（5）红箱制度与三联单制度。“红箱”是由华商（主要是小商贩）提供一定颜色和规格的箱子，在海关登记注册，编上号码，用于装运零星小包的洋货，这些洋货已缴纳过关税，无须再缴纳税费。1900年，这一制度在江海关、浙海关和瓯海关实施。三联单是伴随着子口税制产生的一种特殊缴税形式。子口税制包括进口洋货运销内地（使用子口税单）和出口土货从内地运销国外（用三联单）等两方面的内容。洋商先向本国领事申请从内地购买土货出口，由领事向浙海关监督署领取“购买土货报单”（三联单）。1931年1月1日，随着子口税的废除，三联单制度也随之取消。

（二）民国时期浙江海关报关行与报关监管

报关行（Customs Broker）是以代理人的身份办理海关手续的服务性行业。19世纪60年代末，随着浙海关、瓯海关和杭州关新关的先后设立，由于国内外流通货物都需要进行报关，而海关报关手续烦琐，且海关业务和公文交往、报关单证大多需要用英文，这种民间性质的服务业就应运而生。报关行和报税行一般都需要在当地海关注册。1916年，“源源公报关行”开业，这是杭州开埠后最早创

---

① 参见宁波海关志编纂委员会编：《宁波海关志》，浙江科学技术出版社2000年版，第123页。

办的报关行。同年，杭州设有16家报关行，嘉兴设有8家，都是由商人雇佣办理海关业务手续。1917年2月，杭州关实行《海关管理报关行条例》。1918年秋天，浙海关发现宁波泳康报税行行长胡运权有涂改关单、以多报少的偷漏税款行为。经核查，泳康报税行总计偷漏税课关平银1188两之多。为此浙海关在1919年5月颁布《浙海关报税行注册章程》，规定：（1）报税行必须在海关注册，注册须准备保举信，由商铺和钱庄各1家作保，或者由宁波报关业公会会长签署；（2）呈由写明报税行经理人姓名、籍贯、住址、签名式样及该行图章，先呈海关；（3）报税行负责人只准1名；（4）报税行须要遵守本关章程，验货时，须准备足够数量的小工，起动货物；（5）如货物尚未确实可验，报税行不得预递报单；（6）报税行如违犯关章，除照章惩罚外，并在其注册簿内记过1次，记满3次即除名；（7）货物报税须出于商人自愿，各报税行不得垄断；（8）原有报关行均照此办理，自通告之日起30日内仍不履行保结手续，海关不予承认。[①]同年，杭州11家报关行于拱宸桥一带联合创办杭州报关行同业公会，并拟定章程，对各报关行业统一管理，协调报关行业内部矛盾，制定统一收费标准。1920年，宁波口岸在浙海关登记的报关行和报税行有31家，分别是：恒孚行、元盖行、江处行、鼎恒行、泰涵行、咸丰行、慎康行、元亨行、裕源行、生生行、益康行、瑞余行、瑞康行、丰源行、慎丰行、资大行、恒升行、景源行、泰异行、晋恒行、鼎丰行、泰源行、保慎行、泰深行、余丰行、敦裕行、彝泰行、钜康行、永源行、汇源行、衍源行等。

1931年12月1日，海关总税务司署公布实施《管理报关行暂行章程》，规定：凡欲经营报关行业务者，必须事先向当地海关请领营业执照并缴纳一定数额的保证金，其数额自100元—5000元不等，由各关税务司决定。同时，根据总税务司指令，浙江海关对报关行进行清理。1932年4月30日，浙海关统计宁波现有报关行、报税行42家，其中37家为宁波报关行同业公会会员，其余5家为单独注册。温州有报关行12家，其中规模比较大的有吉记新、王敏之等数家。杭州关所管辖的报关行有11家，嘉兴分关5家。1932年4月，浙海关实行新的

① 参见宁波海关志编纂委员会编:《宁波海关志》，浙江科学技术出版社2000年版，第163页。

《浙海关管理报税行规则》，规定每家报关行须向海关缴纳保证金为银洋2000元。1935年1月，杭州关实施修订后的《管理报关行暂行章程》，规定首次核发报关行营业执照收费国币500元，报关行换发营业执照费为国币50元；报关行应缴的现款或政府债券保证金为国币5000元至10万元；代会员报关行具结担保的报关行公会应缴的现款或政府债券保证金为国币5万元至50万元；报关行如有异地分行的，需另行领取营业执照，同样缴纳上述费用和保证金。①

抗日战争爆发后，由于杭州的沦陷，杭州关所属各报关行纷纷歇业或关闭。相比之下，宁波和温州则由于港口的畸形繁荣与进出港外籍轮汽船的增加，报关行数量有大幅增加。宁波的报关行一度超过100家，而温州港的报关行最多时也有六七十家。宁波沦陷后，浙海关关闭，宁波的报关行全部歇业。到1944年9月，由于战争破坏，温州港仅有报关行二十余家。日本控制杭州后，成立了伪杭州关转口税局，并在杭州城内遍设分卡，稽征税收。截至1945年3月14日，在伪杭州关转口税局注册登记的报关行有42家之多。

抗日战争胜利后，浙海关在复关后鼓励商人自行报关。为此，浙海关尽量简化报关手续，加上报关单在1931年后已用中文填写，且海关工作人员全为当地人，这些都为商人自行报关提供了良好的条件。尽管如此，还是有很多商人将报关业务委托报关行经办。战后，由于经济的萧条和外贸业务的转移，宁波只剩下四十余家报关行。温州的报关行业面临着同样的问题。1946年，温州的报关行还有41家。到1949年温州解放前夕，报关行只有十余家。

与专门从事报关和报税业务的报关行、报税行相比，台州海门港的过塘行既从事港口货物转运，又兼营报关业务的港口企业。1932年前，海门港有过塘行8家，资本额从100元至3000元（见表2-25）。到抗日战争的后期，海门港从事报关业务的企业有9家（见表2-26）。

① 参见杭州海关志编纂委员会编：《杭州海关志》，浙江人民出版社2003年版，第111—112页。

表 2-25　1932 年前海门港过塘行统计表（单位：元）

名称	资本额	年运费收入	备考	名称	资本额	年运费收入	备考
王永兴	500	800		新福泰	100	450	
同昌	600	不详	1930 年设立	台公新	100	300	
协记	3000	不详	1930 年设立	公信	500	440	
雷阜成	100	400		公益	不详		

资料来源：金陈宋主编：《海门港史》，人民交通出版社 1995 年版，第 143 页。

表 2-26　抗日战争后期海门港从事报关业务企业统计表

企业名称	业务范围	企业名称	业务范围
泰康	代理货物兼报关（经理：姜益芳）	通益公	替外海轮船及木帆船报关
捷利	代理货物兼报关	中联	替外海轮船及木帆船报关
协昌	川沙的沙飞船代理兼报关	捷利	替外海轮船及木帆船报关
顺协和	替木帆船与小轮船报关	协昌	替外海轮船及木帆船报关
同益	替外海轮船及木帆船报关		

资料来源：金陈宋主编：《海门港史》，人民交通出版社 1995 年版，第 197 页。

二、浙江海关关税的种类与税额变化

民国时期浙江海关关税仍以海关两（即关平两，每海关两约等于 1.558 元）为计值单位。1930 年 2 月 1 日，改按海关金单位征收。每金单位含纯金 60.1866 毫克，等于 0.40 美元。纳税人可按照该关逐日公布的海关金单位折合率，改以银元缴付关税。1935 年 11 月以后，纳税人改为用法币缴付关税。1942 年 4 月 1 日起，每海关金单位的含纯金重量改为 88.8671 毫克，并定为相当于法币 20 元。1948 年 8 月，国民政府发行金圆券，关税改用金圆券计值。民国时期浙江海关关税除正税外，还有各种附加税收及代征税费。这一时期，浙海关、瓯海关和杭州关的关税收入及各海关不同税种收入的变化都是十分明显的。

（一）民国时期浙江海关关税种类

民国时期浙江海关征收关税的税种包括进口税、出口税、复进口税、转口税等主要税种。

（1）进口税。进口税即对进入中国的外国商品所征收的税收，素有海关第一税之称。由于受不平等条约的制约，近代中国的进口税是世界上进口税率最低的国家之一。1915 年，浙海关洋货进口货值约关平银 2928890 两，但所征收进口税仅为 101895 两，远未达到“值百抽五”的最低税率。1910—1920 年，由于第一次世界大战的影响，浙海关进口税从未达到 12 万两。杭州关在这一时期的进口税数额也有所下降，除了战争原因外，还要考虑杭州关征税方法的变更。另外，沪杭铁路的建成通车，使得杭州关的进口关税遭受严重打击。1915 年，杭州关进口关税减少到不到 10000 关平两。铁路运输的安全、快速，对水运构成竞争优势，这使得很多价值高的货物直接在沿海港口口岸纳税。南京国民政府建立后，随着关税新约的签订，中国海关进口税率达到 8.5%。在此种情况下，浙江海关的进口税额有大幅度上升。1929 年，浙海关征收进口税关平银 284042 两，比上年增加 77%。到 1932 年，浙海关进口税总额已经达到 1007387 两。与浙海关情形类似，杭州关的进口税总额在 1931 年后有大幅增加。1931 年，杭州关进口税总额达到折合关平银为 1398042.73 两，占杭州关各种税收总额的 84.57%。1936 年，杭州关进口税合关平银 3002900.462 两，为杭州建关后征收进口税最高的年份。这种情况，直到 1937 年抗日战争全面爆发后才被打破。

（2）出口税。出口税是对本国商品出口所征的关税。浙江三大海关除对出洋外销的土货征收出口税外，转口往其他通商口岸的土货，也要征收出口税。浙江主要出口货物是丝织品、瓷器、茶叶和海产品。民国初期，浙江三大海关的出口税占海关关税总收入的一半以上。1912 年，杭州关出口税总额为关平银 387494.385 两，占杭州关各税总和的 71.12%。1915 年，浙海关出口税总额为关平银 322592.649 两，占浙海关关税总收入 485476.881 两的 66.45%。南京国民政府成立后，为保护国货出口，政府在 1931 年 6 月 1 日实施新的出口税则，只对出洋外销的土货征收出口税，国内转口土货改征转口税。根据新的出口税则，国民政府将98项出口商品的税率提高到7.50%，有三十余项商品免征出口税。1934年，由于中国大宗出口商品逐渐衰落，政府增加免征出口税货物种类，达到77号列。翌年再次修订，增加了减税品42个号列，多数出口货物的税率减低了50%，免税货物范围也扩大了很多。在新税则下，浙江海关出口税收入大幅下降。1931年杭州关出口税收入相比上年下降了50%。浙海关在1932年度的出口税收入仅占全部海关收入的1.16%。1937年抗日战争爆发后，杭州关奉令停征出口税。而浙海关和瓯海关的出口税也在1946年国民政府取消出口税后停征。

（3）复进口税。复进口税即沿岸贸易税（Coast Trade Duty）。该税根据1861年清政府与各国政府订立的《通商各口通商章程》所规定的税收，指外商在中国各通商口岸之间贩运土货转口时，除在输出口岸缴纳出口税外，另外还须在输入口岸重新缴纳的进口税。由于该税是正税的一半，所以习惯称为“复进口半税”（A Half Duty on Reimportation）。该税原来只适用于长江沿岸口岸，以后扩大到各沿海口岸。1912年，浙海关征收的复进口税总额为关平银35669.563两，占当年浙海关关税总额的0.79%。同年，杭州关所征收的复进口税占杭州关关税总额的比例也大致如此。1915年，因征税办法变更，由上海运往杭州的土货，其复进口税不在杭州征收，这使得杭州关的复进口税总额逐渐减少，基本保持在每年10000关平两的水平。1931年1月1日，奉南京国民政府财政部的命令，浙江三大海关停征复进口税。

（4）转口税。复进口税裁撤后，根据新的出口税则，浙江海关对由按照普通行轮章程航行的轮船载运土货从一个通商口岸到另一个通商口岸，原在起运口岸的出口税照征。因为“出洋谓之出口，由此口至彼口应称转口，以志区别”，故改称“转口税”。转口税于1931年6月1日起在浙江三大海关起征。转口税连同转口附加税的税率共7.50%，一并在货物起运口岸征收。由口岸运至内地或由内地运往口岸的土货，如在中途驶至另一通商口岸，或由另一通商口岸港界经过，再驶往内地或口岸，也须缴纳转口税。已完税的外国货物经加工改变原来状况的，应视为土货征收转口税，但民船装载往来通商口岸的土货免征转口税。商人为减轻负担，就将原来由轮船运输的货物改用其他运输工具或采取分段运输的方法，使得浙江海关的转口税损失非常严重。为此，1937年10月1日，南京国民政府颁布实施《整理海关转口税办法大纲》，扩大了转口税的征税范围，对民船、轮船、航空、铁路及公路运输往来通商口岸间、通商口岸与内地间、内地与内地间的土货，一律照征转口税 1 次。税率按 1931 年税则，从价征收 7.50%，共 162 项；从量征收为 5%，共 197 项。抗日战争爆发后，因浙江海陆交通阻塞，海关转口税收入锐减，因而重庆国民政府在 1942 年 4 月 15 日裁撤该税种。

浙江海关除征收关税外，还根据中央政府的规定，或受主管部门、地方政府的委托并经海关总署同意后，代表其他部门征收税费。这些税费由海关征收后，即移交给相关部门，缴解中央国库或作为地方财政收入。

浙海关所代征的税费比较有代表性的有规费和码头捐。1912 年 4 月，浙海关对征收规费做了规定：客商递交报关单的时间在早上 6 点至晚上 6 点之间，每小时或不足 1 小时的应缴纳规费关平银 5 两；晚上 6 点至夜间 12 点，每小时或不足 1 小时的应缴纳规费关平银 10 两；晚上 12 点至次日早上 6 点，每小时或不足 1 小时的应缴纳规费关平银 20 两。1927 年 12 月，宁波市政府颁布《宁波市码头捐条例》规定：凡进口货物均须缴纳码头捐，其捐率以应纳关税数目的 2% 计算；已在他口缴纳转口来甬的货物，捐率按估计的 1% 计算；各项进出口免税货物，除米麦及苞米外，每件缴纳码头捐银元 5 厘；码头捐的征收，委托浙海关税务司督同市政府征收员办理。

瓯海关代征的税费比较有代表性的是救灾附加税（附征赈捐）。从 1921 年 1 月 16 日开始，瓯海关奉令附征赈捐，作为赈济北方五省旱灾之用，税率为进出口税额的 10%，为期 1 年。1931 年，因长江一带发生大水灾，瓯海关在当年 12 月 1 日起征救灾附加税，税率起初为进出口税额的 10%，从 1932 年 8 月 1 日起降为 5%。该税款一直作为偿还美国麦棉贷款本息之用，直到 1946 年 4 月 29 日才停止征收。

杭州关代征的税费比较有代表性的是邮包统捐（厘金）。1918 年，杭州关代地方征收邮包统捐，海关提成征收额的 10% 作为手续费，余额由税务司于月底汇缴海关监督转给浙江省统捐总局；嘉兴分关则直接缴给嘉兴统税局。1928 年 5 月 19 日，杭州关将征收邮包厘金事务移交浙江邮包税局，停止代征。

（二）民国时期浙江海关关税税额变化

民国时期浙江三大海关，浙海关、瓯海关和杭州关在关税总额及税收结构上呈现不同的变化态势，具体可从1912—1921年、1922—1931年及1931年后这三个历史时期去分析。

辛亥革命后的十年间，浙海关的平均税收为关平银441000两，比上一个十年减少关平银181000两。浙海关关税下降主要原因在于鸦片税和鸦片厘金的减少，这两项是1912年起停收的。此后经浙海关出口到国外的茶叶又予以免税，这样一来每年又让出了关平银80000两。至于进口税，应该看到许多来自国外的货物是先在上海纳完税，持有免税证后再运到宁波的，因此当地从它们那里得到的税收并不能表明它们在这一口岸中的贸易地位。在1912—1921年间，浙海关的进口税有大幅增长，而出口税和船钞则呈逐年下跌态势。总的关税额在这一时期并未有大的变化（见表2–27）。

表2–27　1912—1921年浙海关各项主要税收额统计表（单位：关平银两）

年份	进口税	出口税	复进口税	船钞	转口税	总计
1912	68506	311844	35670	12703	20569	449993*
1913	114852	296561	36708	10348	24986	483455
1914	119595	324603	49712	12937	30129	536976
1915	101892	322592	31698	11793	17502	485477
1916	116526	306273	29991	10164	16882	479836
1917	87596	253981	26740	10655	11992	390964
1918	111707	243927	25159	8278	16474	405545
1919	113483	247958	27612	7366	16292	412611
1920	113102	174009	28948	8455	12894	337408
1921	182529	185268	3485	9574	17873	465042**

* 包括鸦片税（进口税、出口税和沿海贸易税）关平银201两和鸦片厘金关平银501两。

** 包括赈灾附加税关平银35413两。

资料来源：中华人民共和国杭州海关译编：《近代浙江通商口岸经济社会概况：浙海关、瓯海关、杭州关贸易报告集成》，浙江人民出版社2002年版，第73—74页。

1922年，浙海关税收总额为关平银396700两，1931年增至1136700两。该数字还未包括由浙海关代征的赈捐和救灾附加税。1922—1931年间，浙海关各税种收入中，增加最快的是进口税，从1922年的152100关平银两增加到1931年的860900两（见表2-28）。究其原因，除这一时期国际银价的下跌外，还有就是进口洋货多是从量征税。这一时期的出口税则由于1929年二五附税归并海关征收而有所增加。此后，尽管在1931年6月1日，新订海关出口税税则施行，但对浙海关的贸易影响不大。

表2-28　1922—1931年浙海关关税收入统计（单位：关平银两）

	1922	1928	1929	1930	1931
关平银折合美金数目（美元）	0.83	0.71	0.64	0.46	0.34
进口税	152100	160400	284000	394300	860900
出口税（包括转口税在内）	179900	224600	327500	317800	254200
复进口半税	31900	42200	58300	56600	2800
入内地子口税	21000	20600	9400	8000	400
船钞	11800	20800	18700	23100	18400
共计	396700	468600	697900	799800	1136700

资料来源：中华人民共和国杭州海关译编：《近代浙江通商口岸经济社会概况：浙海关、瓯海关、杭州关贸易报告集成》，浙江人民出版社2002年版，第83页。

1931年后，浙海关关税收入以法币开始计算。1932年，浙海关关税收入总计为2134717.02元法币；1934年，浙海关关税收入增加到3571633.47元；1936年，这一数字下降到1910813.41元。相比1934年，1936年浙海关进口税和转口税收入额都出现大幅下跌，进口税从2957279.63元下降到1622758.61元；转口税从264723.24元下降到84072.60元。

瓯海关在1912—1921年的十年间，其关税总额从关平银54145两增加到61757两，平均每年关税总额为关平银58252两。如果除掉鸦片税外，相比上一个十年，本期的实际税收额都有所增加。1919年修订的进口税则对瓯海关关税税收影响很小。1912—1921年，瓯海关的出口关税占关税总收入的88%。茶叶、油脂、青田石雕、明矾和纸伞的出口为税收的主要来源。本期瓯海关税收增长的一个重要原因就是海关自1913年的全面监管（见表2–29）。

表2–29 1912—1921年瓯海关关税收入统计表（单位：关平银两）

年份	进口税	出口税	复进口税	船钞	子口税	共计
1912	425	46533	5260	1248	679	54145
1913	1087	37927	5801	2074	750	47639
1914	768	43592	6702	1451	708	53221
1915	943	56873	4034	1077	1232	64159
1916	918	56050	1878	1395	1102	61343
1917	1080	54680	1994	1137	1184	60075
1918	2144	44487	2369	967	1642	51609
1919	1903	57943	2740	1690	1964	66240
1920	1690	53085	4312	1002	2247	62336
1921	1814	50788	4512	2314	2329	66879*

*注：1921年瓯海关税收总额中含5122两的鸦片厘金。

资料来源：中华人民共和国杭州海关译编：《近代浙江通商口岸经济社会概况：浙海关、瓯海关、杭州关贸易报告集成》，浙江人民出版社2002年版，第897—898页。

1922—1931年这十年间，瓯海关关税收入增加到1931年的关平银231912两，相比1922年的68834两增加了237%，其中84%的增长源于出口税和转口税的增加。本期关税税额平均每年约130989两，较上一个十年的平均数字增加72801两。1931年厘金、子口税、复进口税及常关税的取消对瓯海关关税收入的影响是十分明显的（见表2–30）。同年实行的《中华民国海关出口税税则》对瓯海关税收的影响不大，反倒是1930年海关金单位施行及进口税率的提高大大增加了瓯海关进口税收入。

表 2-30　1922—1931 年瓯海关关税收入统计表（单位：关平银两）

年份	进口税	出口税	复进口税	船钞	子口税	鸦片厘金	共计
1922	2331	53594	5647	2085	4396	781	68834
1923	2909	81100	5907	5661	5660	—	101237
1924	3242	79268	7774	7206	6049	—	103539
1925	4912	77785	5445	3832	4734	1378	98086
1926	2583	91103	5473	3558	3620	3057	109394
1927	2244	99389	5143	4258	2996	6	114036
1928	4751	91389	6319	2212	2403	—	107074
1929	5644	148090	8645	2466	1185	—	166030
1930	10931	182096	11205	3910	1610	—	209752
1931	30013	108001	88485	5328	—	85	231912*

*1931 年 1 月 1 日，复进口税、子口税、鸦片厘金被裁废，当年征收转口税关平银 88485 两，救灾附加税关平银 85 两。

资料来源：中华人民共和国杭州海关译编：《近代浙江通商口岸经济社会概况：浙海关、瓯海关、杭州关贸易报告集成》，浙江人民出版社 2002 年版，第 898 页。

1932 年度瓯海关税收总额为关平银 222565 两。1933 年至 1939 年，瓯海关税收总额从法币 286888 元增加到 2325706 元，其中进口税从 77658 元增加到 666734 元；出口税从 14928 元增加到 48506 元；转口税从 179347 元增加到 1522364 元；关税附加税由 4596 元增加到 41129 元；救灾附加税由 4598 增加到 41302 元。由于战争的影响，1939 年瓯海关船钞项下总额 5671 元相比 1933 年的 5761 元没有太大变化。

1912—1921 年，杭州关的税收显著下降，最高为 1912 年的关平银 544822 两，最低为 1920 年的 174364 两。从表 2-31 中可以看到，进口税在杭州关税收总额的比例自 1913 年开始就持续减少；而出口税的比重在 1916 年达到最高值后也呈下降趋势。这一时期，杭州关出口关税收入的实际总数收缩最大，进口关税收入也相应地下降。就出口税收而言，导致收入下降的主要原因在于茶叶和丝绸出口数量减少。尽管由于第一次世界大战的影响，政府调整并降低出口税率直至最终完全豁免，但是出口茶叶的数量还是在日益减少。而原先依靠水上运输的丝制品则由于火车的开通而纷纷转向铁路运输，通过上海出口。相比之下，进口税所受到的影响相对较低。1914 年 5 月以前，进口洋货从上海到苏杭口岸的复出口，要先在上海退还关税，到达目的地后再征关税。此后，免税区已扩展到苏杭口岸。由于运照、免重征执照的出现，杭州关进口税的降低微不足道。

表 2–31　1912—1921 年杭州关征收正税统计表（单位：关平银两）

年份	进口正税	占当年税收比重	出口正税	占当年税收比重	正税共计
1912	102740.916	18.86%	387494.385	71.12%	544822
1913	151296.179	29.16%	311519.937	60.05%	518765
1914	75352.408	18.31%	279797.341	67.99%	411520
1915	9582.264	3.11%	267674.496	86.99%	307699
1916	8700.934	2.77%	288640.407	92.01%	313699
1917	5898.111	2.13%	254718.336	91.99%	276907
1918	9748.207	4.07%	212693.216	88.80%	239514
1919	8544.930	3.20%	239062.072	89.53%	267029
1920	4817.483	2.76%	153075.944	87.79%	174364
1921	4661.289	1.92%	201219.396	82.83%	242919

资料来源：据历年杭州关海关报告整理。

与前十年相比，1922—1931 年杭州关的税收总额有所减少。导致这个结果的主要原因在于以下几个方面：运输业与铁路货运的激烈竞争；大运河的淤塞，尤其是石门，导致内河轮船运输停滞，只能依靠铁路运货；江浙交界处设立的五库厘金分卡对往来货物征收厘捐，对嘉兴地区油菜籽和菜籽饼贸易打击很重；取消复进口税和附加税导致税收减少；厘金取消使得商人们可以单独通过火车或民船来运送货物，避免交纳海关税，他们还通过内地邮局寄包裹的方式运送货物，又可逃避海关税。因为杭州关进口洋货已经在其他地方缴税，所以进口税在杭州关关税中的比重一直很低。从表 2–32 中可以看到，进口税在杭州关关税总额的比重最高时期也就占 5.90%。相比之下，出口税占关税总额的比重一直维持在 80% 以上，最高达 91.80%。这与杭州关并不临近港口有很大关系，当运河货运减少的情况下，大量洋货在沿海港口缴纳进口税，然后转运杭州等其他非沿海城市。

表 2-32　1922—1931 年杭州关征收正税统计表（单位：关平银两）

年份	进口正税	占当年税收比重	出口正税	占当年税收比重	正税共计
1922	3039.396	1.60%	168399.644	88.41%	190476
1923	11131.455	5.41%	172824.368	84.07%	205575
1924	3236.089	1.60%	172684.496	85.55%	201856
1925	5734.858	3.38%	141107.919	83.19%	169618
1926	6745.450	3.79%	149947.625	84.19%	178096
1927	2143.580	1.17%	160862.385	88.07%	182646
1928	3264.828	1.55%	191366.541	91.14%	209972
1929	9441.844	2.99%	282116.791	89.34%	315781
1930	6889.027	2.06%	307011.439	91.80%	334419
1931	16017.416	5.90%	157387.940	57.97%	271482

资料来源：据历年杭州关海关报告整理。

1932 年后，杭州关进口税和出口税在税收总额中的比重颠倒过来。从 1933 年开始，杭州关进口税占当年税收比重超过了 80%，1936 年更是创历史新高，达到 89.56%。这一方面是源于经济危机后西方各国对中国的倾销，另一方面也是由于洋货直接从杭州进口可避免在上海所需要缴纳的码头捐等杂费。而出口正税比重的降低与九一八事变后东北沦陷有直接关系。再加上一·二八事变对上海的摧残，直接打击了浙江丝织品的出口。当抗日战争爆发后，杭州关所属区域最先沦陷。1938 年，杭州关进出口税在关税总额中的比例不足 1%。1932—1938 年间，杭州关关税总额中，除进口税和出口税外，另有转口税折合关平银约 619577.144 两，船钞 626.322 两，进出口附加税 547289.082 两，救灾附加税 548183.186 两（见表 2-33）。

表 2-33　1932—1938 年杭州关征收正税统计表（单位：关平银两）

年份	进口正税	占当年税收比重	出口正税	占当年税收比重	正税共计
1932	10285.300	5.24%	26202.220	13.35%	196284.351
1933	1398042.728	84.57%	3121.181	0.19%	1653118.988
1934	1812082.721	87.70%	1583.710	0.08%	2066228.872
1935	1933404.666	88.82%	2486.662	0.11%	2176767.244
1936	3002900.462	89.56%	6997.022	0.21%	3352948.260
1937	2769267.240	86.69%	3373.190	0.11%	3194448.310
1938	48.607	0.11%	3.338	0.01%	44188.182

资料来源：据历年杭州关海关报告整理。

第三章
民国时期浙江沿海治安与近海防卫

民国时期，除护渔、航政与海关机构外，平时承担浙江海洋安全管理职责的主要是浙江外海水上警察厅与海军部海岸巡防处。浙江外海水上警察厅是维护浙江海洋安全的主要部门，由浙江省和内政部双重管辖。但在实际管理活动中，外海水上警察厅在围剿海盗方面往往力不从心。当浙江沿海面临大的渔汛与船只遇劫事件，往往需要浙江省政府或民间团体出面请求海军部协防。民国时期的海军主要分为长江舰队与海洋舰队，维护近海安全的职责则由海军部下属的海岸巡防处承担。海岸巡防处除承担近海安全外，还负责沿海军事驻防及海上通信的保障工作，同时也是海洋灾害预报的主要承担者。民国海军的特点使得其在战时很难抵御外敌海上入侵。抗日战争时期，浙江沿海的海防主要是由中华民国陆军驻浙江部队承担，浙江沿海的空军和海军则起辅助作用。在全国抗日战争初期的淞沪会战，陆军驻浙部队先后承担金山至嘉善一线的防御。浙西沦陷后，第三战区驻浙陆军则承担宁、台、温沿海的防御工作。

第一节　民国时期浙江沿海治安与近海防卫机构

民国时期浙江的海防机构不仅继承了晚清的水师与陆军部队，还根据当时的形势成立了很多新的机构。浙江省外海水上警察厅是在重组晚清浙江水师的基础上设立的，其职责是保证沿海秩序与航政安全，与其职能重叠的是海军部下属的海岸巡防处。在海军重点保证长江及近海安全的情况下，沿海水域的安全及通讯、气象等后勤保障则由海岸巡防处承担。民国时期浙江的海防不仅包括警察和海军，还有陆军与空军的参与，并形成三位一体的安全体系。陆军是浙江海防体系最重要的组成部分，而对沿海制空权的重视则有效保证了近海及海岸的防御。在这些海防机构中，平时起主要作用的是外海水上警察厅和海岸巡防处，而在战时浙江海岸防卫的重担则主要由陆军和空军来承担。

一、浙江外海水上警察厅

清政府被推翻后，浙江成立军政府，设政事部（后改为民政厅），负责全省警政。1912 年，为加强浙江外海海域的治安与管理，浙江军政府在省会杭州设立水警筹备处。1913 年，浙江外海水师巡防队改编为浙江外海水上警察队，同年 12 月改称为浙江外海水上警察厅，首任厅长为王燮阳。1914 年 1 月 1 日，浙江分别成立外海、内河水上警察厅，将原有的水师官兵改编为水上警察。外海水上警察厅本部设有 3 个科和督察长、督察员、会计兼庶务、内勤巡官等官佐。外海水上警察厅下辖 2 个总署、11 个署和 5 个巡游队。外海水上警察厅担负浙江沿海海域的巡防任务。厅部直辖第一至第三署。第一总署驻海门，管辖第四至第八署；第二总署驻温州，管辖第九至第十一署。外海水上警察厅最初设在杭州浦场巷，后移到宁波镇海县城关沼西王施弄（今宁波市镇海区胜利路 63 号）。[①] 外海水上警察厅总计有官员 49 名，官佐 38 名，巡舰 8 艘，巡船 90 艘，巡兵 1296 名，年度预算经费为 302859 元（具体编制见表 3-1）。从表 3-1 中可以看出，民国时期浙江外海水上警察无论在人数还是在机构设置上都比晚清时期减少了很多。

---

① 参见浙江省公安志编纂委员会编:《浙江警察简志（清末民国时期）》，浙江省公安厅文印中心内部刊印，2000 年，第 50 页。

表 3-1 民国初期浙江外海水上警察新旧制人数经费比较表

旧制			新制		
区营别	员名数	年支数	厅署队别	人员数	年支数
第二区本部	25 人	9504 元	外海厅	67 人	14264 元
北路分统处	分统经费并在永定轮内		无	无	无
中路分统处	分统经费并在永福轮内		第一总署	20 人	5424 元
南路分统处	分统经费并在永靖轮内		第二总署	20 人	5424 元
北路第一营	191 人	23048 元	第一署	136 人	16799 元
北路第二营	148 人	18218 元	第二署	136 人	16799 元
北路第三营	167 人	26328 元	第三署	136 人	21552 元
中路第一营	171 人	20779 元	第四署	136 人	16799 元
中路第二营	171 人	10779 元	第五署	136 人	16799 元
中路第三营	167 人	26328 元	第六署	136 人	21551 元
中路第四营	124 人	13536 元	第七署	105 人	11904 元
中路第五营	100 人	10728 元	第八署	85 人	9504 元
南路第一营	172 人	20358 元	第九署	136 人	16799 元
南路第二营	174 人	20592 元	第十署	136 人	16799 元
南路第三营	145 人	23256 元	第十一署	136 人	21551 元
超武轮	130 人	49856 元	第一游巡队	103 人	43448 元
新宝顺轮	36 人	8784 元	第二游巡队	34 人	7152 元
永福轮	36 人	9972 元	第三游巡队	34 人	7152 元
永靖轮	36 人	9972 元	第四游巡队	34 人	7152 元
永定轮	36 人	9972 元	第五游巡队	35 人	7992 元
永安轮	36 人	8484 元	第六游巡队	35 人	7992 元
合计	2065 人	320494 元	合计	1796 人	292856 元

资料来源：《浙江外海水上警察新旧制人数经费比较表》，《浙江警察杂志》1914 年第 8 期。

1916 年 2 月，根据北京政府指令，浙江省巡按使公署设立浙江全省警务处，刘焜被袁世凯任命为处长，管辖全省各警察机构。不久后，浙江宣告独立。5月，浙江省长公署设民政厅，兼掌各县警务，同时设警政厅管辖省会、宁波和内河水上、外海水上4个警察厅，撤销全省警务处。11月撤销民政厅、警政厅，复设全省警务处。[①]1917年，浙江外海水上警察厅所属总署改称区，原总署所辖的署改称为队，每个队直属2至7个分队，每个分队配置巡船1艘，厅辖5个游巡队建制不变（具体建制见表3-2）。北京政府时期的浙江外海水上警察厅受省公署和内政部双重领导，其厅长与重要职务官员的任命均需要内政部的认可，而其余官员则需要接受内政部的年度考核。[②]1919年3月11日，内务总长钱能训向浙江外海水上警察厅派出来长泰担任勤务督察长的请示得到总统府的认可。[③]另外，1919年10月6日，来伟良担任浙江外海水上警察厅厅长的任命，经浙江省长齐耀珊呈内务总长朱深同意后，经大总统令加以确认。[④]

表3-2 1919年浙江外海水上警察厅编制及人员配置

分区	编制与人员
第一区	辖巡船21艘。编制：区长（厅长兼任），队长3人，分队长21人，办事员3人，水巡315人
第二区	辖巡船40艘。编制：区长1人，队长5人，分队长25人，办事员6人，水巡459人
第三区	辖巡船29艘。编制：区长1人，队长3人，分队长22人，办事员4人，水巡长4人，水巡359人
第一巡游队	超武巡舰1艘。编制：队长（厅长兼带），队员2人，办事员1人，大副1人，二副1人，三副1人，管轮3人，管舵4人，水巡长5人，水巡44人，炮警5人，机匠17人

---

① 参见《公牍：训令：浙江省会警察厅训令第三八九号》，《浙江警务丛报》1917年第1期。

② 参见《咨陈内务部送外海水上警察厅人员履历由（中华民国三年九月三十日）》，《浙江公报》1914年第948期。

③ 参见《大总统令：大总统指令第七百四十二号（中华民国八年三月十一日）》，《政府公报》1919年第1114期。

④ 参见《大总统令（中华民国八年十月六日）》，《政府公报》1919年第1319期。

续表

分区	编制与人员
第二巡游队	新宝顺巡舰 1 艘。编制：队长 1 人，大副 1 人，管轮 2 人，管舵 2 人，水巡长 2 人，水巡 18 人，机匠 7 人
第三巡游队	永安巡舰 1 艘。编制：队长（第二区区长兼带），大副 1 人，管轮 2 人，管舵 2 人，水巡长 2 人，水巡 18 人，机匠 7 人
第四巡游队	永靖巡舰 1 艘。编制：队长（第三区区长兼带），大副 1 人，管轮 2 人，管舵 2 人，水巡长 2 人，水巡 18 人，机匠 7 人
第五巡游队	永定巡舰 1 艘。编制：队长 1 人，大副 1 人，管轮 2 人，管舵 2 人，水巡长 2 人，水巡 18 人，机匠 7 人

资料来源：《呈：兼署内务总长朱深呈大总统拟请核定浙江内河外海水上警察厅分区编队办法并酌设区长等职以以资任使文（附单二）》，《政府公报》1919 年第 1244 期。

1927 年 2 月，浙江外海水上警察厅改组为浙江省外海水上警察局，直属省民政厅。同年 6 月 13 日，浙江省政府委员会临时会议通过《浙江外海水上警察局取缔枪械武器规则》，对海上商渔护航船只配备武器的数量和规模做了详细说明，并授权浙江外海水上警察局负责日常的稽核工作。[①]相比民国初期，南京政府时期的浙江外海水上公安局规模有了扩充，总局加上 6 个水巡队、6 个游巡队和陆巡队在 1928 年的年度预算为 314151.60 元。[②]1933 年与浙江内河水上公安局一起，被编列为长江各省水警总局浙江分局。同年 6 月，总局撤销，外海水警改称浙江水上警察队第二大队，仍隶属于省民政厅，负责浙江沿海海面"防剿盗匪事宜"，下辖 6 个分队，共有官警 1130 名，配置巡舰 5 艘、巡船 60 艘。1936 年 9 月，浙江水上警察队第二大队改称浙江外海水上公安局。次年，浙江水上警察队第二大队改称浙江外海水上警察局。截至 1937 年 7 月，浙江外海水上公安局有 6 个大队，2 个特务中队，8 艘巡舰，总计人数为 1164 人。[③]

抗日战争爆发后，日军侵占浙江沿海，浙江外海水上警察局遭受重大损

---

① 参见《浙江外海水上警察局取缔枪械武器规则（六月十三日浙江省财政委员会临时会议议决通过）》，《浙江民政月刊》1927 年第 1 期。

② 参见《浙江外海水上警察局全部十七年度经常费总预算书（附薪饷表）》，《浙江民政年刊》1929 年。

③ 参见郑福连：《浙江省外海水上警察局在复员中》，《校友通讯（南京）》1946 年第 3 期。

失，人员缩编为3个大队934人。而外海水上警察局的驻地也被迫一再迁移。1938年11月，该局本部所在地镇海被日军侵占，移址台州海门镇东山济公坛。是年年底，该局几经调整，机构有较大扩充，局本部设3科1组2室1处和1个电台；外部组织设3个水巡队、2个特务队、1个陆战大队和8艘巡舰。1939年2月18日，日军舰炮击海门，省外海水上警察局局址被炸，移至该镇台州中学内办公。1940年6月27日，浙江省政府公布《浙江省外海水上警察局组织规程》，将水上警察局压缩为第一科、第二科、督察处、政训组和会计室等5个部门，并对各部门的职权做了详细的说明。[①]1941年5月，局本部先后移址临海县杜下桥、黄岩县路桥镇。1943年6月1日，在黄岩县路桥镇成立浙江省温台沿海护航委员会，由台州区行政专员杜伟和温州区行政专员张宝琛轮流兼任该会主任委员，下设护航总队，外海水上警察局局长陈佑华兼任总队长。

由于战时损失，浙江外海水上警察局仅有3个大队和1个独立中队，巡舰全部损失。抗日战争胜利后，浙江外海水上警察局办事机构逐步恢复，下辖的3个大队分别驻扎宁波定海、台州海门和温州玉环。同时，外海水上警察局开始逐步恢复战前的日常工作，如对海洋安全的管理和海岛人员的编查。[②]1946年，浙江省政府公布《浙江省外海水上警察局组织规程》，对战后水上警察厅的编制和人事管理做了详细的说明。[③]总体来看，这一时期的机构设置和职权与战前相差不大，但局长更换的频率却大大加快。1949年6月19日，海门解放前夕，该局局长竺培荃将其官警和事务移交浙江省保安司令部副司令王云沛统一指挥，率先逃往台湾。6月23日（即海门解放的第二天），王云沛率浙江外海水上警察局官警出逃，一部分逃往洞头岛，一部分逃往台湾。10月7日洞头岛解放，王云沛在洞头岛被俘，水警局残部瓦解。

---

① 参见《本省法规：浙江省外海水上警察局组织规程（二十九年六月二十七日公布）》，《浙江省政府公报》1940年第3232期。

② 参见郑福连：《浙江省外海水上警察局在复员中》，《校友通讯（南京）》1946年第3期。

③ 参见《本省法规：浙江省外海水上警察局组织规程》，《浙江省政府公报》1946年第3402—3403期合刊。

民国时期外海水上警察厅（局）作为浙江沿海主要的安全防卫力量，承担着浙江沿海安全和船舶管理等职能。

浙江外海水上警察厅是在晚清水师巡防队的基础上设立的，继承了保证沿海安全的这一主要职能。外海水上警察厅成立后的主要活动基本都与近海剿匪有关。1914 年 7 月 20 日，警察厅第一总署下属警察缉拿水匪陈小三、陈小罗等人，在磨盘洋面发现线索，随后追至鹅冠山。第二天凌晨与匪群遭遇，经过枪战后，匪群抢夺沿海船只最终逃脱。[①] 1917 年 5 月 5 日，浙江省外海水上警察厅依照内政部颁布的《水上警察厅官制》第三条，制定并公布了《浙江外海水上警察厅取缔护船规则》，对浙江省内沿海各民间组织的海上护航船进行规范。依据该规则，所有浙江的海上护航船都需要经过浙江外海水上警察厅的批准，且需要进行担保，人员的配置和火器装备及巡航范围都有详细的规定。[②] 至此，浙江沿海各渔商团体的护航船都纳入到浙江省外海水上警察厅的管辖范围。虽然浙江水上警察厅仍旧不遗余力地围剿海盗，但海盗洗劫沿海村落的案件仍时有发生。1919 年 4 月，浙洋东沙渔汛开始，十余万渔民与商家云集，为保证渔区安全，浙江水上警察厅增调二、三区巡船[③]，并向海军求助，增调“永福”兵轮“巡弋台洋”[④]。从实践来看，浙江海盗“均持有精利快枪，盗首精通战术，水警远不能及”[⑤]。在最初几次围剿海盗行动中，浙江水上警察都大败而归。相反，水上警察在执法过程中都有不同程度的扰民行为。[⑥]同时，部分警察还借助职权勒索钱财。[⑦]

自 1910 年开始，浙江出海船舶均由省外海水师巡防队负责。1913 年浙江外

---

① 参见《公文：浙江外海水上警察厅厅长王萼详为第四署属在鹅冠山攻匪情形》，《浙江警察杂志》1914 年第 13 期。

② 参见《法规：浙江外海水上警察厅取缔护船规则（民国六年五月五日浙江公报）》，《浙江警务丛报》1917 年第 3 期。

③ 参见《宁波：保护渔汛之布置》，《申报》1919 年 4 月 9 日。

④ 《宁波：调派兵舰巡台洋》，《申报》1919 年 7 月 27 日。

⑤ 《宁波：海盗与水警之鏖战》，《申报》1918 年 5 月 5 日。

⑥ 参见《宁波：水警厅编钉船只牌照之严厉》，《申报》1916 年 8 月 22 日。

⑦ 参见《公牍：警务：浙江省政府民政厅训令第二八九号（中华民国十八年一月）》，《浙江民政月刊》1929 年第 15 期。

海水上警察厅成立后，由该厅负责对沿海渔船编户给牌，并且负责出海商轮帆船的检查管理工作。如1918年甬定商轮公司拓展石浦、海门和金清航线，除经交通部航政局批准外，还需要浙江外海水上警察厅审核给照，以便海上保护。[①]除申请航线外，轮船公司对于航船线路的变更也需要提前在浙江外海水上警察厅与地方政府备案，以便核查。[②]1929年1月，浙江省政府制订《浙江省管理船舶各区事务所章程》。次年12月，国民政府颁布《船舶登记法》和《船舶法》，规定船舶登记由船籍港主管航政官署执行。至此，外海水上警察厅的船舶管理工作划归浙江省建设厅航政局管理。1946年8月，浙江省外海水上警察局制订《浙江省外海水上警察局检查外海轮帆船只办法》。该办法共12条，规定：凡行驶浙江外海或停泊内港的轮帆船、人，均须遵守本办法，并接受该局及各大队检查员警的检查，未经检查不得擅自起碇。检查内容主要有是否领有护照、有无违禁违警事宜等项。

二、海军部海岸巡防处及驻浙陆空军

中国近代海军发轫于清同治年间先后创立的北洋、南洋水师，其中南洋水师承担江浙沿海的防卫任务。南洋水师成军于1875年，1888年正式成军，下辖6艘巡洋舰、16艘炮舰和2艘运兵船。甲午海战后，因北洋水师覆灭，南、北洋海军于1909年合并，改编为长江舰队和巡洋舰队，分别以沈寿堃和程璧光担任统领（相当于舰队司令）。民国时期，巡洋舰队驻地为上海，长江舰队驻地为南京，其中浙江沿海的海防主要由巡洋舰队承担。就浙江而言，平时的海洋安全除交通部、内政部、实业部下属涉海管理机构外，海军部于1924年成立的海岸巡防处也承担着近海安全管理的职能。

民国时期海军部的海政事务主要有两项，海道测量与海岸巡防，前者由海军部下属海道测量局办理，后者则有海岸巡防处办理。海岸巡防处成立于1924

---

① 参见《训令：浙江省长公署训令第七百七十三号（中华民国七年四月十六日）》，《浙江公报》1918年第2182期。

② 参见《训令：浙江省长公署训令第一千三百六十四号（中华民国八年七月二日）》，《浙江公报》1919年第2608期。

年6月，由海道测量局局长许继祥兼任处长，办公处也设在海道测量局内，经费由海关民船附税承担。1925年7月10日，海军总长林建章公布《全国海岸巡防处官制令》，对巡防处的职能、编制和日常活动做了具体说明。[①]全国海岸巡防处直属于海军总长，其主要事务有：警卫海岸、救防灾害、传报风警、辅助航卫。全国海岸巡防处将全国海岸分为东三省、直鲁、粤琼、苏浙闽四区，每区设一分处，辖报警台、观象台与巡防舰队。苏浙闽海岸巡防分处于1926年1月成立，处长由海军上校、全国海岸巡防处课长游福海兼任，办事处设在宁波定海。[②]全国海岸巡防处设处长1人、参谋1人、课长6人、副官2人、课员16—24人，全国海岸巡防分处编制为分处长1人、技正1人、处员4人、技士1—3人、医官1—3人，以上职务须由海军现役军人担任。南京国民政府时期，海军部海岸巡防处的职能架构发生较大变化（见图3-1）。1929年12月1日，海军部公布了《海军部海岸巡防处暂行条例》。从公布的条例可知，调整后的海军部海岸巡防处职能并未发生变化，但内部架构多有调整：巡防处下设巡缉、航警和设备3课；巡防区域更加精准，苏浙闽巡防分区自东经119° 22′北纬35° 10′至东经117° 20′北纬23° 50′；日常海上巡航需要协调与各省外海水上警察厅和护渔办事处的关系。调整后的海岸巡防处设处长1人（少将）、课长3人（中校）、课员11人（其中少校3人，上尉4人，中尉4人）、书记官2人（上尉、中尉各1人）、军需官1人（中尉）、司书5人（准尉），合计共23人。此外，巡防处还有传达、木工下士、卫兵头目、卫兵、军役、厨役等17人。1929年海军部海岸巡防处的预算为薪俸3319元、办公费480元、临时费320元，合计总经费为4119元。[③]与《海军部海岸巡防处暂行条例》同时颁布的还有《海军部海岸巡防处报警台暂行规则》，依照规则，报警台设置在沿海，职员有台长1人、台员2人、电信生2人，其职责主要有：当地气象的广播及预报、传报风警、气象观测与统计、气象电信转报、通报救护难船、传报盗

---

① 参见《临时执政令（中华民国十四年七月十日）：全国海岸巡防处官制》，《政府公报》1925年第3331期。

② 参见《训令：浙江省长公署训令第一三〇号（中华民国十五年一月十九日）》，《浙江公报》1926年第4882期。

③ 参见《海军部海岸巡防处暂行条例（民国十八年十二月一日部令公布）》，《海军公报》1930年第7期。

警、传报船舶航向方位、电机与观象仪器的修整与保管。[1]职员加上后勤人员，其每月的预算为 477 元（见表 3-3）。海岸巡防分处编制为：分处长 1 人、股长 2 人、股员 4 人、医官 1 人、司书 2 人；下设总务股和警卫股，其中总务股主管关于文书、会计、庶务及保管案卷、典守、印信并考核员兵勤务与所属机关的成绩，警卫股主管关于无线电务、观测气候、编练巡兵、办理缉捕及执法各项事务。[2]海岸巡防处常设编制人员加上临时聘用总计 20 人，每月办公经费为薪俸 1254 元、办公费 150 元、临时费 150 元，总计 1554 元。1930 年 5 月 8 日，海军部公布《修正海岸巡防处暂行条例》。相比之前的 1929 年颁布的《海军部海岸巡防处暂行条例》，新条例中苏浙闽分区的范围有所扩大，其管辖区域自东经 119° 22′ 北纬 35° 10′ 至东经 117° 20′ 北纬 33° 50′ 。另外，海军部海岸巡防处内部架构也有所变化（见图 3-2）。[3]

图 3-1 1929 年海军部海岸巡防系统表

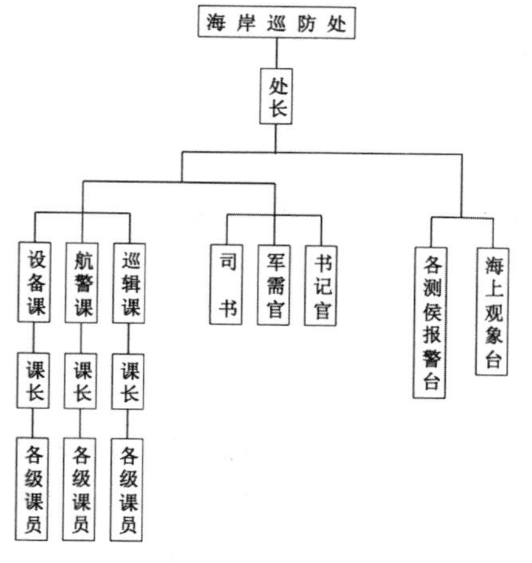

资料来源：《海军部海岸巡防处暂行条例（民国十八年十二月一日部令公布）》，《海军公报》1930 年第 7 期。

图 3-2 1930 年海军部海岸巡防系统表

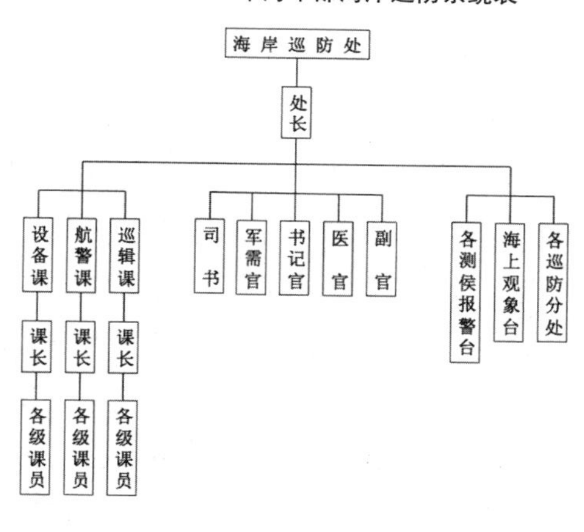

资料来源：《修正海岸巡防处暂行条例（民国十九年五月八日部令公布）》，《海军公报》1930 年第 12 期。

① 参见《海军部海岸巡防处报警台暂行规则（民国十八年十二月一日部令公布）》，《海军公报》1930 年第 7 期。
② 参见《海岸巡防分处暂行条例暨编制表（民国十九年五月八日部令公布）》，《海军公报》1930 年第 12 期。
③ 参见《修正海岸巡防处暂行条例（民国十九年五月八日部令公布）》，《海军公报》1930 年第 12 期。

表 3-3 民国前期海军部海岸巡防处报警台编制及预算表（单位：元）

职务	官阶	任别	人数	薪俸	饷洋	薪饷结数
台长	上尉	委任	1	120		120
台员	中尉 少尉	委任	1 1	80 60		140
电信生			2	各 25		50
电机下士			1		31	31
三等信号兵			2		各 16	32
夫役			2		各 12	24
公费						80
合计			10			477
附记	所定公费包括洋油、汽车油、文具、纸张、硼漆、柴火、杂耗一切在内					

资料来源：《海军部海岸巡防处报警台编制表（民国十八年十二月一日部令公布）》，《海军公报》1930 年第 7 期。

1926 年，随着海军部海岸巡防处新署的落成，其活动日渐增多。早在 1925 年 2 月，海军部海岸巡防处就在沈家门设立报警台。同时，海岸巡防处与香港政府接洽，派员赴东沙岛勘察。因涉及主权问题，东沙岛观象台由海军部自行修建，并于 1926 年 7 月落成并投入使用。苏浙闽海岸巡防分处成立后设立的报警台还有坎门、嵊山和厦门。巡防处成立后所用船只最初是借用水警巡船。1924 年 11 月，海岸巡防处订制巡艇 1 艘下水。第二年 6 月，又增加 1 艘巡舰，命名为“秋阳”号。[①]1927 年，海岸巡防处购置 1 艘运输舰，命名为“瑞霖”号，交东沙观象台使用；“公顺”号缉私巡船改名为“祥云”号，编入巡防舰队。[②]为充实防务，海岸巡防处于 1932 年又委托江南造船厂增造 4 艘浅水小舰，命名为“江宁”号、“海宁”号、“抚宁”号和“绥宁”号。4 艘军舰排水量仅为 200 吨，安装了最新设备，专门用于在温州和台州沿海浅水区域剿匪使用。[③]1932 年 12 月 20

① 参见《临时执政令：临时执政令第八百三十六号（中华民国十四年六月十五日）》，《政府公报》1925 年第 3308 期。

② 参见杨志本主编：《中华民国海军史料》上，海洋出版社 1987 年版，第 13—16 页。

③ 参见《海闻：海岸巡防处增造四舰，内部设备均系新式》，《海事（天津）》1932 年第 5 期。

日，江南造船厂所造的“江宁”号、“海宁”号交付海岸巡防处使用。同日，海军部还将舰队中“海鸥”号、“海凫”号、“海鸿”号和“海鹄”号等4艘炮艇移交海岸巡防处使用。①

海岸巡防处的职能除了天象观测及预报外，还承担着海上无线电通讯的转接功能。20世纪30年代中国的通信技术还比较落后，海上船只与陆地的无线电联系需要中转，特别是船只在远离陆地的海域航行，与指挥管理机关的联系都需要中继站。海岸巡防处下属各观象台和测候报警台都承担着无线电中转通讯的功能。除军用外，海岸巡防处还建议交通部、税警处饬中外轮船一律安装无线电设备，以利于及时进行海上保护与救援工作。②在日常职能中，海岸巡防处或定期巡航保证海上安全，或应其他部门请求进行特定的海上护航、剿匪与救援工作。1929年，浙江温岭海盗拦洋越货，浙江外海水上警察厅围剿时竟被缴械，浙江省防军也对其无可奈何。为此，温岭石塘庄渔业公所经理郭昭俊等代表当地居民请求海军部出面围剿。海军部部长杨树庄遂于6月29日下令海岸巡防处参与围剿事宜。③1933年1月17日，平安公司大华轮船在浙江海面被劫，损失3万元以上。为此，交通部致函海军部，请求海岸巡防处加紧巡缉，以保证浙江海面通航安全。④1934年，由于海盗猖獗，渔民在渔汛期不敢下海捕鱼。为此，国民党军事委员会下令海军部，命海岸巡防处与江、浙两省水警及海上保卫机关会商防护办法。5月15日，经与江、浙两省水上公安队及实业部护渔办事处协商，决定分区护航，其中海岸巡防处承担南洋渔场（主要为舟山群岛周围海域）的海上防护工作，具体巡航任务由“海鸿”号、“海鹄”号和“海鹰”号等3艘巡艇负责。⑤

海洋防卫除了海军外，还需要陆军参与海岸线的防守。而在空军诞生后，沿

① 参见《训令：海军部训令第七七二五号（中华民国二十一年十二月二十日）》，《海军公报》1933年第43期；《训令：海军部训令第七七二七号（中华民国二十一年十二月二十日）》，《海军公报》1933年第43期。

② 参见杨志本主编：《中华民国海军史料》上，海洋出版社1987年版，第13—16页。

③ 参见《训令：海军部训令第二百二十三号（中华民国十八年六月廿九日）》，《海军公报》1929年第1期。

④ 参见《训令：海军部训令第七五七号（中华民国二十二年二月三日）》，《海军公报》1933年第45期。

⑤ 参见《海上联防会议决定防盗护渔办法：划渔场为二大区分别负责保护，防盗由海岸巡防处派艇巡弋》，《水产月刊》1934年第2期。

海制空权的维持对于海防有着非常重要的意义。因此，浙江沿海的海防是海陆空三位一体的防卫体系。民国时期浙江的陆军分为中央直辖陆军和浙江省省防军，而空军则隶属于中央政府管辖，负责保卫华东区域领空的安全。

辛亥革命后，驻扎在浙江的是朱瑞担任军长的第 5 军，下辖陆军第 6 师和第 2 师。其后，陆军第 2 师调往上海。陆军第 6 师由朱瑞兼任师长（后顾乃斌），下辖步兵第 11、第 12 旅。其他驻扎浙江的还有陈懋修担任师长的陆军第 3 师、黄郛担任师长的陆军第 23 师及张载阳担任旅长的独立旅（系陆军第 25 师缩编而成）。北京政府时期驻扎在浙江的为中央陆军第 4 师、第 10 师。孙传芳任五省联军司令时期，驻扎在浙江的是陈仪的浙江陆军第 1 师、卢香亭的浙江陆军第 2 师、周凤岐的浙江陆军第 3 师和谢鸿勋的浙江陆军第 4 师，另有第 4、第 6、第 7、第 8、第 10 混成旅与夏超任统领的督署保安队。南京国民政府成立后，因内战，浙江陆军调动频繁。为准备全国抗日战争，南京国民政府从 1935 年开始整编陆军。到抗日战争前，驻扎在浙江的陆军有黄维的陆军第 11 师、霍揆彰的陆军第 14 师、罗卓英的陆军第 67 师（驻金华）、李树森的陆军第 94 师和阮肇昌的陆军第 57 师（驻嘉兴），全部为第一次整编后的精锐陆军。抗日战争爆发后，浙江隶属于第三战区，司令长官为冯玉祥，副司令长官为顾祝同，其中防卫浙江的是刘建绪担任总司令的第 10 集团军，下辖第 20、第 70 军及新编第 91 军。除正规军外，浙江沿海防卫力量还包括第 91 军下属浙江保安两个纵队及温台宁守备 4 个纵队、1 个支队。另有浙江保安司令、浙江省国民抗敌自卫总司令黄绍竑下属的浙江省国民抗敌自卫团 4 个纵队与 7 个支队，诸嵊新宁游击总队与浙江保安团队。

1922 年，浙江省督军公署向法国购得“贝莱盖”14A 型飞机 6 架及“毛兰”单翼教练机 4 架，在杭州笕桥筹设航空教练所，以朱宾侯任所长，招收学员，训练飞行。1924 年 2 月，浙江成立航空队，朱宾侯任队长。1924 年 9 月浙江航空队解散。1935 年，蒋介石将航空署改组为航空委员会，自兼委员长，亲自领导中国空军建设。截至抗日战争全面爆发前，中国空军共有 8 个大队、1 个直属队和 1 个航校暂编大队共 305 架飞机。其中第 2 轻型轰炸机大队第 9 中队与航校暂编大队（下辖第 32 轻型轰炸机中队、第 34 驱逐机中队和第 35 侦察机中队）驻扎杭州。

1937年全国抗日战争爆发后，8月14日笕桥空战与8月15日杭州、曹娥、南京空战有效的保卫了京沪杭地区领空。①

第二节 抗日战争时期浙江沿海战役

1937年7月，日本发动全面侵华战争。国民政府海军主力大部调往长江，负责拱卫南京，浙江战时的海防主要由沿海陆军来承担，海军与空军起辅助作用。淞沪会战爆发后，防止日军在上海侧翼登陆成为浙江海防的重点，金山、嘉兴一线的海防与反登陆作战构成浙江前期海防的主体工作。淞沪会战后，浙江嘉兴、杭州等地先后沦陷。其后国民政府陆军在浙江节节抵抗，一方面抵抗沿海岸线南下的日军，另一方面则是在宁波、台州和温州封锁港口和布防，防止日军在浙江沿海登陆。日军入侵浙江后，浙江因其地理特点，一度与侵华日军形成了隔钱塘江而对峙的局面。随着日军向中国腹地的入侵，其向浙江沿海进攻的兵力出现不足，浙东沿海在抗日战争初期得以保全。1940年后，日军加快了对中国沿海的封锁，宁波、台州和温州先后沦陷，国民政府陆军在经过抵抗后，被迫向内陆撤退。不久，由于兵力不足和太平洋战争的爆发，日军在浙江的兵力出现收缩，温州和台州先后光复，不过其海上航线仍处于日军的封锁当中。日军对浙江沿海的封锁一是旨在切断中国抗日战争的物资补给线，二是防止盟军在此实施登陆作战，因此，封锁与反封锁一度构成了抗日战争后期浙江海防的基本局势。

一、淞沪战役中的浙江战场

1937年7月7日，日本发动全面侵华战争。8月淞沪会战爆发后，南京国民政府调集了近一半的一线兵力于上海。在此期间，淞沪战役中的浙江战场虽不是主战场，但因浙江独特的地理位置，在整个战役中也是有着极其重要的地位。浙

① 参见刘凤翰:《国民党军事制度史》上，中国大百科全书出版社2009年版，第76—77页。

江战场处于上海的南部，属于淞沪战役的侧翼，战略地位重要，日军早在淞沪战役爆发前就出动飞机、舰艇开始对浙江的杭州湾一带进行侦察，并在这一带到处炮击，以试探虚实。10月初，日军在上海投入了超过20万的兵力，但中日双方仍然处于胶着状态。于是，日军决定于10月底或11月初在浙江展开登陆作战，从侧面支援上海的战事，战火开始向浙江蔓延。

（一）平湖反登陆战

淞沪抗战初期，南京国民政府就对日军可能在浙江登陆有所戒备。8月20日，第三战区设立了杭州湾北岸守备区和浙东守备区，分别由第8集团军总司令张发奎和第10集团军总司令刘建绪任指挥官，其中杭州湾北岸守备区主力置于嘉兴、乍浦附近，准备应对登陆日军的进攻；浙东守备区主力置于杭州、萧山、宁波附近，除直接警戒浙东沿海外还负有援助北岸守备区抗敌的任务。[①]与此同时，地方政府也开始动员民众支援。8月底，平湖县由县长洪季川、县党部常务委员杨造时及地方绅士组成平湖县各界抗敌后援队。9月初，平湖县政府在沿海各乡镇布置成立海防哨，由当地民众配合驻军在海滩警戒，防止日军登陆。[②]

日军在上海进攻受挫后开始改变策略，想要采取迂回包抄的战术。10月20日，日军统帅部决定由第6、第18、第114师团及国崎支队等部组成第10军，在杭州湾开辟新战场。10月底，日军司令官柳川平助中将率第10军陆续进入中国海域待命，并派遣舰艇游弋于平湖至金山嘴一带海面，发炮轰击，图谋进犯。当时驻守浙江的第8集团军，也由于上海战事吃紧，将大部分兵力调往浦东作战，导致浙江的兵力空虚。11月3日，国民政府军队在全公亭至柘林一线的守军奉令换防，仅有第62师之一部担任守备的情报被日军所侦察。[③]

---

① 参见袁成毅:《民国浙江政局研究（1927—1949）》，中国社会科学出版社2007年版，第112页。

② 参见金世芳:《侵华日军在金山嘴、白沙湾一带登陆纪实》，载浙江省政协文史资料委员会编:《浙江文史集粹（政治军事卷）》上册，浙江人民出版社1996年版，第257—258页。

③ 参见《第三战区淞沪会战经过概要（1937年8月—12月）》，载中国第二历史档案馆编:《抗日战争正面战场》上册，凤凰出版社2005年版，第453页。

因此，11月4日夜，柳川平助中将率第10军约11万人，分乘运输船155艘，由海军第四舰队护航，乘中国守军第62师与第63师换防空隙进入杭州湾。5日凌晨，日军乘大雾弥漫之际在杭州湾北岸江浙交界的全公亭、金山卫等地登陆。

当时平湖到全公亭的守军只有两个连的兵力，又因海面上弥漫浓雾，监视哨起不到监视日军的作用。直到枪声响起，敌舰向中国军队阵地发炮，敌机向沿岸阵地投掷炸弹时，中国军队才惊醒。当地守军郭文河连长指挥炮连阻击，敌两翼进兵迅速，对炮阵地呈包围态势。郭文河令换用零线子母弹以每分钟25发最快速度发射，虽延缓了敌军进攻，但未能持久，炮连人员伤亡过半，郭文河负伤，被抢救撤下，阵地失守。[①]当时指挥联络中断，守军几乎陷于混战状态，无法进行配合作战。另外一个连是驻平湖白沙湾东司城的步兵连，他们在与敌人交战近1小时后，大部壮烈牺牲，余部被迫撤退，金丝娘桥、衙前最终陷落。当时，国民政府在接到敌情后，虽然下令驻浦东的第62师主力及新到枫泾的第79师攻击登陆之敌，还命令新到青浦的第67军向松江推进，以资策应。[②]但各个部队在遵令移动的过程中遇到雨天，道路泥泞且遭遇敌机的轰炸，行动十分缓慢，根本挡不住日军的行进步伐。从乍浦方向支援的第63师一个连就在大营头与日军遭遇。日军除用地面部队包抄围攻外，还出动飞机轰炸扫射。该连坚持战斗到第二天晚上，终因得不到援军，全部为国捐躯。

虽金丝娘等地陷落，但在日军登陆的过程中，当地军民进行了坚决的抵抗。金丝娘桥乡公所海防哨发现日军登陆后，该哨事务员朱希文等十多人就在迷雾中进行抵抗，在作战中全部牺牲。还有驻在白沙湾对面街及在大营头和全公亭海天寺附近的少量驻军都浴血奋战，直到绝大部分牺牲。11月5日的10时左右，驻防新仓的第62师补充连联合当地民众进行了武装抵抗，其中缉私营16名盐警在新庙北半里与敌遭遇，15名警士阵亡。当日夜晚，

① 参见嘉兴市志编纂委员会编：《嘉兴市志》上，中国书籍出版社1997年版，第790页。

② 参见袁成毅：《民国浙江政局研究（1927—1949）》，中国社会科学出版社2007年版，第112页。

平湖社会训练总队副总队长李武清率城区武装壮丁200余名于当晚8时许冒雨奔赴太平桥守卫。[①]同晚，第79师到达平湖县城，师长陈安宝亲自分兵布防乍浦、广陈一部，并绕道山塘向新仓迂回，其中扼守广陈部队在泗里桥与日军多次接火，互有伤亡。6日，多架敌机轰炸平湖县城内外。14日，日军以优势兵力向泗里桥猛扑，守军全部牺牲，阵地陷落。随后，日军增至两个联队，主力向广陈猛扑，战斗更为激烈，最后守军退守广福桥之线。15日，党政机关相继撤离平湖县。18日，日本侵略军200余人自广陈窜抵县城，由东门而入，平湖沦陷。[②]

（二）嘉善阻击战

日军在攻占白沙湾和全公亭及海天寺附近阵地后，11月7日，日本参谋本部发出命令，限定上海派遣军的作战区域大体为连接苏州、嘉兴一线以东，以等待国民政府的和谈答复。11月8日，日军攻陷松江，由空军掩护，分路向东、北进展，一部向东北直驱上海，而主力向沪杭铁路推进，其中一路从金山疾趋嘉善，企图截断沪杭和苏嘉两铁路，占领嘉善、嘉兴。当时驻守嘉善的部队是国民党第10集团军预备第11师，师长胡达。他布置主力于嘉善外围潮泥滩、亘石堰、南叶荡阵地，并以一部固守嘉善门户枫泾镇。第三战区司令长官部同时命令驻扎在嘉定的109师（赵毅师）赶赴嘉善，协助防守。由于担心守军势单力薄，11月8日，第10集团军司令刘建绪令暂编第13旅第1团（欧阳烈团）开始从玉山赶往嘉兴，同时命令驻守宁波的第128师开赴嘉善，阻击进犯之敌，粉碎日军企图切断沪杭路南段、断淞沪中国军队退路的阴谋。

由于日军在金山卫等处登陆后，国民党淞沪大军面临腹背受敌。11月8日，第三战区仓促制定了第三期作战计划，决定参与淞沪会战的军队开始向平、嘉、吴、福既设阵地线转移，以节约并保持部队战斗力，等后续兵团到达后，再以广

① 参见嘉兴市志编纂委员会编：《嘉兴市志》上，中国书籍出版社1997年版，第790页。

② 参见平湖县志编纂委员会编：《平湖县志》，上海人民出版社1993年版，第720页。

德为中心，于钱塘江左岸方面转取攻势。[①]8日下午，日军2000余人，包括炮兵、骑兵，由金山经新埭镇向枫泾入侵。尽管其驻守部队第79师第237旅在新埭守备，但抵抗力薄弱。其后，直到胡达师接防，也难挡敌锋。胡达的师警卫连在北旺泾与日军交火，全部壮烈牺牲。预备第11师第41团（张炜团）在枫泾坚持到9日拂晓，伤亡大半。为此，刘建绪急调第109师增援，其第654团（黎荫棠团）刚抵枫泾北端即与日军展开恶斗。9日晚，第128师第382旅在师长顾家齐率领下，乘车急奔嘉善。10日凌晨4时，第382旅抵达嘉善，其第764团（沈荃团）进入第一线的枫泾镇外围阵地，并在上午与进犯日军展开激战。该部队虽然使用的武器多为土械枪和仿造枪，但他们同仇敌忾，充分发挥了近战和白刃战的优势，一直苦战了5天，付出了2653名官兵伤亡的代价。11日上午3时，暂编第13旅第1团700多人从玉山赶到嘉善。5时半，第128师第768团（刘耀卿团）抵七星桥。6时，第109师第6团（高睦姻团）也达嘉善。上午，小股日军向第128师左翼西塘迂回，被击退。当晚，守军左翼防线被突破。12日上午5时40分，日军2000余人利用汽艇和帆船从西塘镇以南偷渡。上午9时，日军楔入第128师第384旅（刘文华旅）防线。10时，日军冲到北门外汽车站附近。128师师部工兵连、特务连、辎重连及预备队奋力逆袭，刚到嘉善的第109师第650团（姜奎举团）立即协同作战。13日凌晨，敌猛攻到达顾师司令部。11时左右，第128师阵地被突破。同日，张发奎抵嘉善督战，后去嘉兴。10时，长春荡附近第109师两团陷于重围，伤亡殆尽。下午5时，第109师撤至七星桥。傍晚7时，第128师也撤至该处。当晚，广西援军第170师李本一团到达嘉兴东栅，其时嘉善城已落敌手。[②]自8日起，第128、第109师等部在嘉善奋战7昼夜，毙伤日军第18师团数千人，但我军各部终因伤亡奇重。在没有增援部队前来支援的情况下，敌人开始向左侧迂回进攻，我军被迫撤退。[③]11月14日，嘉善沦陷。18日平

---

① 参见《第三战区第三期作战计划（1937年11月8日）》，蒋纬国编：《抗日御侮》第5卷，台湾黎明文化事业股份有限公司1978年版，第74页。

② 参见嘉兴市志编纂委员会编：《嘉兴市志》上，中国书籍出版社1997年版，第782页。

③ 参见《第十集团军平嘉之役战斗要报（节录）（1937年11月）》，载浙江省档案馆、中共浙江省委党史研究室编：《日军侵略浙江实录（1937—1945）》，中共党史出版社1995年版，第6页。

湖县城也沦于敌手。[①]

在此次战役中，日军入侵速度之快，路线之诡异，使中国政府苦心经营多年的沿海国防线最终化为乌有。战前国民政府动用了大量的人力、物力、财力所建成的乍平嘉国防工事在关键的时候却由于保存工事图表的人员与掌管掩体钥匙的乡保甲长早已逃避，致使部队无法进入既设阵地，白白地耗费了民力和财力。[②]浙西各县的先后沦陷，使得地方政府、军队、民众无从判断，仓皇后撤。各级政府大都没有做好民众的疏散工作，上层官员大多随军队向西撤退，而一般行政人员则作鸟兽散。

尽管以失败告终，但不可否认，嘉善阻击战，从8日至14日共7昼夜，本次战斗牵制了日军意欲从东南迂回对上海进行包围的兵力，为淞沪前线数十万军队从青浦、白鹤港间全面撤退赢得时间，在一定程度上延缓了日军沿太湖西岸包抄南京的进军速度。我军阵亡将士达2381人，负伤1393人。我军以简陋的武器与拥有现代化武器装备的日军进行拉锯战，其中顾家齐的128师多为湘西土家族、苗族子弟，仓促上阵，顽强阻击，尤为英勇。[③]

（三）广德泗安阻击战

嘉兴沦陷当天，日军第10军司令部即下达命令："要不失时机地追击敌军至南京……主力经嘉善、湖州、广德向芜湖挺进，以切断敌军的退路。"[④]11月20日，国崎支队占领南浔，距吴兴仅30余公里，这一举动已经超越了上述苏嘉线以东的限定区域，但第10军仍以经湖州向南京全力追击为作战目标。对此，日本军方亦认为：在国民政府已宣布迁都，中国军队战斗力"显著丧失"的情况下，留部队于苏州、嘉兴一线，不仅已丧失战机，而且致使中国军队恢复元气，战斗力得以重新整备。因此，可利用目前之形势，攻克南京。吴兴不仅是众多国民

---

① 参见袁成毅：《浙江通史（民国卷）》下，浙江人民出版社2005年版，第184页。

② 参见张发奎：《张发奎将军抗日战争回忆录》，香港蔡国桢发展有限公司1981年版，第11页。

③ 参见嘉兴市志编纂委员会编：《嘉兴市志》上，中国书籍出版社1997年版，第783页。

④ 《丁集作命甲（第三十一号）（1937年11月19日）》，载南京战史编集委员会编：《南京战史资料集》Ⅰ，偕行社1989年版，第552页。

党高官的故里[1]，更是太湖南岸的战略要地。为此，蒋介石曾急电第23集团军下属之第7军防守吴兴。[2]日军进占南浔后欲进一步进犯吴兴，以期切断上海中国军队的退路，并为进攻南京扫清障碍。11月下旬，杭、嘉、湖地区先后被日军侵占。11月24日，日军第18师团由太湖分乘汽轮窜抵长兴、宜兴一带，并分兵两路进犯广德、泗安一线。国民政府军事当局极为重视对吴兴的防守。第三战区为了守卫吴兴，命第21集团军第7军的先头部队在吴兴以东的升山市至大钱镇占领阵地，命第23集团军的5个师集结于广德、泗安、安吉一带地区，作为策应。其中，第144师师长郭勋祺担任左翼，由泗安向长兴推进，第145师师长饶国华担任右翼，固守广德。

11月21日，南浔日军集结重兵攻击升山，第7军的第170师和第172师进行了激烈抵抗，但当日升山即失守，第170师副师长夏国璋壮烈牺牲，中国守军退入吴兴城。24日，迫于日军压力，中国守军又退向朱家巷一线。当日，吴兴亦告失守。日军第10军主力第6、第18师团及国崎支队遂向长兴猛犯，第114师团转入江苏宜兴。中国军队以到达安吉、泗安的川军3个师向突进之敌攻击，但由于部队集中尚未完毕，未克奏效。25日，日军向第7军阵地猛攻，第7军官兵进行了顽强的抵抗，到晚上被迫撤退至泗安。至此，第170师4个团的兵力只剩下1团半，第172师只剩下1团2营，而当时在泗安、安吉的第23集团军3个师的兵力未能遵令向突入之敌攻击，有误战机。此后日军一部向泗安、广德、宣城、芜湖西犯，主力由郎溪协同进攻南京。25日，长兴失守后，日军分兵两路进犯泗安和广德。第23集团军下属第144、第145师与进犯泗安之敌展开激战。因泗安地形不易扼守，第144师与第145师退守泗安界牌关，阻击日军进犯，并在界牌关西大松林伏击，日军猝不及防，14辆装甲车全被炸毁。随后，日军出动飞机助战，向大松林发动猛烈进攻。第145师顽强抗击，反复争夺阵地，伤亡越来越大，后续部队又接应不上，在日军冲上大松林前，师长饶国华以身殉国。其后泗

---

① 如张静江、陈其美、陈果夫、陈立夫、朱家骅、胡宗南等，因此国民党内部有“湖州帮”之称。

② 参见《蒋委员长指示军事委员会第一部命第七军全军将士努力奋勉不惜任何牺牲死守阵地确保吴兴完成抗战使命条谕（1937年11月21日）》，载秦孝仪主编：《中华民国重要史料初编——对日抗战时期》第二编《作战经过（二）》，中国国民党中央委员会党史委员会印行1981年版，第214页。

安、广德相继沦陷。[1]28日，泗安失守，川军第23集团军主力在城西一带继续与日军激战。次日午后，我军被敌驱迫出省境。此后，日军第10军从广德、宣城、郎溪分兵3路会攻南京。中国军队在太湖南线的迅速溃败，很大程度上缩短了日军进犯南京的进程。

11月9日上海失守后，浙江省主席朱家骅仓皇将省政府迁往金华，市长周象贤先去香港，后去重庆，市民纷纷逃难。12月13日南京沦陷后，日军为了扩大战果，将目标指向杭州，第18、第101师团即分兵3路进犯杭城。中路由吴兴沿京杭国道直扑，相继占领武康、德清、余杭；右路从广德、泗安出发，先后攻陷安吉、孝丰、富阳，其间在天目山部岭遭到我军第176师顽强阻击，日军激战十数天后击破阵地；左路由嘉兴沿沪杭甬铁路、杭善公路分陷崇德、长安。第10集团军刘建绪部先退至杭州附近，继则转到钱江南岸阵地，故日军在进攻杭州过程中所遇到的抵抗相当有限。12月22日正午，日军在硖石、莫干山及安吉县集结，次日在长安、上柏、余杭一线完成了对杭州的包围。22日，杭州沦陷前夕，为不留下可利用设备，中国军方烧毁笕桥中央航校、南岸第一码头、火车站等。市政府迁移到余杭太公堂。23日，国民党的军队悄然退出杭州，新任浙江省主席黄绍竑、第10集团军司令刘建绪也随之离开。下午5时许，守桥部队炸毁建成不满3个月的钱塘江大桥。24日黎明，日军从东、西、北3个方向发起总攻，经凤山门、艮山门等处攻入城内，沿途基本没有遭到抵抗，上午9时左右占领杭州。[2]

至此，浙西1市17县（杭州、嘉善、嘉兴、海盐、平湖、桐乡、吴兴、长兴、武康、德清、海宁、余杭、崇德、杭县、富阳、临安、孝丰、安吉）大部沦陷，这些沦陷市县有的被国民政府军一度克复过，但多数则被日军长期占领，直到抗日战争胜利结束。[3]

1938年元旦，白崇禧代表蒋介石偕第三战区司令长官顾祝同到金华，召集

---

① 参见嘉兴市志编纂委员会编:《嘉兴市志》上，中国书籍出版社1997年版，第782页。

② 参见〔日〕神田计三编:《支那事变写真实记》，帝国出版社1938年版，第343页。

③ 参见杭州市地方志编纂委员会编:《杭州市志》第8卷，中华书局1999年版，第682页。

第10集团军总司令刘建绪、第21集团军总司令廖磊和浙江省政府主席黄绍竑举行会议，会商浙江前线军事部署，决定钱塘江南岸由刘建绪部负责、北部由廖磊部负责。[①]第10集团军一面凭借钱塘江南岸天险，加固海防，固守钱塘江南岸，一面主动出击，将第62、第63、第192师等兵力配置于杭嘉湖及萧绍地区开展游击活动，此外还成立了宁波、温州两个防守司令部，指挥第128师、独立第178旅及当地保安部队、民众自卫武装，防止日军在沿海突然登陆。这种敌我隔江对峙的状态一直延续到1940年春天。[②]

二、抗日战争时期浙江沿海战役

从1940年底到1941年初，日军加紧进行南进的军事准备，并决定在南进期间从地面、海面及空中加强对中国的封锁。具体而言，就是日军通过军事行动切断法属印支路线，破坏滇缅公路，以海军封锁海面，陆军封锁海港，加强对中国的经济压迫。[③]日军大本营下达的《1941年对华长期作战指导计划》中将封锁中国列为日军作战的首要任务。日本对中国进行封锁既有经济意义也有军事意义。在经济上，当时日本已经切断了桂越铁路，使国民政府三大重要国际交通线仅剩下了滇缅公路。为了争取外援，国民政府只得加强对东南闽浙沿海各港湾的利用，如浙江的宁波、海门、温州，福建的福州等地。由于这些东南地区的港口城市贮存了大量物资，有的还盛产重要的军事工业原料萤石矿。因此，对日本来说，封锁这一地区还可以夺取其垂涎已久的重要资源。在军事上，日本为了实施其南进政策，闽浙海口是其必然要关注的地区。因为该地区是中国重要的军事补给线，日军一旦封锁则可以切断这条补给线，防止中国战略物资的转运。另外，日军还可以待机寻找与第三战区部队作战的机会，巩固其对京沪杭的占领。

---

① 参见程思远:《政坛回忆》，广西人民出版社1983年版，第109页。

② 参见袁成毅:《民国浙江政局研究（1927—1949）》，中国社会科学出版社2007年版，第115页。

③ 参见《急袭华南沿海的切断作战》，载日本防卫厅战史室编，天津政协编译委员会译:《日本帝国主义侵华资料长编》上，四川人民出版社1987年版，第620页。

（一）七·一七镇海口抗战

镇海要塞在浙东的战略地位极为重要，它位于甬江口南北岸，南与象山港连接，北与杭州湾相遥应，南面与西面通宁波、奉化、慈溪、余姚、上虞等地，堪称浙东门户。1939 年 6 月 23 日，日军 1400 余人登陆沈家门、道头、盐仓 3 处，定海沦陷。7 月 1 日，宁波封港。8 月 6 日，日军登陆象山县石浦铜瓦门，守军抗击，激战 12 小时，日军死伤 100 余人，退去。1940 年 6 月 2 日，日军 300 余人登陆镇海大榭岛，至晚退去。[①]为了加强宁波海防，国民政府军事当局在甬江左右设有大炮 9 门，由镇海要塞总队所辖 2 个中队负责防务，另外在这一地区的军事布置计有：第 194 师第 582 团负责从象山港经梅花岛、大榭岛、柴桥到三山一线；第 580 团负责从三山至镇海要塞南岸镇海城南虹飞机场、霞浦、龙山一线；第 581 团为预备队，控制在宁波的宝幢附近。[②]

1940 年 7 月，日军大本营决定攻占镇海要塞，并从广西前线将大津和郎调至浙江担任指挥官。7 月 14 日，大津和郎率日军一部，分乘 20 余艘汽艇，在普陀以北海面上集结。7 月 15 日，日本侵略军装甲汽艇六七艘进犯镇海穿山，守军还击，伤其 2 艘。随后，日军舰队宣布封锁宁波港口。7 月 16 日拂晓，日军集结军舰 30 余艘、航空母舰 1 艘、汽艇 40 余艘，飞机 30 余架，日伪军 3000 余人进犯镇海。

7 月 17 日凌晨 4 时许，镇海口外日舰 30 余艘轮番驶近要塞发炮。日海军陆战队 4000 余人由空中掩护，乘坐 40 多艘军舰在镇海要塞老鼠山登陆。镇海守军 194 师和宁波防守司令部守备步兵第 1 团第 2 营第 5 连 1 个排抵抗不支即退，另 2 个排工事多被摧毁，伤亡惨重。日军分 2 股，成钳状攻势。一股沿甬江南岸进犯，经清凉山北侧，过蒋家、沙头、钳口门、牯牛岭至港口村，沿途袭击各炮台守军。另一股日军登陆后由南边西犯，经李隘、林唐，绕青峙岭，直扑小港，抢占金鸡山、戚家山制高点。中午，日军占领江南镇。是日下午，进犯北岸镇海

① 参见宁波市地方志编纂委员会编：《宁波市志》下册，中华书局 1995 年版，第 2035 页。

② 参见徐会春：《镇海、奉化作战片断》，载浙江省政协文史资料研究委员会编：《第二次国共合作在浙江》，浙江人民出版社 1987 年版，第 158 页。

县城的日军400余人在城北后海塘、城南大道头和招宝山东麓紫竹林多处登陆。下午5时，镇海县城陷失。

镇海的沦陷使浙东形势趋于紧张，国民政府运输战略物资的重要“输血线”沪甬线、甬金线受到巨大威胁。在此情况下，第194师师长陈德法决定集中兵力阻敌前进，待增援部队到达后即行反攻。17日上午，国民政府军第86军第16师从上虞出发，赶赴前线增援第194师。第16师先头部队第48团在衙前岭与敌展开一场激烈遭遇战，迫使日军后撤。当时战局的重点是戚家山，敌我双方以戚家山为中心展开激烈的争夺。18日晨5时，第16师师长杜道周自上虞来援，其部第48团1个营抵达鄞县段塘，1个营奔赴甬江南岸的鄞县梅墟，会同炮兵营第5连警戒甬江防线。7时半，国民政府军发动争夺战，江南一线，第1127团第2营攻克日军登陆处的老鼠山和所占嘉门岭、狮子山、青峙；第1127团第1营攻克茶岭。守备团第2营攻克戚家山、小港镇，经多次冲杀争夺，伤亡较重，至下午3时再度弃守。江北一线，第1125团第1营第1连由镇海贵驷向县城推进。19日夜1时半，第194师与第16师同时发起反击。江南一线，攻克马鞍山、长跳嘴、唐家弄。20日11时，日军陆、海、空配合进行反扑。20日夜，第1127团反攻小港，攻占黄瓦跟和小港河东岸，日军在小浃江西岸顽抗。20日拂晓前，第194师第1126团防务由增援的第16师第48团接替。21日拂晓，日军继续反扑金鸡山、泥湾、小港等处。8时许，第1127团于黄瓦跟、碶跟与日军2个中队激战3小时，守军阵地无完土。下午，第1125团经艰苦猛攻，收复镇海县城，并攻克招宝山、威远炮台。晚8时，日军不支撤退，日舰发炮掩护日军从江南的江南道头和江北的后海塘一带登舰撤退。从19日到21日中国军队多次击退日军进攻，特别是21日猛烈攻击戚家山，得而复失数次，最后终于收复戚家山。21日午夜，中国军队对残敌进行最后攻击，第16师第48团攻克了金鸡山，第194师攻克港口。22日凌晨，我军又先后攻克了泥湾及宏远、威远炮台，随即光复镇海，恢复17日晨以前的原有阵地，但日军仍然占据了外海的一些岛屿。[①]

① 参见《浙东大捷克复镇海城甬江两岸敌完全肃清》，《东南日报》1940年7月23日。

（二）宁绍战役

杭嘉湖地区沦陷后，日军暂时固守钱塘江以北，与中国军队隔江对峙，钱塘江以南局势一度相对安定。其间虽有部分日军渡江骚扰萧山、诸暨、绍兴等地，但对整个战局影响不大。1941 年 3 月下旬，日军大本营陆军部指示中国派遣军，可以使用驻守在上海吴淞的第 5 师团，在浙江沿海实施登陆作战，封锁浙江沿海，夺取宁波、温州等港口储存的物资，特别是宁波以南石浦生产的萤石。此外大本营还指示第 5 师团在宁波一带作战结束后，仍须以一半兵力暂时驻守该地，于是这种对峙局面到 1941 年 4 月宁绍战役爆发后打破。①

宁绍战役，又称浙东战役，是日军对华沿海封锁作战的重要组成部分。日军为封锁中国沿海，占领浙江省东海岸的宁波、台州、温州一带，切断国际援华通道和夺取援华物资而于 1941 年春发动了此次战役。②日本中国派遣军在接到上述指示后，即同占领浙沪地区的日军第 13 军司令官泽田茂进行联络，准备行动。具体的作战方针是：西线第 22 师团、第 15 师团之一部从杭州方面向诸暨发动进攻，策应东线从吴淞南下的第 5 师团在宁波沿海城市的登陆作战，两线兵力同时实施东西夹击。③因中国军队毫无制海权，缺乏反登陆作战的准备，日军登陆几无阻碍。

日军在浙东沿海发动战事之前，即策动在钱塘江南岸的攻势。4 月 16 日，西线日军第 15 师团第 60 联队、第 22 师团第 85、第 86 联队共 5000 余人，集结于萧山西兴、长河一带，在杭州七堡区集结 2 万余人，准备南犯诸暨、绍兴。日军分两路向绍兴进击：主力 3000 余人由萧山经衙前、钱清向绍兴城推进，但遭第 16 师阻击，进展滞缓；另一路由绍兴马鞍南塘头，向三江口佯攻佯退。夜 20 时许，日军以橡皮气囊 40 余只，从大、小潭登陆，经宋家溇，分马鞍、斗门、镇

---

① 参见冯宇娃：《抗日战争时期浙江的正面战场》，《浙江学刊》1994 年第 6 期。

② 参见日本防卫厅防卫研究所战史室著，齐福霖、田琪之译：《中国事变陆军作战史》第 3 卷第 2 分册，中华书局 1983 年版，第 115 页。

③ 参见马登潮：《宁绍战役述略》，《浙江档案》1991 年第 9 期；李石民：《绍兴沦陷前前后后》，载绍兴市政协文史资料委员会编：《抗战八年在绍兴》，内部刊印，1995 年，第 1—2 页。

塘殿3路进犯，于17日晨占领绍兴城。[①]17日拂晓，日军1000余人，由萧山临浦出发，向尖山、华家垫进攻；富阳日军2000余人向大源进攻。占领绍兴的日军，也立即向诸暨枫桥进攻。20日，日军攻陷诸暨，并一度深入至浦江、义乌和东阳境内。

东线日军于4月19日在海、空军配合下分四路在瑞安、海门、石浦、镇海等处登陆。19日凌晨，镇海口外日军开始向镇海江南及江北多处强行登陆。上午10时，日军汽艇突破镇海口封锁线后溯江而上，先后又在王家洋、梅墟登陆，从江东进犯宁波；江北方面，日军在镇海石塘下登陆后袭击镇海县城，当时守军虽奋力抵抗，但孤军无援，大部牺牲，镇海县城在19日上午沦陷。[②]是日午夜，日军以汽艇20余艘开向甬江上游，迂回包抄宁波，宁波外围的防务力量迅速撤至城区。20日拂晓，日军向江北岸守军进犯，宁波城区与江北岸均处于包围之中，第194师和宁波防守司令部被迫退出宁波市转向奉化，宁波沦陷。之后日军迅速攻陷了鄞县（20日）、慈溪（22日）、余姚（23日）各地。[③]20日，日军主力沿鄞奉公路向奉化进犯。22日，日军攻陷溪口，23日又在飞机掩护下发起对奉化攻击，国民政府军抵抗乏力，奉化陷落。5月2日，国民党军队根据蒋介石的命令反攻溪口，但未获成功。

日军在进攻宁波的同时，还派出日军第5师团一部于19日当天清晨在瑞安沙园登陆，当即占领瑞安。瑞安沦陷后，日军又分兵300余人越桐岭直奔瑞永大道前进，在距永嘉城30公里的潘桥与瑞安县保安第8大队第2中队遭遇，第2中队伤亡惨重。而此时温州方面国民政府军第33师主力则在沿海设防，一时无法抽调部队回援应急，致使温州城防空虚。当日军兵临城下时，仅有刚刚开到的荣誉军士大队100余人在新桥抵挡了一阵，这才使温州城内各机关及民众得以撤退。20日晨，温州沦陷。[④]日军在骚扰并劫夺物资后随即撤退。5月2日，日军满

---

① 参见绍兴市地方志编纂委员会编：《绍兴市志》第3册，浙江人民出版社1996年版，第1798页。

② 参见任根德：《镇海两次抗日作战纪实》，载镇海文史资料委员会编：《镇海文史资料》第3辑，内部刊行，1989年，第22页。

③ 参见宁波市地方志编纂委员会编：《宁波市志》下册，中华书局1995年版，第2036页。

④ 参见袁成毅：《民国浙江政局研究（1927—1949）》，中国社会科学出版社2007年版，第124页。

载所劫物资撤出温州，国民政府军才乘机收复了温州、瑞安。5月3日，永、瑞、平三地全部收复。无论是日军入侵还是撤退，永嘉、瑞安一带之军警均反应迟钝，永嘉城内各机关险遭灭顶之灾，而“物资抢运出险者，为数甚微，因而所遭受之损失甚大”①。

日军发动的宁绍战役达1个月之久，浙东人民蒙受了空前的浩劫。在镇海，从4月19日日军登陆到23日，仅数天之内就杀死、杀伤居民104人，烧毁民房780余间。②在进攻余姚期间，日机对该地进行了16次轰炸，毁房250余间，炸死43人。③整个战役期间，由于国民政府军抵抗乏力，匆忙撤退，使得人民生命财产遭到了更大损失。在温州，国民党党政军各机关大量物资未及时转移，仅中央各运输机关的桐油、锑、丝、茶等损失就达650万元左右，县仓库损失米3076斤，商会损失12万斤，商家损失1800万元左右，住户损失约200万元。在瑞安，据估计商家损失60万元，住户损失40万元，空袭损失26万元。在慈溪，日军大肆劫掳，按户搜劫，致使中央贸易委员会暗中寄存庄桥（现属宁波市）的物资，全部被劫，而民众的粮食、金属器皿、财物等，亦被尽行劫去，装载帆船30艘，运往宁波。④

（三）海军在浙江沿海防卫

浙江省江水纵横，日舰不论从哪一江河，均可侵入浙江省腹地。为此，当淞沪战役开始之时，中国海军即于浙江乍浦设炮台，并派海军陆战队第3团于衢州、金华布防。⑤中国海军在淞沪作战期间，为防止日军从跨江、浙两省的太湖和杭州

---

① 参见《日军窜扰瑞安、温州经过》，载浙江省档案馆、中共浙江省委党史研究室编：《日军侵略浙江实录（1937—1945）》，中共党史出版社1995年版，第88—89页。

② 参见镇海区政协文史办公室编：《镇海人民的血泪仇》，载宁波市档案馆编：《浙东浩劫》（宁波文史资料第12辑），内部刊行，1992年，第28页。

③ 参见余姚市政协文史委员会编：《日寇蹂躏下的余姚》，载宁波市档案馆编：《浙东浩劫》（宁波文史资料第12辑），内部刊行，1992年，第37页。

④ 参见马登潮：《50年前的一场浩劫：宁绍战役述略》，《浙江档案》1991年第4期。

⑤ 参见胡立人、王振华主编：《中国近代海军史》，大连出版社1990年版，第501页；海军司令部近代中国海军编辑部编著：《近代中国海军》，海潮出版社1994年版，第983页。

湾北岸的乍浦乘虚潜入，从中国军队后方进迫上海，1937 年 10 月，海军部抽调了“平明”、“捷胜”、“宁泰”、“平湖”等舰艇组成太湖艇队进入太湖巡弋。并建立了海军太湖区炮队，全队官兵 210 人，以罗致通为队长，下设 5 个分队，布置于苏锡一带，加强湖防，相机袭击进入太湖水域的日军。在乍浦，调拨舰炮 2 门设置炮台，协同陆上炮队防守，日军也未敢在乍浦登陆。

上海弃守后，淞沪战役宣告结束。中国海军在撤退时，奉命炸毁苏州河一带之桥梁以及梵王渡铁桥，以阻日军追击。11 月，无锡失陷，太湖在作战上已失去意义，“平明”、“捷胜”2 舰开往长江中游，担负新的任务。“宁泰”、“平湖”2 艇留在湖内打游击。2 艇先后与日汽艇交战 20 余次，“平湖”被日艇击沉，“宁泰”在作战中后退不及自沉。12 月，日军占领杭州，乍浦在作战上也失去价值，海军将 2 门舰炮毁除。[1]

1938 年 10 月，国民党海军成立温州炮台（1940 年改为瓯江炮台），调炮兵 1 队由队长李葆祁率领，携炮 5 尊设置瓯江炮台，在永嘉之茅竹岭安炮，并先后在瓯江、清江、飞云江布雷百余具。[2] 1939 年 4 月，永嘉炮台先后击退前来侵犯之日舰数艘，击伤其巡洋舰 2 艘。1939 年 4 月 22 日，日舰数艘闯入瓯江炮台警戒线内，炮台随即发炮轰击，日舰受创，转航遁去。23、24 日，日舰在瓯江口外连续向瓯江炮台发炮。25 日，日巡洋舰 1 艘驶入黄华附近，再次向瓯江炮台轰击，炮台守军突起炮轰，第一弹即击中日舰舰首，日舰立即起火，负创远遁。6 月 3 日，又有日巡洋舰前来窥伺，再次被炮台击中舰尾。瓯江炮台屡挫日舰，队长李葆祁等 7 人受到国民政府军事委员会的嘉奖。1940 年 3 月，中国海军又在椒江、飞云江口加强布雷，并阻塞了浦阳江、曹娥江水道。4 月 19 日，海军又在甬江灵桥一带布放漂雷阻敌前进。10 月 17 日，日舰 1 艘、日艇 2 艘在浦阳江等地触雷沉没，死伤 100 余人。1941 年 4 月 16 日，日汽艇载兵 300 余人，由三江城登陆，围攻绍兴，并有大批日机掩护。中国海军冒险增布水雷，阻止了日艇上驶。1941 年 4 月 17 日，中国海军布雷船 1 艘于椒江加布水雷后，在归途中不幸遭日舰炮火

① 参见海军司令部近代中国海军编辑部编著：《近代中国海军》，海潮出版社 1994 年版，第 960 页。
② 参见胡立人、王振华主编：《中国近代海军史》，大连出版社 1990 年版，第 501 页。

猛攻，全船人员壮烈殉职。18日，日军小火轮1艘，拖带民船10余艘，满载军品向浦阳江上驶，经虎爪山时小火轮触雷毁沉，民船纷纷驶离。1941年4月19日温州沦陷，炮台指挥张树君将各炮或毁或埋或沉入江中，员兵转移。日军在瓯江、鳌江口外布雷，实施反封锁，均被中国海军扫除。23日，日大汽艇1艘，载兵数十人，复于虎爪山水道触雷爆炸，艇毁人亡，生还者仅1人。此时，镇海、宁波、诸暨、海门等地相继失守，瑞安、永嘉也随之陷落。茅竹岭炮台陷入重围，炮台官兵坚决死守，击退日大小汽艇10余艘后，奉命毁炮撤离。但瓯江雷区仍使日舰一度不敢通行。[①]

抗日战争时期海军的沿海防卫活动是中国对日作战的重要组成部分。尽管由于敌我海军实力对比的悬殊，国民政府海军最终未能阻止日军沿长江向中国内地进犯及在中国沿海港口的登陆，但其仍然在抗日战争初期中国抗击日军侵略过程中发挥了重要作用。

① 参见温州市志编纂委员会编:《温州市志》下册，中华书局1998年版，第2376页。

第四章

民国时期浙江海洋渔业的现代转型

进入20世纪，浙江海洋渔业在沿海工业现代化与商品经济发展的压力下，开始逐渐产生了一些变化。而在高层，已经认识到渔业发展对于国家海洋权益，稳定沿海农村社会的重要性。与明清时期浙江海洋渔业发展相比，民国时期浙江海洋渔业经历了晚清社会变革后呈现出两条不同的发展路径：一方面，由于传统渔民数量的众多以及捕捞工具革新的缓慢，按照旧有作业方式的海洋渔业生产、养殖与捕捞活动仍在继续，但是这些活动已经受到现代商品经济发展的影响，捕捞、养殖、加工以及运销领域的近代化变革已经逐步扩散，这种微观经济领域的变革尽管缓慢，但变革路径是非常明显的；另一方面，在有识之士的倡导下，国家对海洋渔业发展的重视在南京国民政府时期达到了顶峰，中央与地方渔业管理机构的完善使得政府干预浙江海洋渔业发展的能力大大增强。在政府强势介入下，浙江海洋渔业流通与运销领域都能看到政府行政管理的痕迹，这一模式大大加快了浙江海洋渔业的现代化变革。

第一节　传统海洋渔业生产与加工

浙江海洋渔业经济包含了海洋水产品的捕捞、养殖、加工等诸多方面的内容。就捕捞方式而言，以传统血缘、地缘为纽带的组织形式以及单个生产单位内部分工都继承了传统浙江海洋渔业生产模式。这些海洋捕捞方式根据生产作业工具的不同而有所区分，而这些捕捞工具又根据所捕捞水产品的不同而形色各异。与之相类似，浙江海洋水产品养殖的规模相较以前扩大了很多，但是其养殖方式仍未摆脱传统靠天吃饭的状态，现代渔业养殖技术的推广成效甚微。与养殖领域不同的是，海洋水产品加工的规模化生产逐渐产生，以岱山为中心的舟山群岛出现了各种以水产品加工为主营业务的工厂。这种加工领域的产业化不仅有利于提高水产品的附加值，更重要的是这种加工过的水产品可以经由长距离的运输进入中国其他沿海城市以及沿长江水产品市场。

一、传统帆船渔业捕捞

民国时期浙江沿海的水产品捕捞既有传统的小帆船捕捞，也有现代化的渔轮捕捞。以传统帆船捕捞而言。民国时期浙江沿海渔场规模已经非常成熟，主要的渔汛及海产品有大黄鱼、小黄鱼、乌贼、带鱼和鳓鱼等。而渔船的数量和种类也和所捕捞的水产品规模相挂钩，民国时期浙江海洋捕捞帆船的规模已经有上万艘，其作业方式包括张网捕捞、围网捕捞、刺网捕捞、延绳钓捕捞等多种方式。

（一）民国时期浙江海洋渔业资源的开发

浙江沿海渔业几乎全集中于宁波舟山群岛海域。因其岛屿棋布，又有钱塘江的有机物质流入，寒暖二流交汇其间，所以浮游生物甚富，鱼类多栖息于此，渔业资源极为发达，其中，比较重要的有大黄鱼、小黄鱼、乌贼、带鱼、鳓鱼等渔业。

（1）大黄鱼渔业：大黄鱼栖息于浅海沙泥之中，春夏之交到近海产卵。初因水温尚低，居于下层，等水温较高时则逐渐上浮。冬季则潜伏于外海下层。其渔期自春分节至小满节，尤其以谷雨至夏至为最盛。渔场在衢港及黄大洋鱼山、羊山一带，因其地产大黄鱼特多。台州洋及石浦附近，亦为大黄鱼渔场。渔船以临海的红头对、宁海的花头对、温岭的白底对为主。宁海各帮亦有不少，均集中于岱山。每年渔汛时，岱山各帮渔船在万艘以上，渔获额每年约400万—500万元。所捕获的大鱼，基本都在洋面售于贩鲜船，运至上海、宁波。另有一部分，由岱山、衢山之鱼厂收集制鲞者亦不少，直接或间接以大黄鱼渔业为生活者不下十万人。

（2）小黄鱼渔业：小黄鱼渔业为民国时期开始逐渐兴起的渔业。小黄鱼春季来游近海，以海底平坦沙泥质、水深约 10 寻处最为适宜。其洄游状况，自南而北，大都群集而游。所以，小黄鱼的采捕地点，同样从南向北。冬季至春季小黄鱼渔场在桃花、六横及浪岗以南，大都集中于沈家门。至清明相近，则以嵊山附近为根据地。在佘山洋捕捞的普通渔船，以大对船拖网为主，渔获额约在 700 万—800 万元。

（3）乌贼渔业：乌贼栖息于海底岩礁之间，4—5 月间游至沿海岛屿产卵。乌贼渔场北自马鞍群岛，南至桃花岛近海，以中山冲列岛、青滨、庙子湖一带为最盛。渔期以 4 月至 5 月底止为盛期。渔具分乌贼拖网及墨鱼笼、照船、墨鱼排等数种，产额年达 200 万—300 万元。晒干制鲞名螟蜅鲞，销江西、福建、广东及南洋。

（4）带鱼渔业：带鱼栖息于远洋深处海底，8—9 月间，至内湾产卵，其洄游状况大都由北而南，游于水之中层。渔期自 9 月上旬至 11 月中旬，尤其以 9 月下旬至 11 月上旬为多。渔场在定海、长涂等处，每年渔获额约 200 万元。

（5）鳓鱼渔业：鳓鱼初夏时群游于沿海产卵。渔场以岱山附近为最著名。渔具为摇网、流网、张网。衢港一带，鳓鱼流网颇盛。渔期自清明至大暑，约 120 天，产额约 10 万元，大半销往嘉兴乍浦。[①]

以上为浙江沿海主要渔业。根据捕鱼工具的差别，浙江沿海渔船数量和渔期、渔场也多有（见表 4-1）。

① 参见李士豪：《中国海洋渔业现状及其建设》，商务印书馆 1936 年版，第 95—97 页。

表 4–1 浙江沿海渔船、渔获物种类统计表

渔业种类	船数	人数	渔期	渔具	渔场	渔获物
大对船渔业	约千对		长船：8 月至次年 5 月；短船：8 月至次年 3 月；春船：正月至 3 月	对网属船泄网类	北起江苏吕四洋，中经嵊山、四礁、黄龙、马迹、大戢、浪冈、衢山、岱山、青滨、庙子湖，南迄东霍东南及韭山洋面	小黄鱼、大黄鱼、乌贼、带鱼、鳓鱼、米鱼、鲳鱼、蟹等
小对船渔业	2500 余对	每船 4 人至 8 人	清明至夏至	大对网	衢港、黄大岙及岱山、长涂港等处	黄鱼、带鱼、鳗鱼为主，鲳鱼次之
大莆网渔业	1400 余艘	4 人至 5 人	秋季、3 月至 6 月，端午最盛	大莆网属敷网类	舟山群岛衢港、洋山、黄大洋一带	大黄鱼，次黄花鱼、鲳鱼、墨鱼、鳘鱼、鳗鱼、鳓鱼、海蜇
溜网渔业	约 2100 艘	每船 7 至 8 人	4 月至 8 月	流网（大流及小流）	洋东南大小用山、衢山、岱山、乌沙门、庙子湖，舟山群岛马迹及吕四洋	黄花鱼、鳓鱼、鲽鱼、蟹等
张网渔业	1100 余只		清明至夏秋季	黄鱼张网（即墨鱼张网）及海蜇张网	舟山群岛、台州列岛、乌昫江、南韭山、金漆门、蛇蟠等	大黄鱼、墨鱼、鳓鱼、鲳鱼、马鲛鱼、海蜇
乌贼渔业	约 440 只		4 月初至 5 月底止	笼捕或网捕（拖网）	舟山群岛、中街山群岛，自大西嘴至东伏山止，分东嘴、米拉、花阿张、小板、黄兴、庙子湖、青滨、西鹤、东伏等处	乌贼
钓鱼渔业	拉钓 30 余只；小钓约 90 只；福建钓船	6至7人；18至19人	全年以春秋二季为盛	鲨鱼钩钓	坎门、石浦、青滨、庙子湖、沈家门一带	带鱼、黄鱼、鲨鱼、鳗鱼
串网渔业	260 只		终年		舟山群岛	黄花、虾、蟹、杂鱼
虾罗渔业	70 只		2 月至 6 月；8 月至 2 月		上下大陈、一江、东西廊	杂鱼、虾

资料来源：李士豪：《中国海洋渔业现状及其建设》，商务印书馆 1936 年版，第 97—98 页。

（二）民国浙江海洋渔业生产工具

进入中华民国以后，浙江海洋渔业渔船有了更加细致的划分，按照其驾驶形式和渔具种类可分为“对船”、“网船”、“钓船”和“莆船”。民国时期浙江沿海渔民根本无力置备机动船，只有行会把头的渔业团体或研究水产机关才有能力作为试办之用。根据抗日战争前南京国民政府实业部调查统计所得，将浙江渔船构造情况略加叙述。

（1）大对船：船长46.75英尺，阔7.50英尺，深4英尺，首高8英尺，尾高8.75英尺，中部分做3大舱1小舱，用以盛鱼，大梁前面有4小舱，为渔民安息之所（供有神佛），驶风梁的前面也有3舱，为贮藏食物和饮水之用。桅高49英尺，舵长8.25英尺，阔2.25英尺。造船原料，横材用樟木，直材用松木。根据1935年浙江省水产试验场的统计，浙江大对船为定海500对，鄞县106对，镇海6对，共计612对。

（2）小对船：船长23.75英尺，阔4.75英尺，深3.25英尺，有梁3道，肋骨8道，首高1.50英尺，尾高1.75英尺。根据1935年浙江水产试验场的统计，浙江小对船为定海40对、临海836对、宁海320对、南田124对、镇海10对、瑞安31对、平阳230对、乐清114对、永嘉122对、玉环628对、温岭680对、黄岩18对、象山120对，共计3273对。

（3）大钓船：为母船式延绳钓船，船的大小不一定，船上有舢板船4只。到远洋捕鱼，浙江大钓船作业全靠舢板船，操作者大多数是福建人，浙江以玉环人最多，其他各县很少，因其以浙江的玉环和温岭为根据地而在浙江海面捕鱼，所以也可以说是浙江渔船和渔具的一种。根据1935年的调查，大钓船在玉环有157只，在温岭有84只。

（4）小钓船：为本船式延绳钓船，这种船强固耐用，堪航力大，浙江渔民仿造的很多，船长约36英尺。根据1935年的调查，浙江小钓船共有1396只，计在温岭678只，在定海32只，在玉环686只。

（5）流网船：船长约为46英尺，分为大流、中流、单流3种。根据1935年的调查，浙江流网船计定海460只、临海360只、宁海260只、平阳175只、玉环 175 只、镇海 63 只、温岭 30 只、乐清 25 只、永嘉 27 只，共计 1575 只。

（6）大莆船：又名大捕船，其构造和大对船相同，但船幅比较阔 1—2 英尺，可以载重 10 吨—20 吨。根据 1935 年调查，浙江大莆船计定海 240 只、奉化 470 只、鄞县 39 只、象山 94 只、镇海 4 只、宁海 44 只，共计 891 只。

（7）张网船：分为 3 种，大规模的可载重 10 吨，小规模的可载重 5 吨左右，海蜇张网可载重 5 吨—6 吨。根据 1935 年调查，浙江张网船计定海 498 只、临海 35 只、温岭 122 只、象山 48 只、南田 46 只、玉环 356 只、宁海 72 只、镇海 49 只、瑞安 197 只、平阳 518 只、永嘉 53 只、乐清 60 只，共计 2054 只。

（8）墨鱼船：有大小 2 种，大的相当于小对船，惟船身比小对船长 3 英尺左右，多一道梁；小的就是舢板。死笼捕船就是“台州小白底”，船长 16.5 英尺；活笼捕船是“温州舢板”和“竹筏”，船长 16.75 英尺。根据 1935 年调查，浙江全省共有墨鱼船 2610 只：计鄞县 990 只，定海 420 只，玉环 350 只；温岭有笼捕船 240 只，网捕船 422 只；平阳有笼捕船 188 只。

（9）舢板：舢板是一种作业上的辅助船，长约 20 英尺，构造简单，造价很低，内河的“落水船”、“巡荡船”和所谓“渔舟”均属于这一类，在东海大约有 6000 只。

（10）冰鲜船：是一种加工和运销的杂用船，约有 1000 只，分别在上海、南京、乍浦、宁波、临海，永嘉各地，大小不一样。[①]

浙江渔船的差异主要体现在船只所载网具的不同，不同渔船本身的形制差别不大。一般船只长 50 英尺—56 英尺，阔 10 英尺—13 英尺，深 4.5 英尺—5 英尺，载重 300 担—360 担。船壳甲板等直材，多用杉木；而肋骨横梁等材，多用桑据。全船共分 12 舱：①淡水舱；②网舱；③出水舱；④脱鱼舱；⑤鱼舱；⑥渔船；⑦网舱（贮干网）；⑧出水舱；⑨绳舱；⑩火舱；⑪淡水舱；⑫卧舱（位于⑨⑩⑪三舱之上，另加棚盖，作为全船人员卧室）。渔船桅杆共 3 枝：大桅 1 枝，备桅 1 枝，各长 50 英尺余；小桅 1 枝，长 40 英尺余。另外还有大帆 1 领，

① 参见曾寿昌：《浙江渔业史料述要》，载浙江省政协文史资料委员会编：《浙江文史集粹（经济卷）》上册，浙江人民出版社 1996 年版，第 70—72 页。

小帆1领，舵1个，备舵1个，橹2枝，大锚1个，副锚1个。锚索长40寻，重40斤，三股□合，每股以大麻为心，外包铁皮，索径3英寸，共计3根。①

民国时期浙江海洋渔船搭载的渔具主要包括4种：定置张网、对船围网、刺网和延绳钓。

（1）定置张网：其网具概为长袋状，装置时或插支柱于海中，或者打椿于海底，或者用锚碇固定其位置。此种网具多敷设于风浪较平，潮流较疾之处，网口向潮，使鱼类陷入其中而捕获之。定置张网包括鹰捕网（又称“筐网”或“斗网”）、大网（又称“网艚”）、海蜇张网（俗称“鲊鱼”）、舻艚网、虾舻网、门网、抛碇张网、艞艚网等种类。

（2）围网：大多需要两艘船共同作业，网上装设浮沉子。网具分为有囊网和无囊网两种。有囊网的围网形状像裤子，没囊网的围网形状像长方形，均用以包围海中鱼类，由船中或陆上操作引导来捕捞。围网包括擂网、夹网、大黄鱼对网、白弓对网、百袋网、丁香围网等种类。

（3）刺网：横长纵短，无袋，网上附有竹筒或者木片使之可以漂浮在海面上，下面系上砖块瓦片，让其沉压海底。将刺网横张于鱼道要冲，经过鱼类将陷入网目中，或者缠络其中。刺网网目根据所捕鱼类体型的大小而有所不同，有4指、5指、6指、8指网等不同等级。根据使用方法的不同，刺网可分为流刺网、定置刺网、浮刺网、底刺网等类型。另外，根据捕捞鱼类的不同，可分为鳓流网、鲳鱼流网、蟹流网、丝流网（又称“子鲚流网”）。

（4）延绳钓：系以一干绳，结附无数支绳，而支绳的另一端联结钓钩。钩的形状大小、敷设海水深浅、钩上是否用饵料及饵料种类，经常随所捕鱼的种类而变化。附饵延绳钓一般用来捕捞贪吃的鱼类，如带鱼、鳗、黄鱼、墨鱼及蟹等。不附设饵料的，则铺设在鱼类往来必经水域，或水流较急或水质较为浑浊的地方，使其不易发觉回避，所捕捞鱼类多为视觉迟钝者，如鳣、鲨、鲻等。浙江延绳钓的种类有大钓、小钓、大黄鱼延绳钓、蟹延绳、空钓钩。

① 参见朱通海：《镇海县渔业之调查》（《浙江建设月刊》第10卷第4期，1936年10月），载民国浙江史研究中心、杭州师范大学选编：《民国浙江史料辑刊》第2辑第41册，国家图书馆出版社2009年版，第107—108页。

除以上渔具外，浙江沿海其他渔具还有插簟、鲚籥、缯网、墨鱼笼、抛网（手网）等。

（三）海洋渔业作业方式

根据使用渔业生产工具的不同，浙江海洋渔业捕捞组织及作业方式亦有所差别，具体而言，可分为定置张网捕捞、围网捕捞、刺网捕捞、延绳钓捕捞千种主要方式。不同捕捞方式根据渔网的不同又有所差异。以下就4种捕捞方式各选择具有代表性的作业方式进行阐述。

（1）鹰捕网作业。当渔汛开始时，于天气良好、风平浪静的日子，渔船携带木桩器具驶往渔场，选定地点，将桩打埋海底。每框用桩2根，一东一西，相距约15丈。然后将系网、张绳、回转盘、竹筐等依法结附之，捕鱼时将网具挂于竹筐之上即可。每筐最少备网2张调换使用，每船使用竹筐的数量由渔船的大小及资本所决定，多者40筐，少者10余筐。大船每只8人，小船4人。8人之船，其中4人常驻厂中，处理渔获，修理网具及烧饭、染网等工作，其余4人则往渔场放网起网。这种渔具，因为有回转盘装置，因此可以随潮旋转，无论涨潮退潮都可捕鱼，也不需要特别看管。渔获少时，就每天前往起网1次。起网时，从引扬网将网尾引起，解开束绳，倒出渔获，再将其系紧，便可以再次投网。这种渔业的经营习惯随地域差异有所不同。温州瑞安多为独资经营，平阳则合伙共租1船，网具由各人自行配备，何人所捕获者归何人所有，也有将全船收入及费用按照各人所有筐数的多少平均分派的。无论何种经营方式，都需要与鱼行发生关系，从鱼行融资。一般而言，普通每筐可得鱼行放款20元至30元。

（2）大黄鱼对作业。此种网具需要两艘船同时作业，一艘称为网船，一艘称为舢板，网船乘渔夫6人，舢板4人，网船负责起网下网，舢板帮忙作业。在渔汛期间大潮之日，即每月的11日至18日以及25日至次月3日，每日拂晓出渔。到渔场后，网船老大将特别准备的探筒（筒即是用普通的毛竹去掉皮，越薄越好，但是破裂的探筒不能使用）插入海中探听鱼群。如果发现有吱吱作响的声音，即为鱼群所在，需准备下网。下网时，将操网的一端递于小船，小船接到后两船分开前进。网船一边行驶，一边将网具全部放出后，以小船为目标兜网一圈，到两船会合时起网。起网时，需要将沉子方迅速操起，以防鱼类从下方逃走。每次起网下网用时约 40 分钟，每天可以投网 20 次。此种渔具适用于水深 7 寻至 8 寻的海域，因此此类船只均在舟山岱山捕鱼。在岱山捕鱼船只，多使用囊围网，大船每对 10 人，小船 8 人，由老大供给渔船渔具，招选伙计合组而成。大黄鱼对船实行劳资合作制，没有薪水，其合作办法是在渔汛终了结账的时候，将所有盈余（即从渔获金中除去一切费用所余的数目）按照事先所定的办法进行分派，计船 2 股，网 3 股，其余无论老大伙计每人各 1 股，北洋对总计有 15 股，南洋对总计有 13 股。

（3）鰳流网作业。渔船每只载渔夫 4 人至 6 人，每船用网的多少根据个人资本而定。普通船只每船用网 40 张。当渔船行驶到渔场时，先将网具连接，同时结附沉石浮标等。然后，将船横潮而驶，逐渐放出网具，使其横断潮流。网具放完后，将其一端系于船头，随潮而流。每隔 3—4 个小时起网收鱼 1 次，收完后渔网仍放入海中，每日可起网 4 次。也有黄昏时候下网等到第二天凌晨起网的，这种渔业规模较小，且以独资经营为主。玉环则由老大购买渔船，伙计自备网具，按照个人使用网具的多少缴纳船租，渔获物也可按照个人所有网具的多少来分派。在接近海岸的地方捕鱼时，伙食由个人自带前往，捕捞地点较远时，各伙计每人各出柴米若干，在船中合伙做饭。网具的施染修补由各人自行负责。

（4）大钓作业。母船行驶到渔场后，便放下舢板从事工作。舢板每只搭载渔夫 4 人，每日从清晨开始放钓。投钓的时候，舢板横潮而行驶，以 2 人摇橹，1 人放钓，1 人装饵。当投放第一箩筐时，首端必须附浮标沉石各 1 个，放完一箩再放下一箩，直到所有钓具全部放完为止。放完后，钓网末端系上 1 块沉石投入海底，然后将船驶到浮标处将钓具起上。起钓的时候，1 人拉绳，1 人取鱼兼装鱼饵，2 人摇橹。装饵的人将钓钩上的鱼取下再装上饵料后，再次投入海中，放钓结束后又继续返回浮标处起钓。周而复始，渔获丰富时，每天可放钓 14—15 次，没有渔获时则调换地点。当舢板工作的时候，母船停泊海中处理渔获物，并提供船员的食宿。稍有风浪的时候，母船必须在舢板旁边巡护。如果风浪很大不能工作，母船必须立即将舢板拉回，以防意外发生。大钓船多为独资经营，如果一人财力不够，也可以数人合伙经营，合伙办法根据个人的财力来确定经营舢板的多少。如果每人经营舢板1只，则4只舢板合租1条母船。租借办法为，在冬汛的时候每只舢板必须先交给母船200元（春汛时交100元）作为担保费，等渔汛结束付清船租工资后，可将担保费返还租客。冬汛时，每只舢板需要给母船租金100元（春汛60元）。无论舢板上或母船上船员的伙食工资及其他一切费用，一概由各舢板船平均负担，而渔获物则归各舢板船所有。

表4–2　民国浙江冬汛大钓作业职别与工资统计表

母船船员职别	人数	股脚分数	工作
舵工	1	2	总理母船一切事务
督仔	1	2	看护及指挥舢板
副大	1	2	专司驶船
三大	1	1	协助驶船
众在拨	1	1	料理母船上一切琐事及处理渔获
总铺	1	1	专司炊事
舢板船员职别	人数	股脚分数	工作
在拨	4	1	受差遣
后手	4	1	收鱼挂饵
橹大	4	1	摇橹
橹二	4	1	协助橹大
前头	4	1	拔绳放钓

资料来源：方扬编：《瓯海渔业志》，浙江省政府建设厅渔业管理处1938年版，第65页。

二、浙江近海养殖与水产品加工

民国时期的浙江近海养殖集中在宁波与温州沿海，宁波镇海、温州乐清都是当时非常有名的水产品养殖区域。这一时期的海水养殖产品主要有蛏子、蚶、牡蛎等品种，其产值都在数万元，众多沿海农民多以此为生。而捕捞上来的海产品，除被冰鲜船运销鲜鱼分往各埠外，更多的海鲜被送到加工厂进行更精细的加工，以提高其销售价格。在长期的实践中，浙江沿海渔民总结出了多种多样的水产品加工方式，包括盐渍、冰鲜、风干、晒干、糟、醉等，其水产制成品有大黄鱼鲞、小黄鱼鲞、海蜇、鱼烤、鲳鱼鲞、咸鳓鱼、虎鱼干、盐蟹、黄鱼胶、黄鱼子等。

（一）民国时期浙江近海养殖

民国时期浙江海洋渔业除了传统的近海与远洋捕捞之外，在政府倡导下大力发展近海养殖业。民国时期浙江近海养殖产品包括蛏子、蚶、牡蛎、蛤等。蛏子和蚶养殖地集中在宁波和温州。牡蛎养殖原本仅限于象山港璜溪口村一带，1934年起，薛岙一带开始仿照试养。①

宁波地区的近海养殖业早在明清时期就已经出现，但上规模的水产养殖则是在晚清民国时期，尤其是西方海洋养殖技术传入中国之后，相当一部分渔民由远洋捕捞行业转入风险相对较低的近海养殖业。宁波的海水养殖业集中在镇海、宁海、奉化、舟山等地，主要利用涂地养殖蛏子和毛蚶。如镇海每年毛蚶的产值就有数万元，而养蛏业仅投入资本就达75000元。②根据1932年《中国实业志浙江省编》记载："本省养蛏最著名者首推镇海，销售时以冬季为主，每年产值约数万元。"③

宁波镇海地区的养蛏场区域包括岷亭、三山、慈岙、合岙、梅山之裹岙等处海滩泥涂。其养蛏场面积为：岷亭，纵1里，横6里，面积6方里；三山，纵1.5里，横6里，面积9方里；慈岙，纵2里，横5里，面积10方里；合岙，纵3里，横5里，面积15方里；裹岙，纵0.5里，横6里，面积3方里；共计面积43方里。养蛏户数为岷亭300户、三山400户、慈岙400户、合岙500户、裹岙50户，共计1600户。蛏苗资本为岷亭每户10元至200元，共计10000

① 参见陈同白：《十年来之浙江水产事业》（《浙江建设月刊》1937年5月），载民国浙江史研究中心、杭州师范大学选编：《民国浙江史料辑刊》第2辑第43册，国家图书馆出版社2009年版，第330页。

② 参见朱通海：《镇海县渔业之调查》（《浙江建设月刊》第10卷第4期，1936年10月），载民国浙江史研究中心、杭州师范大学选编：《民国浙江史料辑刊》第2辑第41册，国家图书馆出版社2009年版，第105页。

③ 转引自宁波市镇海区水产局、宁波市北仑区水产局合编：《镇海县渔业志》，内部发行，1992年，第64页。

元；三山每户 10 元至 400 元，共计 12000 元；慈岙每户 10 元至 500 元，共计 15000 元；合岙每户 10 元至 500 元，共计 35000 元；裹岙每户 10 元至 50 元，共计 300 元；总计蛏苗资本 75000 元。而蛏苗价格则是蛏苗愈小，其价愈昂，盖小者数量增多，每斤约在 2000 个以上，价为 1 角至 4 角；普通中号每斤 1400 个，价约 6 角至 7 角。蛏苗一般由苗商至象山、奉化、宁海、海门等处购买，后转运至内地，转卖养殖户。小苗每亩放养 5 斤，大苗放养 15 斤，普通放养 10 斤左右。放养时节一般在清明至谷雨节。初放养数月内，每日须派人至苗地视察，如有水流回沟及蛏苗倒覆时，应立时处理妥当，以免蛏苗死亡。4—5 月，天气和暖，水温适宜，泥涂油肥，生长最快。如系极肥泥涂，1 年即可出售，劣者则需 3 至 4 年，普通为 2 年。普通 1 年，每斤约 30 只，壳纹圈 1 个；2 年每斤 16 只，壳纹圈 2 个；余类推（其年产额如图 4-1 所示）。镇海养蛏业大多采用雇佣工制，放苗工资，每日每人 5 角；捕捉大蛏工资，每捉 1 斤取得 1 分。长成之蛏由蛏商收买，用竹篓装运至柴桥，再以汽车转运宁波，或至穿山运沪销售。[①] 新中国成立前，蛏养殖已成为岷亭、三山、梅山等地群众的主要经济收入之一，渔谚有传“若要富，靠海涂”[②]。

民国时期温州近海养殖主要为分布在玉环、乐清的蛏与蚶的人工养殖，不过仅为当地农民的副业，并没有类似镇海那样的大规模组织和专门的经营者。因此，从规模上来比较，温州的近海养殖远远低于宁波。根据《乐清县水产志》记载：1936 年养殖面积达 18285 亩（其中缢蛏 7225 亩、蚶 11060 亩），产量 7551 吨（其中缢蛏 2615 吨、泥蚶 4936 吨）。[③]

---

① 朱通海：《镇海县渔业之调查》（《浙江建设月刊》第 10 卷第 4 期，1936 年 10 月），载民国浙江史研究中心、杭州师范大学选编：《民国浙江史料辑刊》第 2 辑第 41 册，国家图书馆出版社 2009 年，第 124—125 页。

② 宁波市镇海区水产局、宁波市北仑区水产局合编：《镇海县渔业志》，内部发行，1992 年版，第 64 页。

③ 参见乐清市水产局编：《乐清县水产志》，浙江人民出版社 1999 年版，第 79 页。

图 4-1 1936 年镇海地区养蛏业年产额统计图

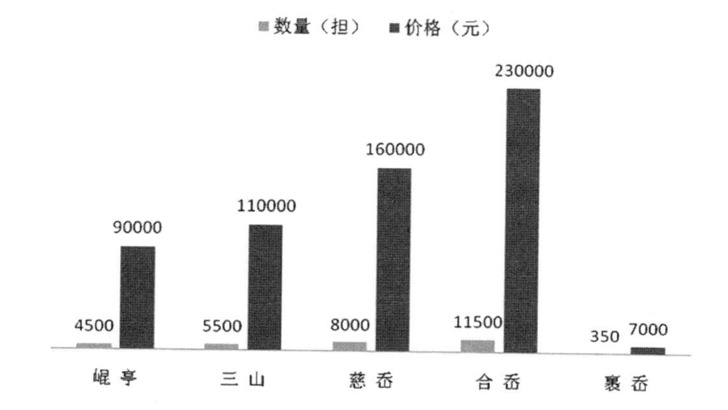

资料来源：朱通海：《镇海县渔业之调查》(《浙江建设月刊》第 10 卷第 4 期，1936 年 10 月)，载民国浙江史研究中心、杭州师范大学选编：《民国浙江史料辑刊》第 2 辑第 41 册，国家图书馆出版社 2009 年版，第 125 页。

温州蛏养殖场的位置，一般选择在沿海倾斜度比较缓慢的涂地，一般要求涂地上层深度约 2 尺至 3 尺，混有四成沙的软泥，尤其以表面有油泥的最好。涂地水深大潮时约 2 公分，小潮底部不露出来最佳，海水与盐分的比重在 1.01—1.015 之间。宁波适合这一条件的涂地集中在镇海沿海。温州适合这一条件的涂地在乐清有朴头、蒲岐、沙头、宅前、下山等处，在玉环有起水头、西潭、水孔口、小水步塘洋、后蛟、礁头、犁头嘴、白岩、大小青、沙岙、北岙、大坟岙等处，在平阳有舥艚、沙波、浦门等处。温州各处蛏苗均由乐清供给，其陈家塘每天可采集 20 余担，年产 5 万元，蒲岐年产 3 万余元，白沙、下岁、下塘、宅前、翁垟等处，年产亦上万元，合计全县年产 8 万余元。蛏苗的采集时间有 2 个时期，第一期为正月中旬至 2 月中旬，第二期为 3 月初旬至 5 月底。蛏苗的播种期为 2 月至 3 月的清明节。蛏养殖 1 年者收获期在每年 9 月至 10 月间，养殖 1 年以上者可随时收获，但蛏在 9 月至 10 月最肥，因此收获期一般都在这个时间。蛏的养殖方法分为 3 个步骤：蛏苗采集、蛏苗搬运和蛏养殖。

（1）蛏苗采集。种蛏在中秋时节，蛏产的卵随水漂流，在适宜的地点发育。冬至前十天，泥涂表面发现一层较黑的油泥时，就是蛏苗发生的象征。再过 20

天油泥会逐渐变白，到次年正月至5月随时都可以采集。

（2）蛏苗搬运。养殖户需要种苗的时候，需要在冬季前就要向苗商订购。订购的时候，养殖户需要先付货价的一半作为定金，确定种苗送达的日期与地点。种苗由苗商负责运输，价格随苗种的大小、产量和需要的多少，以及运送地点的远近来确定。搬运的时候，在蛏秧捕获后，无论什么种类，都需要用直径50公分，高13公分的篾篰来装，盖上盖子。每篰容量20余斤至40余斤（视蛏秧的大小有所不同）。只是篾中所装蛏苗太多时，运送途中容易死亡。蛏秧在搬运的过程中，沿途切忌日光和雨天，需要将其置放到日光照不到而凉爽的地方。又因为蛏苗体小壳薄容易死亡，尤其在天热的时候，因此最好一个晚上能运到。如果路途很远无法一晚运到，则需要每隔12个小时在海水中浸养一会。这个时候，不能将其摇晃，以防蛏损伤及将附着壳上的浮泥洗去。蛏苗运到后，由行家转售给养蛏农户。

（3）蛏养殖法。蛏秧须大小均匀，含水极少。蛏苗前段壳线有一个黄色斑而栖息在深处的，则成长迅速，不易死亡。相反，蛏苗有白色斑点的，再加上贩卖前曾浸水者则不容易成活。未曾养过蛏的泥涂一般都比较好，比较适合蛏秧。浮泥有6公分至7公分，不需要过深，海潮迟缓浸在海水中的时间不宜过长。泥多的地方适合养大蛏。表面有呈黄绿色的带油光的浮泥有8公分至10公分，满潮时水约2公分，干潮时退尽最好，但无浮泥层而坚硬的泥涂不好。蛏苗买到后即可浸入海水中，已死的蛏苗会浮在水面上，需要除去，然后用泥马（一名海踏，一名撬）撒播。泥马用松木或杨木制成，长2公尺，高66公分，宽18公分。使用方法是用右脚立在泥马上，左脚在泥涂上用力向后撑，泥马即向前行驶。播种的时候，泥马上挂1个篮子，篮子中间盛着蛏苗，用手取秧撒播。蛏苗撒播量根据蛏秧的大小以及泥涂的优劣而有所不同。大的秧苗每公尺半平方约半公斤，小的秧苗每公尺半平方约0.1公斤。蛏秧播入过5分钟后，蛏苗即攒入泥中。蛏田四周插细竹等作为目标，在一年内捕起者称为一年蛏，最大的蛏有5公分至10公分；第二年捕起者称为二年蛏。温州出产的一般都是二年蛏，有时候也有三年蛏。捕获的时候，养殖户一般都使用泥马，用手插入泥中采捕，也有用蛏刀的采捕者。蛏刀长50公分，宽6分半，木柄长17公分。

采捕的时候，农户左手沃蛏刀斜（45度）插入泥涂中，将蛏刀用力向身边一扳，泥涂就翻起来，看下蛏孔有没有后就可以采取。如果见蛏孔边线泥色变黑就是已经蛏已经死亡，不需要采捕的。

养至第二年春天的蛏，一般17公分，每年清明节起到中秋节止都会有人到养蛏的地方去收购，当场过秤。客商买到后，再用搬运器具照运送蛏苗的方法运往温州市场销售，或航运到宁波一带出售。

温州养蚶场地与养蛏场地类同，只是蚶生长在泥面，很容易被盗窃，因此需要注意防护。温州区域养蚶的产地在乐清有蒲岐、沙头、白沙、盐盘等处，在玉环有北岙、大小坟岙等处。温州养蚶的苗地集中在乐清的沙头。蚶苗并非每年都有产出，有时候4至5年才产生1次，其发生期在每年的8至9月间，采集期在4至5月间。蚶苗的播种期没有季节限定，不过一般是在4至5月间。蚶苗采集时，系用1个麻袋，口有1个竹筐作斜方形，底边长14寸，顶边长11寸，斜边宽7寸，袋长2尺半。采集时，将袋口往产苗最盛的泥面，用竹片将产有种苗的油泥拨入袋中，然后放到水中冲洗，去掉浮泥杂质，剩余的就是种苗。蚶苗的放养和蛏苗相同，只是蚶田的形式大小长短可以随意，其播种期也没有限定，因此放养量随着种苗的多少而定，小者每亩播种14斤至15斤，大者不等。放养的种苗稍多时，也可等其长大一点后再移植分养，但是播种的时候需要散布均匀。养蚶利厚工省，放养多以三年为期，花蚶生长泥涂表面，收获的时候可以用手取拾或者用耙收集。

对浙江近海养殖影响最大的是海洋灾害。1932年，合岙、三山、昆亭、梅山、郭巨等地海涂出现赤潮，大批贝、藻、虾、蟹、鱼类死亡，养蛏连续三年无收。灾害过后，浙江近海养殖又遭受台风侵袭，损失惨重。[①]

（二）浙江水产品加工

水产品加工是伴随着海洋捕捞业的发展而产生的。“最初的加工仅是为了使

① 参见宁波市镇海区水产局、宁波市北仑区水产局合编:《镇海县渔业志》，内部发行，1992年，第64页。

多余的渔获物不致腐烂变质，以备日后食用。”[①]随着海洋渔业商品化的发展，水产品加工逐渐成为一个独立的产业。为了提高海洋渔产品的附加值，捕捞上来的海产品，除被冰鲜船运销鲜鱼分往各埠外，更多的海鲜被送到加工厂进行更精细的加工，以提高其销售价格。浙江的鱼鲞制造业极为发达，早在宋朝时，浙江舟山地区就已经有数十家水产品加工厂。在长期的实践中，浙江沿海渔民总结出了多种多样的水产品加工方式，包括盐渍、冰鲜、风干、晒干、糟、醉等。随着西方现代水产品加工工艺传入到中国与中国传统水产品加工产业的结合，大量水产品加工工厂由传统的海上及远洋小岛转移到舟山本岛和近海陆地区域。1917 年 2 月，浙江省政府在定海建立起一个“浙江省立水产品制造模范工厂”用来加工大黄鱼鲞。截至 1937 年，浙江舟山有海产品加工工厂 300 家，其中东沙角鱼鲞制造厂就有 100 余家之多，且多集中在铁板沙（见表 4–3）。鱼鲞制品以大黄鱼鲞最为大宗，其他如小黄鱼、鳓鱼、乌贼、鳗鱼、海蜇、鲚鱼等亦不少。制时普通每百斤用盐 30 斤，每百斤鲜鱼晒干后，可得鲞 70 斤，然皆不尽干燥。销路以杭州、绍兴、宁波、上海、温州等处为多，也有远销广东的。

表 4–3 1937 年浙江岱山鱼鲞制造厂调查统计表

用盐等级	厂名	厂主姓名	地点	用盐等级	厂名	厂主姓名	地点
乙	金瑞记	金纪云	大河墩	丙	郑万和	郑仁有	大河墩
丙	金万利	金东生	大河墩	丁	方松房		燕窝
丙	戴新春	戴傅品	大河墩	丁	公升顺		燕窝
丙	郑瑞和	郑阿仁	大河墩	丁	方正大		燕窝
丙	金义记	金厚发	大河墩	丁	方仁房		燕窝
丙	夏孟房	夏宗朝	大河墩	丁	方义记		燕窝
丁	傅如茂	傅义道	大河墩	丁	方四房	方智法	燕窝
丁	张新茂	张阿浩	大河墩	丁	岑梅记	岑贵高	山嘴头
乙	童万丰	童志道	邵家山沿	丁	董谓记	董永福	山嘴头
丁	邵亨利	邵屏周	邵家山沿	丁	董茂生	董庆发	山嘴头

① 舟山渔志编写组编著:《舟山渔志》，海洋出版社 1989 年版，第 214 页。

续表

用盐等级	厂名	厂主姓名	地点	用盐等级	厂名	厂主姓名	地点
丁	公利顺	任生耕	邵家山沿	丁	刘宏兴	刘阿发	山嘴头
丁	童万年	童林高	邵家山沿	丙	洽盛	柳宗美	烂田
丙	胡垂丰	胡增高	邵家山沿	丙	干记	柳步云	烂田
丙	胡长顺	胡阿友	沙河呆岙	丙	全泰	王谒标	烂田
丁	陈复兴	陈宏光	沙河呆岙	丙	元兴	王谒美	烂田
丁	朱公兴		燕窝	丙	全利	王谒慈	烂田
丁	方顺利		燕窝	甲	载忠春	载传根	铁板沙
甲	谢信富	谢林发	铁板沙	丙	金永顺	金阿满	铁板沙
甲	郑瑞茂	郑瑞章	铁板沙	丙	金发记	金连发	铁板沙
乙	俞顺生	俞领甫	铁板沙	丙	张永茂	张连忠	铁板沙
乙	赵永源	赵宝成	铁板沙	丙	金全顺	金阿友	铁板沙
乙	金永盛	金志道	铁板沙	丁	戴忠信	载传信	铁板沙
乙	金申记	金为正	铁板沙	丁	董万春	董顺才	铁板沙
乙	金全记	金阿友	铁板沙	丁	邵景记	邵景甫	铁板沙
丙	荣复兴	戎怀明	铁板沙	丁	金万顺	金纪友	铁板沙
丙	金源慎	金阿四	铁板沙	丁	金骏兴	金礼正	铁板沙
丙	裕恒泰	刘裕民	铁板沙	丁	周源记	周振国	铁板沙
丙	金新记	金义珍	铁板沙	丁	金安记	金安生	铁板沙
丙	载忠茂	载传保	铁板沙	丁	复仁源	郑芳如	铁板沙
丙	载忠隆	载传礼	铁板沙	丁	郑和茂	郑全记	铁板沙
丙	载春源	载传悦	铁板沙	丁	陈孚泰	陈宏茂	铁板沙
丙	刘洽泰	刘节香	铁板沙	丁	金宏兴	金礼明	铁板沙
丙	金顺兴	金云宝	铁板沙	丁	苏合兴	苏贵良	铁板沙
丁	蒋合兴	蒋连富	铁板沙	甲	林长顺	林和卿	沙河口
丁	郑雪记	郑锡繁	铁板沙	丁	金德丰	金阿生	沙河口
丁	袁贞记	袁道孝	铁板沙	丁	马德兴	马月波	沙河口
丁	刘惠记	陈惠记	铁板沙	丁	蔡久和	蔡成障	沙河口
甲	王茂兴	童燧临	沙河口	甲	赵恒有	赵有麟	栈货坑
甲	森兴	童燧临	沙河口	丁	金万生	金顺贵	栈货坑
丁	陈万茂	陈麟芳	沙河口	丁	项三益	项云卿	栈货坑
丁	刘震和	刘忠恩	沙河口	丙	陈公和	陈宏士	栈货坑

续表

用盐等级	厂名	厂主姓名	地点	用盐等级	厂名	厂主姓名	地点
丁	胡永兴	胡赤灵	沙河口	丙	沈元泰	沈秋光	栈货坑
丙	童万茂	童阿高	沙河口	丁	陈源生	陈荣生	栈货坑
丙	董元发	董阿品	沙河口	丁	华春生	华宝树	栈货坑
丙	施仁记	施文龙	沙河口	丁	华源来	华延璋	栈货坑
丁	胡川记	胡贤麟	沙河口	丁	张成记	张善林	栈货坑
丁	傅生茂	傅安里	沙河口	丁	万生慎	俞来衡	栈货坑
丁	胡顺利	胡阿升	沙河口	丁	章同顺	章品生	栈货坑
丁	施徐记	施文麟	沙河口	丁	朱顺记	朱纪扬	栈货坑
丁	华春来	华竹卿	栈货坑	乙	蔡德源	蔡心田	高厂登
丁	陈公顺	陈文奎	栈货坑	乙	陈顺记	陈梅卿	
丁	沈大兴	沈宏茂	栈货坑	乙	赵祥兴	赵有麟	
丁	陈源利	陈梅利	栈货坑	乙	陈懋顺	陈云卿	
丁	毛合顺	毛来兴	栈货坑	乙	陈大生	陈兴华	
丙	洽义	柳安里	双合山	乙	蔡心源	蔡连水	
丁	郑恒益	郑仁友	双合山	乙	陈懋如	陈东富	
丁	金德利	金阿品	双合山	丙	郑源懋	郑芳貎	
丁	春记	郑泉亭	双合山	丙	载永和	载洗臣	
甲	陈顺利	陈亨贤	高厂登	丙	李永隆	李贤才	
甲	载恒昌	载宝成	高厂登	丙	柴万利	柴邦才	
甲	金天顺	金久林	高厂登	丙	华成	韩阿明	
甲	林堃记	林和卿	高厂登	丁	魏新泰	魏阿土	
甲	吴华丰	吴瑞记	高厂登	丁	华春裕	华和生	
乙	源兴	沈贵卿	高厂登	丁	童万源	童宝源	
乙	柴万兴	柴仁林	高厂登	丁	新顺发	王来信	
丁	万兴栈	柴德夫		甲	韩顺利	韩振远	烂田
丁	张之顺	张宝有		乙	韩顺记	韩阿富	烂田
丁	陈新记	陈新发		乙	王洽昌	王阿福	烂田
丁	毛合兴	毛东林		丙	载源和	载阿成	烂田
丙	载永和	载洗权		丙	载顺裕	韩春来	烂田
丁	陈顺懋	陈久华		丙	源泰兴	范家瑞	烂田

资料来源：李士豪：《中国海洋渔业现状及其建设》，商务印书馆 1936 年版，第 101—105 页。

浙江传统鱼鲞的种类与加工方法有大黄鱼鲞、小黄鱼鲞、海蜇、鱼烤、鲳鱼鲞、咸鳓鱼、虎鱼干、盐蟹、黄鱼胶、黄鱼子等。

（1）大黄鱼鲞。大黄鱼鲞因为其品质和制作工艺的不同可分为：①瓜鲞。以不新鲜的大黄鱼制成，恶臭异常，经久腐败，难于贮藏，为鲞中最劣者。制法是先将鱼背直划一刀，再将鱼体反向，在臀鳍之前，各斜划一刀，深入腹中，捞去鱼胶，塞入食盐。每100斤鱼用盐35斤，然后渍入桶中，用四五天时间晒干，然后经两天就可包装运销各地。②淡圆。为鲞中最上品，味淡适合，价格也很昂贵。制法是先从大黄鱼的肛门处切入，沿脊骨切至头部下颚，然后再从切开处向尾方纵划一刀，撒入食盐，整排渍入桶中，等天晴时取出，然后再用淡水吸收干净后，浸入淡水中约1小时，使盐分渗淡，然后再到晒场将鱼体从脊至尾弯成圆形晒干，3天后就可以包装运往各地销售。③老鲞。制法与淡圆相仿，只是不经过淡水洗刷。④潮鲞。制法与老鲞相仿，只是日晒时间较少，不十分干燥。⑤荷包。先从大黄鱼的头部背上向尾部直切一刀，然后将刀斜起切入腹中取出鱼胶，塞入食盐，其余与瓜鲞相同。⑥燕瓜。将大黄鱼体平铺，用刀在鱼背上直切一刀，而反复之又切一刀，剩余的与瓜鲞做法相同。荷包、燕瓜均为以前的做法，现在已不多见。

（2）小黄鱼鲞。将小黄鱼混以食盐后渍入桶中，数日后取出用淡水略洗清净然后晒之，4至5日后就可包装运销各地。

（3）海蜇。将海蜇用明矾渍入桶中，每过1日取出用盐渍，如此重复3至4次，除去上面黑膜，即可运销。

（4）鱼烤。将小形鱼类如鲚鱼等用清水洗干净然后晒干，称为淡烤。如果经过1次盐渍，即为咸烤，行销颇广。

（5）鲳鱼鲞。从鲳鱼的腹腔末端沿侧腺稍呈弯形切到腹腔为止，然后除去内脏，塞入食盐，即可装入荷包桶或竹篰运销。如果经过日晒则称之为干鲳。

（6）咸鳓鱼。制法将竹签自腮盖插入鳓鱼腹中，塞以食盐，再于鱼鳞鳃盖均满洒食盐，排于桶中，每层更洒以食盐，运销时则置于荷包或其他桶内。

（7）虎鱼干。制法是从鱼背由尾平切至头部，除去内脏，洗干净后晒干。

（8）盐蟹。制法是将蟹分别雌雄浸入浓度很高的盐水中，等盐分渗入后，即成。其中味道比较淡而且有蟹黄的盐蟹为上品。

（9）黄鱼胶。因形状不同可分为片胶和长胶两种，片胶可供食用，长胶供工业使用。①片胶：先将鱼胶渍以明矾搅拌，然后置于布袋内，装上重石。制作的时候将胶取出，除去外部污膜，剪开更除去内部血膜，置竹帘上晒干。②长胶：将装成片胶中比较小的拉长。

（10）黄鱼子。选择整形质坚的鱼子，浸入盐水，经数分钟后，即晒于竹帘，每隔 2 至 3 个小时反复 1 次，4 至 5 天就可以完全晒干，称为淡子。其余不完整的鱼子渍以食盐，几天后即可出售，乡民多购买食之。[①]

第二节　浙江海洋水产品的流通与销售

近代以来浙江水产品流通与销售领域均需要鱼行来进行中转。渔民下海捕鱼需要通过鱼行借贷资本，而渔民捕获的水产品销售也主要依靠鱼行收购。在渔民与消费者之间，鱼行扮演了融资商与代理商的角色，并依靠这一地位收取佣金和利息。进入民国后，随着现代渔业管理体制的建立和国家力图统制渔业经济发展的行为，鱼行的角色逐渐由新式的鱼市场和渔业银行所代替。而鱼行自身的缺陷也在浙江渔业经济发展中逐渐暴露出来，已不能适应浙江海洋渔业经济现代化变革的趋势。就新式渔业流通而言，作为长三角区域水产品集散与销售中心的上海，其鱼市场的建立是在政府与旧式鱼行博弈的过程中逐渐建立起来的。而新式渔业金融组织的建立则伴随着传统鱼行融资渠道的萎缩。

一、民国时期浙江海洋水产品流通

在传统渔业流通领域，从事海产品运输的皆为沿海各埠的鲜咸鱼行。鱼行即贩卖鱼的店铺，它从渔民手里买来渔获物放在市场上贩卖，是连接渔民和消费者的纽带。江浙一带早在唐宋时期就有鱼行。清末民初，鱼行发展尤

① 参见方扬编：《瓯海渔业志》，浙江省政府建设厅渔业管理处 1938 年版，第 99—101 页。

为迅速。20世纪30年代上半期，仅嵊泗列岛就有鱼行36家。逢渔汛出渔即需要工具及大量食物，渔民自身根本无力承担。为了生存，渔民的生活和生产资金，大部分是向鱼行借贷。鱼行以渔民的金银首饰、房产、地产为抵押，利息一般“月3分至5分，每年一转，到期无利，照契管业”①，鱼行借此取得利息以及渔获物的专卖权，获得双重高额收益。在传统社会，鱼行对于加快海产品流通、降低渔业生产风险有一定的作用。到近代以后，鱼行在应对国与国之间的海产品竞争中越来越力不从心，其组织零散，鱼肉渔民的弊端日益凸显。鱼行不但妨害渔民经济，“即其自身的矛盾，及社会经济组织发展上，亦失其存在的理由。以市场的起而代之，为一种自然的趋势，是无可疑议的”②。所谓鱼市场，即水产品的销售机关。凡是渔民捕捞的水产品，都集中于鱼市场，由主持场政者“依市民需要之鱼类，与及时之鱼价，规定相当的价值”③。通过鱼市场将所有销售海产品集中在一起的方式不仅可以防止恶意竞争，还能有效地控制水产品的来源，防范外商侵渔。就浙江地区而言，1936年成立的上海鱼市场在推动浙江海产品流通体系，协调整个江浙海洋渔业运销中发挥着重要作用。

（一）水产品流通与沿海鱼市场的筹设

早在20世纪初期，欧美各国就有鱼市场的设置，并且有发达的运输系统与之相匹配，“在不列颠岛上，新鲜海产借助于铁路能到达远离海域的各地，它深入到最小的市镇，所有的英国城市，天天有鱼上市。伦敦有世界上最大的鱼市场，每天上市鲜鱼达700多吨”④。而在中国，鱼市场这一全新制度的引进要到民国以后。早在1918年，北洋渔业公司在其宣言书中就设想在天津设总公司及鱼市场，北京、保定设分公司，并招请当地鱼行加入公司。⑤1921年，海军部在上海设立

---

① 《上海鱼市场关于视察嵊泗列岛报告书》，上海市档案馆藏，档案号：Q464-1-150。
② 李士豪：《中国海洋渔业现状及其建设》，商务印书馆1936年版，第275—276页。
③ 李士豪：《中国海洋渔业现状及其建设》，商务印书馆1936年版，第217页。
④ 〔法〕阿·德芒戎著，葛以德译：《人文地理学问题》，商务印书馆1999年版，第401页。
⑤ 参见《外人之中国渔业观（续）》，《申报》1918年11月29日。

鱼市场的企图被吴淞与江苏省立水产学校联合抵制后，江浙渔商、渔户及相关商人于11月24日在上海四川路10号成立江浙鱼市场股份有限公司，总资本200万元。[①]鱼市场最初的成立并非一帆风顺，江浙鱼市场成立不到4天，上海地方鱼行以其有碍鱼行营业为由，开始攻击鱼市场。[②]第二天，上海鲜鱼业敦和公所与咸鱼业腌腊公所登报声明，以鱼市场所拟统一规定海产品价格的办法未经实业部核准而拒绝参加。[③]同日，迫于鱼行骚扰压力，江浙鱼市场筹备处搬迁到英租界广西路332号继续办公。[④]紧随其后，上海鲜鱼公所也登报声明与江浙鱼市场毫无瓜葛，旗帜鲜明地指出上海无设置鱼市场的必要。[⑤]除此之外，张葆辰还代表鲜鱼公所以江浙鱼市场的成立未获得地方渔业团体支持，恐扰乱市场为由向上海县公署施加压力，以阻止江浙鱼市场的成立。[⑥]针对鲜鱼公所的攻击，江浙鱼市场在12月9日登报将加入江浙鱼市场的渔业团体详细列出，总计有包括人和公所、南平公所等在内的24个渔业公所团体，其中仅有1家为上海本地渔业公所，其余皆以浙江宁波定海渔业公所为主体。[⑦]从公告我们可以看到，江浙鱼市场背后的推动力是浙江渔商公会代表的浙江渔业公所团体。但即使这样，在上海地方鱼行的抵制下，江浙鱼市场最终仍旧没能成立，由此可见传统鱼行势力的庞大。

1927年国民政府定都南京后，实业部在四年计划中规定，仿照日本在上海、青岛、宁波、天津、福州、烟台、海州、汕头等处设置鱼市场。[⑧]1928年10月5日的江浙渔业建设会议上，上海市政府与浙江省立水产科职业学校分别提交在上海设立鱼市场的提案，引起大会重视。[⑨]在地方实践中，江苏省农矿厅决定先举

---

① 参见《反对海军部组织鱼市场电》，《申报》1921年9月23日；《江浙鱼市场股份有限公司通告第一号》，《申报》1921年11月24日。

② 参见《鱼行攻击鱼市场》，《申报》1921年11月28日。

③ 参见《水鲜咸鱼两业同行为市场特别声明》，《申报》1921年11月29日。

④ 参见《江浙鱼市场筹备处迁移通告》，《申报》1921年11月29日。

⑤ 参见《上海鲜鱼公所紧要声明》，《申报》1921年11月30日。

⑥ 参见《上海县公署》，《申报》1921年12月8日。

⑦ 参见《旅沪浙江渔商公会启事》，《申报》1921年12月9日。

⑧ 参见李士豪：《中国海洋渔业现状及其建设》，商务印书馆1936年版，第276页。

⑨ 参见《江浙渔业会议第四日》，《申报》1928年10月6日。

办模范鱼行，为鱼市场的设置做准备。[①]1929年11月9日立法院第19次会议上，《鱼市场法》草案纳入审议议程，但在立法院第101次会议上被推迟审议。[②]与此同时，1930年，在日军司令部的支持下，日本水产组合在中国青岛设立鱼市场及金融组合。该组合拥有各类捕鱼船只大小50余艘，年在华销售鱼价30多万元，严重侵害了中国的渔业主权。[③]在外部压力下，青岛市率先开始筹设本地的鱼市场及渔业基金银行，以振兴青岛渔业。[④]而随后江苏省党务整理委员会、上海市党部、江苏省农矿厅、上海市政府社会局与江苏省立渔业试验场联合在上海组织改进渔业的宣传中就包含对上海鱼市场的规划。[⑤]1931年5月1日，青岛渔业公司及下属鱼市场在政府的支持下正式成立，其最初资本为50万元。[⑥]从《青岛渔业股份有限公司鱼市场规则》中我们可以了解早期鱼市场的基本运作情况。鱼市场作为鱼产品的销售场所，可以为经销商垫付鱼款，而经销商不能在鱼市场以外出售水产品。买入价格确定后，再加价10%，作为经纪人5%和鱼市场扣贴5%的费用。另外鱼市场要收取鲜鱼买入价10%或水产制造品5%作为市场交易手续费。作为买卖双方的中介，鱼市场对经纪人的资格和行为做了严格的限定。[⑦]尽管有非常完备的规章及政府的大力支持，但青岛鱼市场1932年度运营情况显示，由于日本抢先一步设立鱼市场，导致青岛鱼市场的营业收入大部分被日本抢占。[⑧]因此，当实业部开始对沿海渔港及鱼市场的建设做预算规划，全国性鱼市场建设逐步提上日程的情况下[⑨]，山东省实业厅于1933年4月在烟台开办鱼市场，以保护

---

① 参见《苏省水界富源之开拓》，《申报》1929年7月8日。

② 参见《立法院五十九次会议》，《申报》1929年11月10日；《立法院一零一次会议》，《申报》1930年7月20日。

③ 参见《青岛收回日水产组合交涉》，《申报》1930年11月14日。

④ 参见《青市府谋振兴渔业》，《申报》1931年1月25日。

⑤ 参见《积极筹备中之改进渔业宣传会》，《申报》1931年2月23日。

⑥ 参见《青岛：渔业公司力谋发展》，《申报》1931年5月12日。

⑦ 参见《青岛渔业股份有限公司鱼市场规则》（《上海市水产经济月刊》第3期），载《早期上海经济文献汇编》第31册，全国图书馆文献微缩复制中心2005年版，第115—117页。

⑧ 参见《青岛之渔业公司与鱼市场》（《上海市水产经济月刊》第3期），载《早期上海经济文献汇编》第31册，全国图书馆文献微缩复制中心2005年版，第115页。

⑨ 参见《实部计划整理渔业》，《申报》1932年12月4日。

渔船，抵制日本侵渔[①]。同月，日本计划在上海十六铺开设鱼市场的消息公布后，激起民众公愤，各方予以抵制。[②]上海各界也开始向市政府施加压力，迫使政府将上海鱼市场的设置提上日程。[③]1933年9月4日，上海市社会局拟定的《鱼市场计划草案》对外公布并呈送市政府转咨实业部核示。[④]

上海鱼市场计划涉及上海鱼市场设备、地点、营业方法及经费4个方面。计划草案中描述的上海鱼市场设备非常完备，包括装卸渔获物的专用码头、冷藏制冰厂、包装厂、仓库、拍卖场、冷藏汽车、冷藏船、活水池、电信装置等必要的硬件设施。除此之外，上海鱼市场还计划设置娱乐部、办事处及宿舍，基础设施相当周全。此外，鱼市场还下设渔业银行，为水产交易提供渔民、渔商的交易提供短期融资服务。关于上海鱼市场的地点，为了远离旧势力所垄断的南市关桥地区，上海市社会局计划暂将鱼市场地址选为杨树浦以北，接近市中心区沿浦一带。关于上海鱼市场的资金，其前期费用共需100万元，主要投放于基础设施建设。上海鱼市场是对整个上海渔业乃至江浙两省渔业的一个总调度，渔获物运销的各个环节都有明确规定，还有现代化的通讯、娱乐设施，无论设备上还是运作上都比传统的鱼行要先进的多。对比来看，上海鱼市场不管是在融资平台还是基础设施上都远超过青岛鱼市场的规模，这与上海国际大都市的经济地位有很大关系，同时上海鱼市场的设置得到从中央到地方政府的大力支持。1933年12月，实业部通过上海鱼市场计划草案。[⑤]1934年1月5日，行政院141次会议，一致通过设立上海鱼市场。[⑥]2月8日，成立上海鱼市场筹备委员会，“派余恺湛、徐廷湖、梅哲之、侯朝海、周监殿、冯立民、吴桓如为上海鱼市场筹备委员，并指定余恺湛、侯朝海、吴桓如为常务委员，还即组织筹备委员会并依照部颁筹备委员会事程设办事处于上海四川路二泽泾

---

① 参见《鲁实业厅拟在烟台设鱼市场》，《申报》1933年4月14日。

② 参见《日本侵渔益急》，《申报》1933年4月16日。

③ 参见《市渔业指导所发表》，《申报》1933年8月26日；《江浙渔业之建设事业：设鱼市场》，《申报》1933年9月3日。

④ 参见《市社会局拟定鱼市场计划草案》，《申报》1933年9月4日。

⑤ 参见《实部筹款百万建鱼市场》，《申报》1933年12月5日；《国营鱼市场已由实部计划就绪》，《申报》1933年12月14日。

⑥ 参见《行政院决议案：通过筹设沪鱼市场计划》，《申报》1934年1月6日。

口33号大楼4楼，业于2月8日正式办公，理合具文呈报”[①]。

（二）上海鱼市场的开办与运转效果分析

上海鱼市场筹备委员会成立之后，即着手选择场址，上文提到原上海社会局制定的计划中，鱼市场设在杨树浦一带，经过实业部派员勘察，最终确定将场址设在杨树浦对岸东沟一带，并与当地主管部门于1934年9月24日达成协议。除此之外，上海鱼市场其他建筑的招标及工程进展按计划陆续展开。

1935年1月1日10时，上海鱼市场筹备委员会举行了鱼市场奠基仪式，邀请实业部部长陈公博前来参加，动工之后主要建设竞卖场、码头、冷藏库、经纪人办事处、办公室。为了便于上海及其附近渔业生产销售的统制，上海鱼市场筹备委员会还对上海市渔业经济状况进行调查，内容包括：上海的渔轮、渔业种类；冰鲜船和冰鲜桶头的种类、数量、价格、价值；咸鱼、淡水鱼的种类、数量、价值；上海各鱼行的帮别、分布、资本、营业范围；菜市场的分布及贩卖水产物的种类、数量、价值；天然冰和机器制冰的制冰能力及销售数额等。除此之外，为了规范上海鱼市场运作，筹备委员会还向社会各界公开征求章则法规及专家建议。[②]1935年4月27日，《申报》时评中就对鱼市场如何处理与旧式鱼行之间的关系表示了担忧，并指出在中国渔业危机日深的情况下，对渔业的改革当取渐进。[③]同时，陈钦孙提议将旧有鱼行转为鱼市场的经纪人，鱼放债券转归鱼市场，以促进双方的合作，减少改革的阻力。[④]从其后上海鱼市场的实际运作可以看到，这些建议都得到采纳。

1935年11月15日，上海鱼市场筹备委员会宣告结束，筹备委员会在两年内做了大量工作，从鱼市场的选址建设到相关法规的制定，这些努力为上海鱼市场运营做了充足的准备。等监事会人员聘请完备后，上海鱼市场将正式开业。[⑤]12

---

① 《实业部上海鱼市场筹备委员会为成立事与实业部的来往文书》，上海档案馆藏，档案号：Q464-1-1-4。

② 参见《上海鱼市场关于征求章则法规意见案》，上海档案馆藏，档案号：Q464-1-6。

③ 参见《渔业复兴之途径安出》，《申报》1935年4月27日。

④ 参见陈钦孙：《上海鱼市场与鱼行合作之建议》，《申报》1935年4月29日。

⑤ 参见《鱼市场筹备处昨结事束，俟理监事聘定即行开幕》，《申报》1935年11月16日。

月7日，《实业部鱼市场组织法暂行章程》对外公布，共23条。[①]12月20日，《实业部上海鱼市场营业规程》对外公布，共6章47条。[②]同月，《申报》公布了实业部在上海设置上海鱼市场监事会，聘请杜月笙、虞洽卿担任监事，其中杜月笙担任监事会主席。杜月笙以已担任上海市鱼行业同业公会主席，“一官一商，于事务上不免有冲突之处”为由，坚决向实业部请辞。[③]作为上海地方鱼行势力的代表，杜月笙的不合作态度为鱼市场的开办蒙上了阴影。随后实业部与上海渔商就鱼市场的开办一事进行协商。作为让步，实业部将以官商合办的形式运行上海鱼市场，但上海渔商要求按照旧有营业方式的要求遭到实业部的拒绝。1936年2月，在与上海各渔商协商未果的情况下，实业部决定以国营形式来运行上海鱼市场[④]，但与上海渔商的谈判仍旧继续。实业部决定鱼市场官营的设想得到上海冰鲜渔商的支持。[⑤]而随着实业部向上海渔商的妥协，将鱼市场交易佣金上调到9%的消息传开后，江浙各帮渔商随奋起反对。[⑥]3月26日，实业部长吴鼎昌前往上海，与鱼行协调鱼市场的准备事宜。[⑦]在吴鼎昌的亲自协调下，上海渔商参观鱼市场之后，与实业部达成协议，拟定双方共同出资120万元，作为鱼市场开办经费。钱新之为官股代表，杜月笙为商股代表，官商各出资60万元，并定于4月19日正式开办。[⑧]该协议经实业部提交，在行政院第257次例会上通过。[⑨]4月7日，实业部正式公布《鱼市场章程》，共9章49条，确立

① 参见《实业部：大鱼市场明春开幕，鱼市场组织法已奉部令公布》，《申报》1935年12月7日。

② 参见《实业部：上海鱼市场营业规程》，《申报》1935年12月20日。

③ 参见《实业部上海鱼市场监理事已聘定，杜月笙辞监事会主席》，《申报》1935年12月8日。

④ 参见《鱼市场拟官商合办》，《申报》1936年2月9日；《上海鱼市场，实部决归国营》，《申报》1936年2月16日。

⑤ 参见《冰鲜鱼商呈实部，请维持鱼市场国营，勿因鱼行反抗变更初旨，庶几渔业可有复苏希望》，《申报》1936年3月6日。

⑥ 参见《江浙渔商不满鱼市场官商合办，特推代表张申之晋京向实部请愿》，《申报》1936年3月12日。

⑦ 参见《吴鼎昌由京赴杭》，《申报》1936年3月27日；《实长吴鼎昌由杭抵沪》，《申报》1936年3月30日。

⑧ 参见《各鱼行经理昨午参观鱼市场》，《申报》1936年3月31日；《实业部鱼市场定十九日开幕》，《申报》1936年4月6日。

⑨ 参见《行政院通过，全国学校设免费额，任命蒋志澄稽祖佑为川省府委，浙大校长郭任远辞职竺可桢继》，《申报》1936年4月8日。

官商合办的原则。[1]而在政府与渔商代表杜月笙的压力下，上海冰鲜渔业公会原则上支持鱼市场的运作方式。[2]4月10日上海鱼市场股份有限公司（后简称鱼市场公司）在中汇大楼2楼召开创立会议，宣告公司正式成立，杜月笙担任理事长。[3]其后，在鱼市场理监事联席会议上，鱼商代表要求对佣金和经纪人等规定进行修订，会议内部产生分歧，导致鱼市场的营业规程未获理事会通过，而鱼市场开办时间被推迟。[4]在实业部长吴鼎昌的亲自协调下，鱼市场公司于5月1日发布公告，确定鱼市场的开幕日期为5月11日上午10时，12日上午3时正式开业。[5]同时，鱼市场公司与政府协商，要求各埠来沪鱼货船舶必须在鱼市场进行交易，这一明显具有垄断性质的决定导致上海冰鲜鱼行业的态度发生分裂，一部分冰鲜鱼行业将在鱼市场公司开办后加入，而仍有相当一部分仍在原址小东门十六铺照常营业。[6]其后，实业部及上海市商会均向冰鲜鱼行业施加压力，但截至鱼市场开幕，仍有相当一部分游离在鱼市场之外。[7]

1936年5月11日上午10时，上海鱼市场举行开幕式，邀请各界人士500—600人参加，5月12日凌晨3时开始正式开业。[8]第一天，进入鱼市场交易的鱼贩就多达4000余人。此后，上海鱼市场每天入场人数达6000—7000人之多，其中混入不少游手好

---

① 参见《鱼市场章程，实部昨日公布》，《申报》1936年4月8日。

② 参见《实业部鱼市场，今日创立会》，《申报》1936年4月10日。

③ 参见《鱼市场昨开创立会》，《申报》1936年4月11日；《上海鱼市场昨开首次理监会议》，《申报》1936年4月13日。

④ 参见《鱼市场监理会讨论修正营业规程，五一开幕或将展期》，《申报》1936年4月25日；《鱼市场五月一日开幕，昨午继续开会讨论一切》，《申报》1936年4月26日；《吴鼎昌抵沪接洽鱼市场事宜，决展期至五月十日开幕》，《申报》1936年4月28日。

⑤ 参见《上海鱼市场股份有限公司公告（第一号）》，《申报》1936年5月1日；《鱼市场定十一日开幕，决日上午三时营业，经纪人员开始登记》，《申报》1936年5月1日。

⑥ 参见《鱼市场定十一日开幕，决日上午三时营业，经纪人员开始登记》，《申报》1936年5月1日；《上海市鲜鱼业，冰鲜鱼行业同业公会会员》，《申报》1936年5月5日；《上海市冰鲜鱼行业同业公会会员通告》，《申报》1936年5月5日；《冰鲜鱼行业公会电孔财长，请求纠正鱼市场章程》，《申报》1936年5月5日。

⑦ 参见《市商会剀切劝导冰鲜鱼业加入市场》，《申报》1936年5月9日；《市商会昨劝冰鲜业加入鱼市场，该业代表允考虑后明日再答复鱼场理事会昨审查经纪人资格》，《申报》1936年5月10日；《上海市冰鲜鱼行业同业公会会员通告》，《申报》1936年5月11日。

⑧ 参见《昨晨举行开幕后鱼市场今晨开始营业，杜王等彻夜办公今晨亲自主持，分派小轮领导各渔船来场交易，昨晚鱼货数十船集中该场买卖》，《申报》1936年5月12日。

闲、不务正业分子，他们大多是对上海鱼市场不满的鱼行势力，他们冒充鱼贩，进行偷窃，寻衅闹事，打架斗殴，导致各区贩户罢市。①经过这次波折，游离在鱼市场之外的13家鱼行提出免缴鱼市场保证金并在十六铺设分市场的要求。②6月3日，浙江各县渔会推选代表到上海与鱼市场商讨合作事宜，13家鱼行的压力越来越大。③最终在杜月笙及宁波同乡会的调解下与鱼市场终于达成协议，于6月5日正式加入鱼市场。④随着冰鲜鱼行的全部加入鱼市场，实业部上海鱼市场经理监事第9次联席会议通过要求上海咸干鱼类也必须在上海鱼市场交易的通告。⑤此后，在实业部的支持下，上海所有水产品交易都必须在鱼市场中进行，而所有来沪海产品进口报单上必须有鱼市场盖章才能进入上海销售。⑥至此，实业部通过建立上海鱼市场以统制渔业销售的意图得以实现。上海鱼市场营业以后，在推动海产品流通，规范渔业销售行为方面取得了一定成绩。但随着全国抗日战争爆发，鱼市场被侵华日军占领，设施尽毁。1937年8月18日鱼市场宣布暂时解散，9月15日鱼市场宣布全部结束，渔业活动的重心仍返回十六铺一带。⑦

纵观上海鱼市场建立的过程，其与鱼行的纠纷，看似是金钱问题，实质上是渔业经济主导权的归属问题，上海鱼市场希望将鱼行纳入自己的管理范围，而鱼行不愿意自己独立发展的道路被打断。对上海鱼市场而言，如果没有鱼行的加入只能是一具空壳，而鱼行因自身资金周转困难又期望求助于鱼市场，这是双方最终达成一致的前提。上海鱼市场的开业打破了旧的渔业运销体系，在江浙渔业近代化道路上迈出重要的一步。站在政府的角度，以官商合营鱼市场的形式，将上海各渔业经销组织整合在一起，是有效管理海洋渔业，推动渔业现代化

① 参见《鱼贩纠纷完全解决，今晨全部复业》，《申报》1936年5月28日。

② 参见《十三家鱼行复业后决提合作条件》，《申报》1936年6月1日。

③ 参见《浙各县渔会推派代表来沪与鱼市场接洽合作》，《申报》1936年6月3日。

④ 参见《甬乡会昨劝导鱼行加入鱼市场，同样待遇原则下同意加入，合作办法另由调人再详商》，《申报》1936年6月3日；《十三家鱼行今日加入鱼市场》，《申报》1936年6月5日。

⑤ 参见《今日起咸干鱼类须在鱼市场交易，五十六家咸鱼行表示反对，鱼市场已向各行劝告合作》，《申报》1936年8月1日。

⑥ 参见《咸鱼进口报单由鱼市场验印》，《申报》1936年8月18日。

⑦ 参见《官商合办上海鱼市场股份有限公司理事会紧要启事》，《申报》1937年9月21日。

的重要方式，而这恰恰是实业部在背后不遗余力地支持上海鱼市场的原因之所在。

二、浙江海洋水产品的销售

传统海洋渔业生产过程中，无论是捕捞、加工还是销售都需要在渔汛期进行融资。根据伍员的研究，渔业融资的来源有鱼行、民间自由借贷、典当和钱庄。[①]钱庄只对有信用的鱼行融资，民间自由借贷的利息远高于鱼行，而典当只是偶尔为之，因此，鱼行成为海洋渔业生产最主要的融资来源。一直以来，鱼行把持着渔业经济活动的命脉，它为渔民出海提供贷款和实物，为冰鲜渔船出借旗帜以便其收到渔获物。很难想象如果没有鱼行在中间调和，整个渔业销售网络会变得多么杂乱无章。但是20世纪30年代以来，随着农村经济凋敝，渔业经济衰颓，渔民生活潦倒，入不敷出，渔业贷款收回越来越困难，大量鱼行破产，以鱼行为中心的资本体系陷入前所未有的困境。对此，渔民只好纷纷转向传统钱庄和银行贷款。但是受金融风潮的影响，钱庄的运转也陷入危机，而以利润为目的的银行为了保存自身实力，也不得不缩减对渔民的贷款数额，渔业发展面临无资可贷的困境。面对这种形势，1936年国民政府实业部着手设立渔业银团，以渔业合作组织和鱼市场为贷款对象，向渔民提供资金，扭转渔业经济颓废的局面。

（一）鱼行运作与资本体系危机

传统交易过程是渔民将所捕之鱼交给渔商，渔商将渔获物交给鱼行，鱼行出售给零售商贩，再到菜市场，最终才能到达消费者手中，所以在传统渔业购销网络中，鱼行占有绝对中心的地位。下面我们就以上海冰鲜鱼行为例来了解这一传统渔业购销网络。上海冰鲜鱼行，因其主要代售冰鲜鱼而得名，资本一般为2万至3万元，也有少数冰鲜鱼行资本较多，能达到4万至6万，这些资本并非经理一人全部承担，“均为合伙性质，每行一般有股份12至14股，每股

---

① 参见伍员：《解放前浙江海洋渔业金融（续上期）》，《浙江金融》1984年第7期。

在1200元至1400元之间”[①]。鱼行中以经理权力最高，总管一切，除经理外，鱼行职员中最重要的为总账房，所有买卖流经的款项，先由汇总清理后，再由总账房整理。除此之外，比较重要的鱼行职员还有“落河”（即至冰鲜船执秤者）、“高凳”（即在行门口之执秤者）、“开价先生”（即专门从事开价工作者）。每天凌晨两三点，鱼行开市，各鱼行的门口设置临时账桌，将从渔民鱼商那里所收的渔获物放在自家门口，鱼贩则背负着箩筐团团围观，进行物色，选定后放下箩筐装鱼，过秤付款，然后呼喊扛手前来搬运，渔获物被搬运到各菜场零售给消费者。

以上是鱼行自身的运作情况，将其放在整个传统渔业销售网络中看，以嵊泗鱼行为例：嵊泗鱼行贷款给渔民，为其提供入海捕鱼的资金和设备，同时对于冰鲜船出借号牌旗帜并派秤手带小票随冰鲜船下海；接受贷款的渔民要将所捕之鱼出售给挂有嵊泗鱼行旗帜的冰鲜船并从冰鲜船手中获得1张小票；紧接着渔民便可以凭这张小票向鱼行收款并偿还所借贷的款项；随后冰鲜船将渔获物售与鱼贩或销售到地方如上海等地，将渔获物出售换回现金后便可以偿还鱼行垫款并归还鱼行的旗帜，这就是传统的以鱼行为中心的销售网络。这样的销售方式避开了直接的现金交易，以免遭到海盗抢劫。鱼行本来是代客买卖渔获物的中介，但从上面的叙述中不难看出，鱼行俨然成为渔业经济活动的中心环节，鱼行的放款成为整个渔业资源销售网络至关重要的资金来源。同时，鱼行通过这种贷款形式控制了海产品的货源，进而可以干预水产品销售市场和价格。[②]截至1936年，仅宁波镇海就有鱼行20家，总资本为18.50万元，年营业额122.50万元（见表4-4）。不过这一规模和宁波鄞县相比起来，就如同小巫见大巫。鄞县宏源、公茂、正大、慎生、顺康、万成、丰泰、东升等八家鱼行资本额多在10万元以上，年营业额近百万元，这还不算鄞县另外的近30家鱼行。以宏源为例，其雇佣人数在70余人，年开支就达2万多元，

① 《上海冰鲜鱼行之现状》，《水产月刊》第1期。

② 参见王宗培：《中国沿海渔民经济状况之一瞥》（《浙江建设厅月刊》1931年6月），载民国浙江史研究中心、杭州师范大学选编：《民国浙江史料辑刊》第2辑第17册，国家图书馆出版社2009年版，第305页。

其佣金多在6%—9%之间。[①]

表4-4 1936年宁波镇海鱼行统计表

行名	地址	各行人数（人）	资本（元）	佣金	营业额（元）
公顺	镇海	15	15000	9%	150000
通茂	镇海	9	10000	9%	130000
恒源	蟹浦	20	20000	5%	140000
鼎兴	蟹浦	16	15000	10%	100000
新公泰	蟹浦	14	15000	10%	90000
源茂	蟹浦	10	10000	10%	50000
永升	蟹浦	8	8000	5%	40000
合盛	蟹浦	6	5000	5%	20000
椿记	蟹浦	4	2000	5%	10000
永泰	穿山	22	20000	10%	100000
公顺	穿山	16	10000	10%	60000
祥兴祥记	穿山	23	15000	10%	90000
隆记	新碶	18	15000	10%	120000
瑶记	柴桥	12	2000	10%	20000
顺记	柴桥	10	2000	10%	30000
长丰	柴桥	8	1500	10%	20000
新丰	柴桥	6	1000	10%	10000
万利	柴桥	7	15000	10%	15000
全记	柴桥	8	2500	10%	20000
丰昌	柴桥	6	1000	10%	10000
总计		238	185000		1225000

资料来源：朱通海：《镇海县渔业之调查》（《浙江建设厅月刊》第10卷第4期，1936年10月），载民国浙江史研究中心、杭州师范大学选编：《民国浙江史料辑刊》第2辑第41册，国家图书馆出版社2009年版，第105—106页。

① 参见林茂春、吴玉麒：《鄞县渔业之调查》（《浙江建设厅月刊》1936年10月），载民国浙江史研究中心、杭州师范大学选编：《民国浙江史料辑刊》第2辑第41册，国家图书馆出版社2009年版，第141—142页。

20世纪二三十年代，渔业经济逐渐衰退，维持渔业经济循环的资金体系也出现断裂。究其原因，这一时期渔民受渔业经济衰落影响，生产陷入困境，更加需要鱼行的贷款，但是受当时经济危机影响，鱼价降低，渔民无法偿还所贷之款，致使鱼行无法收回鱼放而破产，鱼行放贷的减少进一步加剧了渔业经济破产的速度。当时的情况非常严峻，据江苏省常熟、盐城、南通、崇明、东台、如皋、赣榆、灌云、阜宁、涟水、南汇、松江、海门等沿江海14县渔会电称："窃渔村破产，鱼市消沉，我江苏滨海各县，近年产量远非昔比。揆其致败之因，实由于渔业经济陷于停顿状态所促成，往岁商业、金融表面未破，尚赖鱼行以高利的信用贷款，辗转维持，虽属杯水之济，要亦聊胜于无。今春鱼行无力贷放，致渔船因缺乏资本而停业者，十居三四，货弃于还，良可痛惜。"[①] 又有温州、台州、宁波三地的沿海居民"大都以渔为业，每渔汛时期，而冰鲜业之借款，时间甚短，利息反重，渔民终以现在之农村，以观经济崩溃，到处皆然，资本家亦大受其影响，所以放冰鲜业之款，范围缩小，一以力量关系，放弃其权利者有之"[②]。基于以上情形，江浙两省渔业界人士请求政府对渔业进行经济援助，江苏常熟、盐城、南通、崇明、东台、如皋、赣榆、灌云、阜宁、涟水、南汇、松江、海门等沿江海14县渔会"聊呈实部，请发渔业公债60万元，以资救济，实部将派员与财部会商办理云"[③]。又有上海渔业行商请求银行进行放款"呈请政府当局，划定一部分款项，举行渔业贷款。放款数额，并不过巨。如能实行后，渔业市场均可稍呈活泼现象云"[④]。渔业生产濒临崩溃，而传统的鱼行却无能为力，因此，"谋渔业之发展，自非设法流通渔业金融不可"[⑤]。

资金运转的畅通是救济渔业的基础，而在当时的条件下，资金的来源无非两

---

① 《本市新闻：财实两部筹商救济江消失渔业》，《申报》1936年2月28日。

② 《沿海冰鲜业，衰落之情形，一因海盗横行为海外越界争夺者甚多，一因农村崩溃给借资本营业范围缩小》，《宁波民国日报》1934年6月17日。

③ 《沿海冰鲜业，衰落之情形，一因海盗横行为海外越界争夺者甚多，一因农村崩溃给借资本营业范围缩小》，《宁波民国日报》1934年6月17日。

④ 《渔业行商请银行放款救济》（《上海市水产经济月刊》第4期），载《早期上海经济文献汇编》第31册，全国图书馆文献微缩复制中心2005年版，第201页。

⑤ 《水产讲坛：渔业银团之批判与设计》（《上海市水产经济月刊》第5期），载《早期上海经济文献汇编》第31册，全国图书馆文献微缩复制中心2005年版，第417页。

种，一种是向传统银钱业借款，但是受金融风潮的影响，银钱业大部分倒闭，没有实力再向渔民提供贷款，例如“鄞县东钱湖渔民，受甬埠钱庄倒闭影响，借贷无门，秋汛在即，放洋无望”①。可见传统银钱业的倒闭，使得渔民贷款渠道更加狭窄。另一种方法是向银行借款，与传统金融机构钱庄不同，银行与国家关系密切，国家能够借助行政权力促使银行提供贷款救济渔业。如“苏浙渔民，渔村崩溃，渔业日衰，渔汛将届，而无现金周转为本，故迭请政府拨款救济，请予贷款而维渔业。嗣经财实二部会商，决定酌量办理，财部刻已令农民银行，投放渔民款矣”②。随后“该行奉令议易行办法，提拔现款若干，作此项贷济之用，一俟办法决定，即行在沿海各渔区实行贷款渔民”③。可见，有政府做后盾，银行的执行力大大提高。银行放款是一条可行之路。但值得注意的是，在渔业经济衰退之际，为了减少坏账，降低回收贷款的风险，即使具有国家性质的银行也会缩减放贷数额甚至停止借贷。中国银行沈家门分行“于渔汛时，对于渔民向有五万元贷款，全年以市面关系已停止放款”④。可见，银行放贷也并不是绝对可以保障的。

综上所述，银行作为以利润为目的的商业机构，缺乏社会保障性质，不可能不计得失为渔民提供源源不断的资金。因此，要想保障渔业资金充足，必须要有以政府为后盾重新设立以政策为保障的渔业金融机构才行。

（二）渔业银团的设立与运转

鱼行资金运作日益陷入困境，而只靠银行单方面力量也不能有效地为渔业发展提供充足的资金。早在1932年，中国银行沈家门支行就开始从事渔业贷款业务。但是该银行对贷款的担保和融资额度都有严格限定，对渔民的帮助并不明

---

① 《宁波旅沪同乡请放渔民贷款》(《上海市水产经济月刊》第7期)，载《早期上海经济文献汇编》第31册，全国图书馆文献微缩复制中心2005年版，第304页。

② 《财部准予贷款渔民》(《上海市水产经济月刊》第1期)，载《早期上海经济文献汇编》第31册，全国图书馆文献微缩复制中心2005年版，第434页。

③ 《中国农民银行奉令办理渔业贷款》(《上海市水产经济月刊》第3期)，载《早期上海经济文献汇编》第31册，全国图书馆文献微缩复制中心2005年版，第476页。

④ 《陈部长代浙渔民请命》，《申报》1935年10月18日。

显。[①]1936年，为了保证渔业资金的顺利发放，实业部部长吴鼎昌与上海34家银行积极筹备渔业放款银团。5月12日，行政院第262次例会通过实业部《渔业银团办法草案》[②]，确定自1936年开始，实业部每年投入20万元固定资金，各参加银行投入80万流动资金作为渔业银团资本，其中固定资金周息6厘，流动资金周息8厘[③]。渔业银团是以政府为后盾，以银行为资金保障的渔业金融组织，其事务所设在上海鱼市场。筹备工作一开始便取得了初步的成效，例如上海银行界，"亦已接实部通知，对沪34家银行担任资金80万元，现已征得中国、交通、四行、四明、金城、盐业、中汇等12家银行参加，即行筹集缴付，正式成立银团，举办渔业贷款，现银行界将召集各银行代表会议，讨论进行办法，定期成立云"[④]。值得注意的是银团救助的对象"暂以渔业合作社及上海鱼市场卸卖人为对象，并暂以上海鱼市场有关系者为限"[⑤]。凡借款者必须有担保人并承担连带责任。渔业银团的主要任务是救济渔业，向渔民提供贷款，为渔业经济发展提供资金支持，并尽量减少各参与银团的损失。以政府信用为后盾，无论渔业银团盈亏，银行都可以从政府得到利息，这样一来便获取了银行界的支持，同时也保证了政府对渔业银团资金使用情况的监督和管理。

由于实业部上海鱼市场筹办过程中出现的纠纷以及部内筹备农本局等事宜，渔业银团的成立时间一再被推迟。为此，在上海市渔会的催促下，鉴于秋季渔汛期即将来临，实业部与四行储蓄会、中汇、新华三家银行协商，先筹资12万元办理渔业贷款，其中5万元经宁波渔业合作社转贷给各渔民，其余款项由鱼市场卸卖人代理渔民申请。相比之下，渔业合作社的借贷利息明显低于鱼市场。[⑥]11月7

---

① 参见李士豪、屈若搴：《中国渔业史》，商务印书馆1937年版，第98页。

② 参见《行政院通过实部渔业银团办法》，《申报》1936年5月13日。

③ 参见《实部与银行合作设立渔业银团，办理渔民贷款建造新式渔轮已得中交各行赞同决定原则》，《申报》1936年5月14日。

④ 《渔业银团即将成立》（《上海市水产经济月刊》第9期），载《早期上海经济文献汇编》第31册，全国图书馆文献微缩复制中心2005年版，第614页。

⑤ 《渔业银团即将成立》（《上海市水产经济月刊》第9期），载《早期上海经济文献汇编》第31册，全国图书馆文献微缩复制中心2005年版，第614页。

⑥ 参见《市渔会电催实部成立渔业银团》，《申报》1936年9月24日；《秋季渔汛已届，三行集款贷放渔民共计十二万元，贷款办法八条》，《申报》1936年10月22日。

日，渔业银团筹备处成立，参加银行包括中国、交通、上海、金城、大陆、盐业、中南、四明、中汇、新华、浙江兴业、四明储蓄会等12家银行。[①]11月28日，开办渔业银团所需要的官商资本已全部到位。[②]1937年3月1日，渔业银团正式成立，银团设立理事会，共选理事19人，包括官方7人及各行理事12人。[③]新华银行作为银团代表银行，负责处理渔业银团的相关手续工作，同时向社会公布渔业银团组织规程。《渔业银团组织规程》共19条，另附《贷款章程》9条，其内容规定了渔业银团设立的宗旨和放款模式。[④]渔业银团的设立是为了提倡渔民合作、整合渔业资金、调整渔产运销、促进渔村建设。而其放款模式包括合作社放款、各种抵押放款、鱼行联合放款及其他放款四种方式，借款年限均不超过1年。其中，除合作社放款为月息9厘外，其余放款均在月息1分。从渔业银团的组织规则中，可以看出其与以往的商业银行相比最大的不同在于政府参与的分量加重，实业部对其有控制权，行政色彩更浓。另外，除以上海为中心的江浙地区设立渔业银团外，其他重要渔区也酌情设立，其经理由实业部派充，各区经理的选换须向实业部备案，加强了政府的监管力度。

综上所述，渔业银团的成立意在为江浙渔业发展提供充足的资金支持，与鱼行及银行相比更具有保障性。但从实际运行的效果来看，渔业银团救济渔业的作用并不大。原因有以下几点：

首先，渔业银团贷款制度设计虽然合理，但与之配套的组织建设却未能跟上。例如渔业银团颁布的组织规程中，明确规定“其放款对象主要为渔业合作社和与上海鱼市场相关的各地殷实鱼行”[⑤]。实业部之所以规定这项内容，是因为渔业银团设立的最重要的目的是救济渔业，改善民生，而渔业合作社正符合了这一点。当时，江浙一带渔业合作社虽有一定的发展，但与数量庞大需要救济的贫苦渔民相

① 参见《渔业银团昨日成立筹备处，资本百万银行界认定八十万，余二十万由实部请财部拨付》，《申报》1936年11月8日。

② 参见《渔业银团资本已缴》，《申报》1936年11月28日。

③ 参见《渔业银团今日成立召集首次理事会》，《申报》1937年3月1日。

④ 参见《救济渔业衰落渔业银团昨日成立，钱新之报告，周次长致训，推出常务理事及经理等》，《申报》1937年3月2日。

⑤《救济渔业衰落渔业银团昨日成立》，《申报》1937年3月2日。

比“渔民组织有合作社者，尚属少数”[①]。因此大部分渔民、渔商因“未能与贷款章程相符合，而未予照准”[②]。在随后渔业银团的运作过程中，实业部也渐渐意识到这一问题，开始帮助渔民组织合作社，以便更好地发挥渔业银团的作用。[③]

其次，贷款周期长，手续复杂。渔业银团贷款有严格的审批手续，而且审批非常严格。[④]如渔业银团成立近两个月以来有大量鱼行申请贷款，但仅“平安”渔轮申请的1.80万元贷款获得通过。[⑤]严格的审批流程是为了保证将贷款贷给所需要的渔民，但是渔业银团审批时间过长，手续过于复杂，以至于渔民在渔汛之时未能及时取得贷款而遭受损失。[⑥]而随着抗日战争的爆发，渔业银团的贷款事宜被迫取消。

最后，受传播途径不发达的影响，渔业银团的开设未在渔民中普及，以至“渔民渔商对渔业银团之设立，大都均未能明了其贷款内容及手续如何，还有部分渔民根本不知渔业银团之设立，故虽已届春季渔汛，而请求贷款者，未见踊跃”[⑦]。

上述情况表明，渔业银团以渔业合作社和上海鱼市场为担保，虽然从救济渔业和防范借贷风险意义上来看是合理的。但是当时渔业合作社建设尚未完善，大部分地区未设立合作社组织，渔业银团的作用难以发挥，再加上审核流程的复杂性和渔业银团宣传不力等因素，前去贷款的渔民屈指可数。不过，渔业银团的成立确实有重要的意义，它为渔业发展提供了另一种可供选择的资金来源，保证了渔业生产的顺利运转。此外，渔业银团为有一定规模的现代化渔业提供了有利的融资条件，一些渔业公司及渔业加工工厂成为受益者[⑧]，为传统江浙海洋渔业向现代化转型注入了生机和活力。

---

① 《渔业银团调查温台渔况》，《申报》1937年4月7日。

② 《渔业银团推进渔业贷款》，《申报》1937年4月6日。

③ 参见《实部令渔民组织合作社》（《上海市水产经济月刊》第1期），载《早期上海经济文献汇编》第31册，全国图书馆文献微缩复制中心2005年版。

④ 参见《救济渔业衰落渔业银团昨日成立》，《申报》1937年3月2日。

⑤ 参见《渔业银团开始借款平安轮借一万八千元》，《申报》1937年4月24日。

⑥ 参见《上海鱼市场关于嵊泗列岛报告书》，上海档案馆藏，档案号：Q464-1-150-2。

⑦ 《渔业银团调查温台渔况》，《申报》1937年4月7日。

⑧ 参见《渔业银团开始贷款派员赴温州调查》，《申报》1937年3月16日。

第五章

民国时期浙江海洋盐业经济与盐政改革

民国时期，浙江海洋盐业经济无论在生产工艺还是在运销体系上都有一定的革新。废煎改晒技术的推广及精盐生产工艺的引进，都降低了浙江海洋盐业的生产成本，提高了食盐品质。而随着浙江沿海交通条件的改善，特别是铁路的修建，使得浙江沿海食盐运输有了更多的选择。相比水运而言，铁路运输的覆盖范围更加广泛。民国初期，浙江仍保留了传统的专商引岸制度，依靠固定的盐商来完成浙江沿海食盐的运销。1931年后，浙江开始逐渐实行食盐的自由买卖，以减少垄断盐商对盐民的剥削，同时提高盐业税收。不过这一尝试在抗日战争爆发后被打破。随着抗日战争时期军事与财政的需要，浙江食盐运销采用政府控制的专卖政策。在专卖政策下，政府直接管理和调控浙江沿海食盐的收购和销售事宜，并与其他部门协调，保证食盐的运输及浙江与周边省份的食盐供应。南京国民政府时期，中央政府推行一系列的盐政改革方案以推动浙江及中国盐业的现代化。在具体实施过程中，政策执行不当及纠错机制的不完善，导致浙江盐民对政府盐政改革的抵制，使得政策在执行中效果并不明显。

第一节　民国时期浙江海洋盐业生产

相比晚清，民国时期浙江沿海盐场开始逐渐由分散趋于集中，大量生产能力低下的盐场被关闭和合并，食盐的产量由浙西向浙东转移。余姚、岱山盐场食盐年产量接近全省的近 2/3。而在废煎改晒政策推动下，浙江的盐业生产工艺也得到改善，食盐生产成本得以继续下降。与其相对的是，浙江的食盐产量则保持持续上升的态势。战时，随着浙西盐场的沦陷，浙江食盐产量一度下滑，直到抗日战争后期才有所改善。值得注意的是，这一时期浙江的食盐生产还引进了西方先进生产工艺，定海精盐公司的创建就是一个很好的尝试。

一、民国时期浙江海洋盐业产区及产量

浙江的地理位置及自然环境决定其盐场主要分布在近海河口两岸，包括浙西杭州湾两岸、浙东三门湾、椒江、瓯江及飞云江两岸。这些盐场在民国时期慢慢稳固下来，其产量逐渐由浙西向浙东余姚、岱山转移。而随着盐业生产技术的革新与盐业资源的变化，民国时期的盐场也多有裁撤。相比前期而言，民国后期浙江沿海盐场主要分布在浙东宁台温区域。尤其在抗日战争爆发后，浙西区域的沦陷，使得浙东沿海盐场成为浙江、江西、湖南食盐的主要供应地。民国时期浙江沿海盐场食盐产量呈现出稳中增长的态势，直到抗日战争爆发后才被打破。由于盐场生产受到战争破坏，抗日战争初期浙江沿海盐场食盐产量大幅下滑，但在各方努力下，其产量在抗日战争中后期开始回升。战后，浙江沿海盐场得以收复，其食盐产量达到新的水平。

（一）民国时期浙江海洋盐业产区

海洋盐业生产需要一定的先决条件，浙江省作为沿海省份具有一定的先天优势。首先，浙江省滩涂广阔，海岸线长，可供滩晒制盐的淤泥质岸线长约 1041 公里。杭州湾两岸、三门湾两岸、椒江口两岸以及瓯江、飞云江口两岸的滨海平原区潮间带宽约 3 公里—10 公里不等，为晒盐提供了广阔的空间。其次，传统海盐生产技术为刮泥淋卤，泥质盐分含量高的粉质或砂质黏土比较适宜。浙江沿海土壤除甬江口以北的杭州湾大部分滩涂为粉砂涂外，其他滩涂大部分为重土壤和轻土壤，适宜刮泥淋卤，进行取盐。最后，海水盐度是决定盐业生产的重要因素。浙江海岸和近海海水盐度主要受大陆径流形成的沿岸低盐水流和

东南部海域台湾暖流两股海流控制。冬季因台湾暖流势力较弱，主要受径流控制，整个沿海呈低盐度状态；夏季台湾暖流强盛，沿海海水受其冲击，盐度一般比较高。①

浙江海盐生产始于春秋战国时期，并在唐宋时期持续扩大。明清浙江盐场趋于稳定，北至松江，南至苍南沿浦，盐场连绵全省海岸带及近海岛屿。清末两浙盐场有31所。民国初年，由于盐区散漫，且产量过剩，政府对盐场进行多次裁并。②1919年，浙江盐场有25所，分别是：仁和、许村、黄湾、鲍郎、海沙、芦沥、钱清、三江、东江、金山、余姚、清泉、长穿、大嵩、岱山、定海、玉泉、长亭、杜渎、黄岩、长林、北监、南监、双穗、上望。③南京民国政府时期，浙江盐场分布也发生变化。据1928年出版的《盐法通志》统计，当时两浙盐场共有32所，其中属于宁绍公司管辖的浙东盐场有20个，涵盖杭州湾南岸至宁、台、温沿海；属于嘉松公司管辖的浙西盐场有5个，涵盖杭州湾北岸浙江盐场（见表5-1、表5-2）。另外还有7个盐场分布在现在的上海。④

表5-1 民国时期宁绍公司下辖浙东盐场分布统计表

场名	场署	场界
仁和场	省城清泰门外会保五图观音堂	东至海宁州界，西至富阳县界，南至萧山县，北至许村场。东西190里，南北50里
许村场	海宁州安化坊	东至陈坟港接黄湾场，西至翁家埠接仁和场，南以海塘为界，北至石门界。东西77里，南北39里
钱清场	萧山县钱清镇	东至三江场，西至闻家堰，南至海塘，北至南沙案地。东西70里，南北40里
三江场	山阴县陡亹老闸	东至曹娥场，西至三江场，南至南塘，北至东江海。东西43里，南北13里
曹娥场	会稽县曹娥镇西扇	东至曹娥江，西至小金团，南至曹娥村，北至舜江。东西50里，南北5里

① 参见浙江省盐业志编纂委员会编：《浙江省盐业志》，中华书局1996年版，第65—67页。

② 参见曾仰丰：《中国盐政史》，商务印书馆1984年版，第61页。

③ 参见田秋野、周维亮：《中华盐业史》，台湾商务印书馆1979年版，第373页。

④ 参见周庆云辑：《盐法通志》卷1《疆域一》、卷2《疆域二》，鸿宝斋1928年铅印本。

续表

场名	场署	场界
金山场	上虞县百官镇	东至民地，西至沥海所，南至曹娥场，北至余姚场。东四 30 里，南北 60 里
余姚场	余姚县石堰镇	东至鸣鹤场杜家团，西至金山场，南至大古塘，北至大海。延袤 110 里
鸣鹤场	慈溪县北 50 里	东至黄家路，西至新浦沿，南至大古塘，北至白涂。东西 50 里，南北 30 里
龙头场	镇海县灵绪乡	东至清泉场，西至鸣鹤场，南至慈溪县达蓬山，北至大海。延袤 40 里
清泉场	镇海县崇邱	东至小港口，西至杨木堰，南至象鼻山，北至龙头场。延袤 35 里
穿长场	镇海县灵岩乡大碶头	东至定海县界，西至镇海县界，南至象山界，北至大海。东西 130 里，南北 60 里
大嵩场	鄞县大嵩城	东至大海，西至奉化县界，南至象山县，北至育王岭。东西 50 里，南北 45 里
玉泉场	象山县王家桥	东至杜忝、西至南堡，南至金鸡山，北至洋心。东西 50 里，南北 70 里
岱山场	岱山岛桥头镇	东至长涂，西至东沙角，南至南浦，北至新道头。东西 50 里，南北 20 里
长亭场	宁海县长街镇	东至隔洋塘，西至南庄，南至煎坑塘，北至大成塘。东西 90 里，南北 80 里（计水路）
黄岩场	太平县南监庄	东至隔洋塘，西至大溪庄，南至乐清县大津，北至临海县界。东西 100 里，南北 100 里
杜渎场	临海县北下桥	东至大海，西至椒江老鼠屿，南至大海，北至北涧四淋。东西 80 里，南北 30 里
双穗场*	瑞安县崇泰乡长桥	在飞云江北岸者，东至大海，西至梅安所，南以飞云江为界，北至永清河；在飞云江南岸者，东至大海，西至孟姜浦，南至沙园城，北以飞云江为界。东西 10 里，南北 60 里
长林场	乐清县翁垟	在西乡者，东至大海，西至翁垟街，南至崎头山，北至盐盘山，东西 3 里，南北 25 里；在东乡者，东至清江渡，南至海口，西至蒲岐，北至大塘路。东西 35 里，南北 5 里
永嘉场	永嘉县永兴堡	东至大海，西至塘路，南至梅岗，北至瓯江，延袤 30 里

* 双穗场横跨瑞安、平阳二县，飞云江以北属瑞安，飞云江以南属平阳。

资料来源：周庆云辑：《盐法通志》卷 1《疆域》一、卷 2《疆域》二，鸿宝斋 1928 年铅印本。

表 5–2 民国时期嘉松公司下辖浙西盐场分布统计表

场名	场署	场界
黄湾场	海宁县新仓镇	东至鲍郎场，西至许村场，南以海塘为界，北至新仓。东西 60 里，南北 5 里
西路场	海宁县西堰	东至掇转庙，西至陈坟路，南至大海，北至海宁州水塘界。延袤 15 里
鲍郎场	海盐县澉浦西门外（今浙江海盐县澉浦镇）	东至秦驻山，西至潭仙岭，南至大海，北至通元镇南岸。东西 18 里，南北 16 里
海沙场	海盐县沙腰村	东至芦沥场，西至鲍郎场，南至大海，北至海盐县民地。延袤 65 里
芦沥场	平湖县全公亭镇	东至于金山县接浦东场，西至乍浦镇，南至海塘，北至新仓镇。延袤 50 里

资料来源：周庆云辑：《盐法通志》卷 1《疆域》一、卷 2《疆域》二，鸿宝斋 1928 年铅印本。

从周庆云的统计可以知道，民国时期浙江沿海盐场主要分布在嘉兴（5 所）、杭州（2 所）、绍兴（5 所）、宁波（8 所）、台州（2 所）和温州（3 所），其中宁绍区域就有 13 所，占浙江盐场总数的一半。其后，浙江省又将产量少成本高的盐场裁撤，最终剩下 15 场 3 区，分别是属于浙西的芦沥、鲍郎、黄湾 3 场；属浙东的钱清、余姚、清泉、岱山、定海、玉泉、长亭、黄岩、长林、双穗、南监、北监等 12 场及金山、东江、沿浦 3 区。①民国时期，由于钱塘江水流的北移导致浙西盐场海盐产量的萎缩，浙江海盐主产区逐渐转移到以宁绍沿海区域的余姚场和岱山场。②盐场下面还分为盐区。以余姚盐场为例，其分为 7 个盐区，包括：中区、东一、东二、东三、西一、西二、西三。③

（二）民国时期浙江海洋盐业产量

民国初年，由于战争的影响，浙江余姚场产盐数据丢失。根据浙江其他盐场

① 参见田秋野、周维亮：《中华盐业史》，台湾商务印书馆 1979 年版，第 373—374 页。

② 参见浙江省盐业志编纂委员会编：《浙江省盐业志》，中华书局 1996 年版，第 70 页。

③ 参见王幼章：《余姚盐务史略》，载浙江省政协文史资料委员会编：《浙江文史集粹（经济卷）》上册，浙江人民出版社 1996 年版，第 123 页。

统计数据，可以看出浙江海盐产量在1912—1919年处于缓慢增长态势，其产量在5.3万吨—6.2万吨之间徘徊（见图5-1）。1920年以后，因为盐场管理不完善，几个场的数据要么不完整，要么是按照销量来计算产数，各场数据总和与浙江省海盐产量有较大出入（见表5-3）。这一状况到1929年南京国民政府推行盐政改革后有所改善。

图5-1 1912—1919年浙江海盐年产量统计图（单位：万吨）

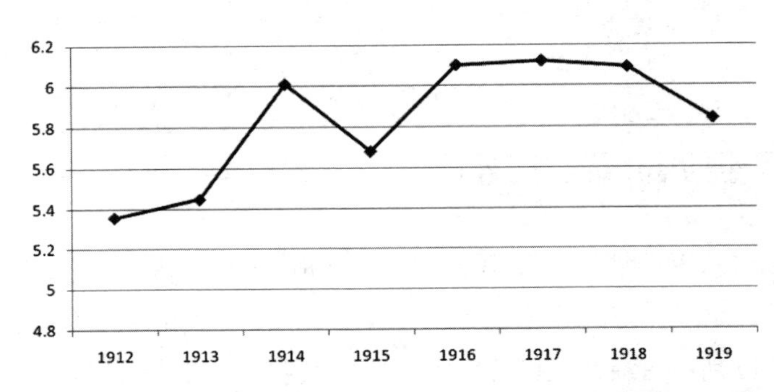

资料来源：浙江省盐业志编纂委员会编：《浙江省盐业志》，中华书局1996年版，第105页。

表5-3 1920—1929年浙江省海盐分场年产量统计表（单位：万吨）

盐场＼产量＼年份	1920	1921	1922	1923	1924	1925	1926	1927	1928	1929
芦沥	0.01	0.03	0.02	0.03	0.03	0.03	0.04	0.05	0.05	0.07
海沙	0.10	0.10	0.08	0.09	0.09	0.11	0.09	0.07	0.08	0.11
鲍郎	—	—	—	—	—	—	—	0.17	0.25	0.24
黄湾	0.51	0.42	0.55	0.56	0.43	0.43	0.44	0.42	0.47	0.48
许村	0.53	0.52	0.55	0.56	0.39	0.38	0.38	0.36	0.45	0.46
仁和	0.58	0.59	0.52	0.55	0.48	0.48	0.47	0.46	0.12	0.38
钱清	0.11	0.11	0.12	0.23	0.35	0.60	0.63	0.65	0.77	0.87
三江	0.86	0.90	0.69	0.72	0.68	0.61	0.52	0.38	0.43	0.39
东江	0.96	0.89	0.72	0.97	0.69	0.78	0.67	0.53	0.53	0.55
金山	—	—	—	—	—	—	—	—	—	—

续表

年份 产量 盐场	1920	1921	1922	1923	1924	1925	1926	1927	1928	1929
余姚	5.62	7.02	6.80	8.42	8.17	8.97	8.12	8.87	9.29	8.37
清泉	0.05	0.06	0.05	0.05	0.02	0.02	0.02	0.02	0.02	0.03
穿长	0.04	0.04	0.04	0.05	0.02	0.06	0.07	0.02	0.04	0.06
大嵩	—	—	—	—	—	—	—	—	—	—
岱山	2.20	2.37	2.08	3.23	2.87	3.04	3.38	2.78	3.51	3.34
定海	—	—	—	0.22	0.20	0.24	0.25	0.30	0.52	0.63
玉泉	0.45	0.81	0.38	—	—	—	—	0.51	0.73	0.80
长亭	—	—	—	0.003	0.04	0.05	0.04	0.03	0.02	0.03
杜渎	—	—	—	—	—	—	—	—	—	—
黄岩	—	—	—	—	—	—	—	—	—	—
北监	0.37	0.52	0.43	0.85	0.58	1.04	0.78	0.72	0.64	0.92
长林	0.58	1.07	0.37	1.05	0.69	0.91	0.58	0.52	0.51	1.01
双穗	0.54	0.77	0.41	0.71	0.53	0.70	0.54	0.66	0.52	0.63
上望	0.23	0.29	0.21	0.28	0.26	0.30	0.23	0.22	0.18	0.18
南监	—	0.08	0.07	0.19	0.34	0.54	0.19	0.16	0.13	0.26
总产量	13.74	16.59	14.09	18.76	16.86	19.29	17.44	17.90	19.26	19.81

资料来源：浙江省盐业志编纂委员会编：《浙江省盐业志》，中华书局1996年版，第106—107页。

从表5-3可以看出，1920年到1929年这十年间，浙江省海盐总产量相比民国初期呈现稳定增长态势。这不仅归功于相对完善的统计方式，更重要的是浙江沿海各大盐场产量的增加。对比1929年与1920年各分场产盐量，黄湾、许村、仁和、三江、东江、清泉、上望等7处盐场产量有不同程度下降，这些盐场，除黄湾和东江盐场外，其余都被裁撤或归并到其他盐场。而余姚和岱山两处盐场的产盐量就接近全省产量的2/3。1929年后，浙江海盐产量保持着上升趋势，尽管期间仍有波动，但仍维持在年产20万吨以上的水平。抗日战争爆发后，浙西和宁绍盐场先后沦陷，浙江盐产量出现大幅下滑，这一状态直到1945年抗日战争胜利后才有所改观。随着战后经济的恢复，浙江海盐产量在1947年达到历史最高水平，为29.51万吨（见图5–2）。根据国民政府的分区域统计，1930年后的盐场按照所属县市划分统计，其中属于浙西的盐场在战前就已经出现产盐量下滑的情形，如海盐的黄湾盐场产盐量由1930年的0.97万吨下降到1936年的0.23万吨。相比之下，浙东绍兴、宁波、舟山、台州和温州下属盐场产盐量都有不同程度的增加，余姚和岱山仍旧是这一时期产盐量最高的盐场（见表5–4）。抗日战争爆发后，战事对浙江盐产量的影响是非常明显的，除浙西因为战事的直接波及出现产量下滑外，浙东各盐场产量都在1937年出现不同程度的下滑。不过，值得注意的是，浙东有不少盐场在战时反而出现的产量激增的状况，如舟山定海盐产量在1938年为1.18万吨，达到历史最高水平。而台州黄岩、北监盐场，温州长林、双穗盐场的产盐量都达到各自盐场的历史最高水平，分别为1.08万吨、1.36万吨、1.31万吨和1.10万吨。战时由于1937年浙西沿海的沦陷，其盐产量在1938年后就没有数据，而宁绍及舟山自1940年后也由于战事出现盐场停产现象。不过实际当中，整个抗日战争期间的盐产量是高于表5–4和表5–5的统计数据，因为两表的数据只是国民党盐务机关官方统计数据，沦陷区的产盐量及走私盐都未纳入统计。

图5–2　1920—1948年浙江海盐产量统计图（单位：万吨）

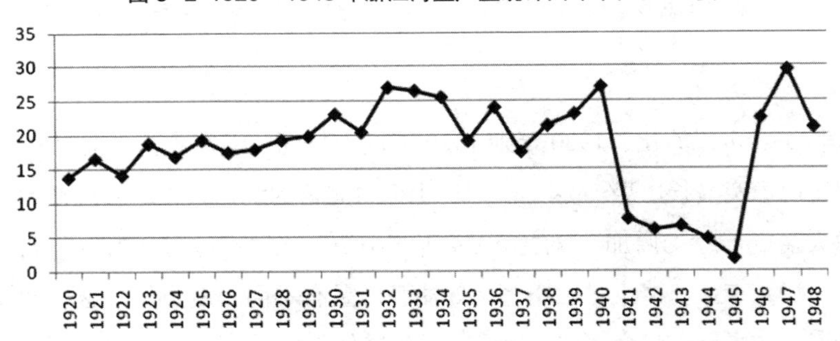

资料来源：浙江省盐业志编纂委员会编：《浙江省盐业志》，中华书局1996年版，第106—109页。

表 5-4 1930—1939 年浙江省海盐分场年产量统计表（单位：万吨）

年份		1930	1931	1932	1933	1934	1935	1936	1937	1938	1939
总产量		23.03	20.38	26.93	26.45	25.51	19.11	24.01	17.50	21.35	23.06
浙西	芦沥（平湖）	0.08	0.09	0.10	0.08	0.05	0.05	0.09	0.05		
	海沙（海盐）				0.13	0.12	0.08	0.04	0.08		
	鲍郎（海盐）	0.35	0.29	0.35	0.25	0.19	0.15	0.35	0.14		
	黄湾（海盐）	0.97	0.54	0.64	0.47	0.44	0.55	0.23	0.06		
	浙西所（平湖）										
	袁浦（奉贤）										
绍兴	钱清（萧山）	1.14	0.79	1.11	1.50	1.47	1.34	0.90	0.78	0.90	1.40
	三江（绍兴）	1.39	1.16	1.03	0.21	0.18	0.08	0.02			
	东江（绍兴）				0.18	0.26	0.15	0.03	0.03	0.03	0.03
	金山（上虞）				0.18	0.29	0.27	0.32	0.34	0.22	0.33
宁波	余姚（慈溪）	11.34	10.64	14.93	14.19	13.66	9.53	12.34	10.17	12.02	14.44
	清泉（镇海）	0.17	0.13	0.17	0.07	0.10	0.16	0.13	0.10	0.12	0.07
	大嵩（鄞县）				0.05	0.04	0.02	0.02	0.03	0.03	0.03
	穿长（镇海）				0.05	0.04	0.03	0.03	0.03	0.04	0.05
	玉泉（象山）	0.75	0.91	1.25	1.28	0.77	0.36	0.88	0.74	0.89	0.73
舟山	岱山	3.31	2.05	3.44	3.02	4.48	3.90	3.52	1.68	0.65	0.44
	定海	0.92	0.92	0.83	0.66	0.86	0.78	0.88	0.81	1.18	0.41
台州	长亭（宁海）	0.22	0.25	0.29	0.23	0.04	0.04	0.06	0.08	0.04	0.09
	杜渎（临海）										0.34
	黄岩（温岭）	0.08	0.10	0.18	0.43	0.13	0.27	0.72	0.48	1.08	1.03
	北监（玉环）	0.83	0.96	0.83	1.22	0.69	0.55	1.09	0.66	1.36	1.16
温州	长林（乐清）	0.52	0.74	0.79	0.93	0.51	0.27	1.13	0.41	1.31	1.09
	双穗（瑞安）	0.67	0.57	0.69	1.00	1.01	0.47	0.86	0.67	1.10	1.06
	南监（平阳）	0.29	0.23	0.31	0.33	0.18	0.05	0.31	0.13	0.31	0.34
	沿浦（平阳）						0.01	0.06	0.03	0.08	

资料来源：浙江省盐业志编纂委员会编：《浙江省盐业志》，中华书局 1996 年版，第 107—108 页。

表 5-5　1940—1948 年浙江省海盐分场年产量统计表（单位：万吨）

年份		1940	1941	1942	1943	1944	1945	1946	1947	1948
总产量		27.04	7.66	6.09	6.61	4.76	1.80	22.44	29.51	21.06
浙西	芦沥（平湖）									
	海沙（海盐）									
	鲍郎（海盐）									
	黄湾（海盐）									
	浙西所（平湖）						0.01	0.40	0.50	0.42
	袁浦（奉贤）							0.22		
绍兴	钱清（萧山）	0.88	0.07				0.01	1.09	1.35	1.29
	三江（绍兴）									
	东江（绍兴）	0.02								
	金山（上虞）	0.52	0.07							
宁波	余姚（慈溪）	16.03	2.09				0.01	10.00	12.44	10.51
	清泉（镇海）	0.16						0.09	0.11	0.10
	大嵩（鄞县）	0.05								
	穿长（镇海）	0.23	0.04							
	玉泉（象山）	1.39	0.18					0.63	1.09	0.67
舟山	岱山	0.08	0.08					4.93	6.68	
	定海									4.64
台州	长亭（宁海）	0.23	0.40	0.15	0.22	0.23	0.07			
	杜渎（临海）	0.72	0.21	0.55	0.42	0.47	0.19			
	黄岩（温岭）	2.50	1.64	2.09	2.22	1.88	0.83	1.82	3.19	1.05
	北监（玉环）	1.59	0.96	1.70	1.55	0.87	0.50	1.17	1.64	1.30
温州	长林（乐清）	1.32	1.04	0.74	1.04	0.74	0.08	1.24	1.41	0.59
	双穗（瑞安）	1.01	0.65	0.60	0.95	0.38	0.05	0.58	0.69	0.25
	南监（平阳）	0.32	0.26	0.26	0.22	0.19	0.05	0.27	0.42	0.24
	沿浦（平阳）									

资料来源：浙江省盐业志编纂委员会编：《浙江省盐业志》，中华书局 1996 年版，第 108—109 页。

二、民国时期浙江海洋盐业生产技术与新式盐业公司

民国时期，浙江沿海盐场仍旧采用传统的煎盐工艺以生产食盐。除煎盐工艺外，民国时期浙江沿海很多盐场还采用晒盐工艺，包括砖池晒盐和淋卤板晒盐。南京国民政府时期，为降低生产成本，提高食盐质量，两浙盐务局在浙江推广晒盐技术。相比煎盐，浙江沿海晒盐的成本相对较低。因此，很多有条件的盐场纷纷废煎改晒，而部分盐场则同时采用两种食盐生产技术。除此之外，浙江定海成立精盐公司，引进西方先进的食盐生产技术与机器设备，利用现代生产工艺生产精盐。相比传统煎盐和晒盐制造出来的粗盐，精盐的品质要好很多。

（一）民国时期浙江海洋盐业生产技术

早在秦汉时期，人们就开始使用煎盐的方式，即“煮海为盐”。清代，浙江地区的海盐制法分为煎熬和板晒两种。民国时期，浙江沿海的制盐业仍采用着传统的制盐工艺。煎熬法就是熬制食盐，又可分为泥盐和灰盐两种。板晒法的工序是先采卤，然后再将卤放置于晒板之上晒成盐。但不管是煎熬法还是板晒法，土地都是灶户（设灶煎盐的盐户）的基本生产场所。浙江海盐生产从煮海为盐，淋卤板晒、再到海水滩晒，每个发展阶段其盐田结构各有不同，类型多种多样，都因生产方式进步而逐年改进。

煮盐即直接煮海水为盐，自东晋以来，人们发明了开辟亭场，晒灰淋卤，然后采用盘铁，锅煎煮卤水制盐。民国时期浙江煮盐的主要设施有：（1）亭场，又称灰场或晒场，盐民晒灰取卤场地。大多为长方形，每块亭场面积不等，小的 5 亩左右，大的 20 亩左右。每平方丈可摊灰 10 余担，一块大亭场可摊灰上万担，小亭场则摊灰上千担。亭场场址一般选在海滩平坦、光洁、海潮卤水旺的滩涂上，打造修建而成，表面坚实平滑。（2）灰坑，盐民淋卤的灰坑，由一方形大土坑与一圆形小土坑组合而成，灰坑大小视贮灰量而定。（3）卤井，灰坑一侧掘一圆形卤井，深宽均约 2 米左右，底面及四周用熟泥排砌，或用砖砌，以防漏卤。在灰坑底面埋一长凹形塘，槽口埋一小竹管穿坑而过通过卤井，以承受灰坑

中淋出卤水。一口卤井可配3个灰坑，灰坑绕卤井三面排列。灰坑与卤井一般筑在亭场附近地势稍高的地方。（4）卤池，盐民贮卤设备，一般为长方形，容积大于灰坑3—4倍，贮卤数十担至百余担不等。灰坑淋出的卤水流入卤井后，经测试，合乎煎盐浓度，就用木桶从卤井中打出，集中到卤池里储存，以备煎盐用。卤池通常与煎灶在一起，为防止下雨时冲淋卤水，在卤池和煎灶上盖有房屋，俗称“灶房”。（5）盘铁，盐民煎卤成盐生产的设备，由几块厚铁板组成。形状主要有圆形、方形、长方形3种，大小不一。（6）锅镦，形状像锅，但比锅大而浅，大小规格不一。清初锅镦成为一家一户主要的制盐器具。盐民一边以煎卤成盐，一边用锅预热温卤，于是锅、镦即分别指两种煎盐器具，浅者为镦，直径1米，深0.1米；深者为锅，约直径1米，深0.2米。（7）煎灶，主要用以搁置锅镦。前有火门，用以喂草烧火，后有烟囱，用以出烟，旁开一门，用以出灰。灶上的锅镦呈“一”字形或“品”字形安放。靠火门的部位安放煎镦用于成盐，靠烟囱的部位安放卤锅，用于温卤。煎灶一般建在滩涂上海潮不易浸漫的高地，俗称“盐墩”或“灶墩”。（8）草荡，沿海滩涂或沙洲，从海中涨出后，土壤进入自然脱盐过程。随海势东迁，土中盐质渐渐淡化，芦苇生长茂盛，形成一处处大草荡。茂盛的草荡为灶户提供充足的草料用以煎盐，灶户对此十分重视，“煎盐以蓄草为先务”。因此，历届政府对草荡进行严格的管理，不准私自开垦草地。

浙江海盐生产，以煮盐为主，即直接煎炼海水为盐。煎盐包括煮盐、煎盐、熬盐3种，统称为“煎盐”。从事煎盐的人叫“亭户”，又名“灶户”，主要流程是“刈草于荡，烧灰于场，晒灰淋卤，归卤于池，煎盐于锅”。具体工艺是：首先开辟亭场，选择靠海边，卤气旺的滩涂，经过翻耕，夯实碾平，四周开沟，筑好土堆，亭场便建好了。亭场筑好后，便积极提高土质盐分。在潮汐期间，亭场浸满潮水，提高了亭场土壤的含盐成分，为制卤打下基础。灶丁每天早晨将灰坑内淋过卤的残灰逐渐挑至亭场，摊平摊匀。晒到下午2时左右，呈黑色，闪闪发光，此时灰已变咸，灶丁把灰扫成堆，以备担灰淋卤。淋卤时，将亭场上晒过的咸灰担入倒满，再用生灰一担盖面，用脚踏实，并要放一把草在灰上边，不使成灰被水冲走，经过两小时，咸卤流入灰坑的卤井中。煎盐必须用柴草煎熬，旺季时卤水浓度高，煎盐一引（400斤），需草百斤。淡季卤水浓度低，用草加倍，才能煎盐。由于草荡需求量大，于是出现了专门经营草荡和卖草为业的“草户”。灶户煎盐只有向大草户购草，备足柴草，才可以煎盐。灶户煎盐普遍用盘铁，盘铁搭在砌墩或铁桩上，用主管从卤池里注卤入盘，起火煮盐。卤水将干时，投入皂角，卤即开始结晶成盐，并可昼夜连续投卤出盐，一般连续烧半个月左右。一户煎完，其他灶户继续煎煮。

除煎盐工艺外，民国时期浙江沿海很多盐场还采用晒盐工艺，包括砖池晒盐和淋卤板晒盐。

砖池晒盐，即用砖块、瓦片铺成砖池板晒盐。砖池面积不一,四周有相应的土池，从头道、二道到九道，用以蒸发制盐。每个土池旁有一个小砖井，下雨即引卤水井贮存。砖井旁有结晶池，池小而深，也可以用于晒盐。晒盐时，每天清晨视天晴天气，放卤入池，卤水深浅视天气而定，一般 2.5 公分左右，经过 8 至 9 个小时蒸发，结晶成盐。

淋卤板晒盐。在接近潮滩涂处建筑塔场，分为上中下三节：近海潮水时浸漫为下节；中部潮至即退，日晒时间长，为中节；远海潮水不到，担水灌晒，为上节。按潮退后，先晒上节，次晒中节，后晒下节。按潮汐规律，上中两节每月晒两次，下节仅能晒一次。采卤先刮土，待土起盐霜时，用铁铲收起，堆积成塔，然后中贯竹管，旁开一井，下埋瓦缸，用海水浇，卤便从竹管流入井中，再将井中卤提出储于卤桶，以便晒格作原料供应。晒板是板晒制盐的主要设备，晒板为长方形、木制、四面有边，合缝处用油灰嵌实。1928 年，浙江省曾统一规定晒板的标准：长 2.5 米、宽 1 米、深 0.03 米。每块晒板每天耗卤约 10 公斤，一板产盐 1.5 公斤，有时因木材供应不足，也用水加石灰做晒板。

（二）浙江沿海盐场海盐生产成本与新式盐业公司

1929 年，浙江 25 个盐场中，除岱山、定海等 7 个盐场采用晒盐法外，其他 18 个盐场主要采用的是煎盐法（见表 5-6）。不过值得注意的是，很多大的盐场基本都是煎晒并举，并不仅仅只采用一种制盐方法。而且，相比煎盐，晒盐的成本更低（见表 5-7）。

表 5-6 1929 年浙江盐场产盐及制法统计表

<table>
<tr><th>盐场</th><th>年产能力（担）</th><th>制法</th><th>附注</th></tr>
<tr><td>仁和（杭州）</td><td>112000</td><td>煎</td><td rowspan="22">煎法用铁锅或铁盘加火煮盐卤，杭嘉宁台温等属多用之，每锅或盘煎成需 2 小时，绍属多用篾盘，系用竹篾编成，上下涂以泥灰或谷灰等物，唯因传热较迟，故费时须 3 小时，其成本则每担自 2 元至 2 元 3 角</td></tr>
<tr><td>许村（海宁）</td><td>151680</td><td>煎</td></tr>
<tr><td>黄湾（海宁）</td><td>81200</td><td>煎</td></tr>
<tr><td>鲍郎（海盐）</td><td>30240</td><td>煎</td></tr>
<tr><td>海沙（海盐）</td><td>18500</td><td>煎</td></tr>
<tr><td>芦沥（平湖）</td><td>21240</td><td>煎</td></tr>
<tr><td>金山（上虞）</td><td>110880</td><td>煎</td></tr>
<tr><td>三江（绍兴）</td><td>221760</td><td>煎</td></tr>
<tr><td>东江（绍兴）</td><td>190080</td><td>煎</td></tr>
<tr><td>大嵩（鄞县）</td><td>7350</td><td>煎</td></tr>
<tr><td>玉泉（象山）</td><td>154320</td><td>煎</td></tr>
<tr><td>长亭（宁海）</td><td>51120</td><td>煎</td></tr>
<tr><td>杜渎（临海）</td><td>8640</td><td>煎</td></tr>
<tr><td>黄岩（温岭）</td><td>98500</td><td>煎</td></tr>
<tr><td>长林（乐清）</td><td>104448</td><td>煎</td></tr>
<tr><td>双穗（瑞安）</td><td>120800</td><td>煎</td></tr>
<tr><td>上望（平阳）</td><td>51250</td><td>煎</td></tr>
<tr><td>余姚（镇海）</td><td>1500100</td><td>煎</td></tr>
<tr><td>岱山（定海）</td><td>869624</td><td>晒</td></tr>
<tr><td>定海（定海）</td><td>300000</td><td>晒</td></tr>
<tr><td>清泉（镇海）</td><td>26184</td><td>晒</td></tr>
<tr><td>穿长（镇海）</td><td>28116</td><td>晒</td></tr>
<tr><td>钱青（萧山）
北监（瑞安）
南监（平阳）</td><td>327241</td><td>晒</td><td>用木、石或砖砌成池，长 14 尺宽 10 尺，晒于日光下，每池可得盐 5 斤。最速者 2 小时，每担成本约 6 角至 7 角</td></tr>
</table>

资料来源：侯德封编：《第三次中国矿业纪要（民国十四年至十七年）》，农业部直辖地质调查所 1929 年版，第 156—158 页。

表 5-7 1929 年浙江各盐场制盐成本统计表（单位：元）

盐场	制法	成本		平均
		最高	最低	
仁和	煎盐	2.500	2.300	2.400
许村	煎盐			2.400
黄湾	煎盐	1.925	1.768	1.847
鲍郎	煎盐	1.400	1.300	1.350
海沙	煎盐	1.200	1.100	1.150
芦沥	晒盐	1.350	1.150	1.250
东江	煎盐	1.889	1.874	1.882
三江	煎盐	1.829	1.770	1.800
钱清	晒盐	0.936	0.923	0.930
金山	煎盐	1.947	1.834	1.891
余姚	晒盐			0.650
大嵩	煎盐	2.029	1.429	1.729
	晒盐	1.286	0.829	1.058
鸣鹤	晒盐	0.824	0.778	0.801
清泉	晒盐	1.904	1.673	1.789
穿长	晒盐	1.017	0.733	0.875
定海	晒盐	0.657	0.557	0.607
岱山	晒盐	0.560	0.520	0.540
衢山	晒盐	0.650	0.620	0.635
玉泉	煎盐	0.775	0.675	0.725
	晒盐	0.475	0.375	0.425
黄岩	煎盐	1.170	1.064	1.117
	晒盐	0.773	0.677	0.725
杜渎	煎盐	1.364	1.064	1.214
	晒盐	1.264	0.964	1.114
长亭	煎盐	1.606	1.400	1.503
	晒盐	1.127	0.907	1.017
双穗	煎盐	1.219	1.126	1.173
	晒盐	1.068	0.972	1.020

续表

盐场	制法	成本		平均
		最高	最低	
长望	煎盐	1.086	0.800	0.943
	晒盐	1.229	0.900	1.065
长林	煎盐	0.930	0.880	0.905
	晒盐	0.586	0.486	0.536
南监	晒盐	1.253	1.067	1.160
北监	晒盐	0.714	0.606	0.660

资料来源：丁长清、唐仁粤主编：《中国盐业史（近代当代编）》，人民出版社 1997 年版，第 121—122 页。

从表 5-7 统计可知，1929 年浙江沿海同一盐场生产每担食盐的成本，煎盐普遍高于晒盐。以大嵩盐场为例，其煎盐的最低成本为 1.429 元，高于晒盐的最高成本 1.286 元，折算下来，其煎盐和晒盐平均成本相差 0.671 元。其他煎晒并举的盐场尽管两种制法成本相差不大，但煎盐成本高于晒盐成本是毋庸置疑的事实。因此，浙江沿海盐场普遍使用晒盐法。也正如此，民国时期，北京政府和南京国民政府在 1916 和 1929 年先后发动“改煎为晒”的方案。在政府推动下，1929 年底，浙江共有煎灶 1384 座，晒板 92 万余块，晒坦 1.47 万格。同年，浙江省海盐产量为 21.16 万吨，其中晒盐为 16.7 万吨，煎盐为 4.46 万吨，分别占总产量的 78.92% 和 21.08%。[①] 其后，南京国民政府曾多次清查盐板，意在控制盐板数量，禁止私增。据国民政府统计，到 1931 年浙江盐板总数为 938356 块，其中余姚和岱山盐板数量分别达 537600 块和 248464 块，分别占浙江盐板总数的 57.29% 和 26.48%（见表 5-8）。到 1949 年 4 月，浙江沿海盐场盐板总数达到 1098156 块。而晒坦数量也由由 1931 年的 17674 格增加到 1949 年的 76494 格。[②]

① 参见浙江省盐业志编纂委员会编：《浙江省盐业志》，中华书局 1996 年版，第 88 页。

② 参见浙江省盐业志编纂委员会编：《浙江省盐业志》，中华书局 1996 年版，第 92、93、150 页。

表 5-8 1921—1931 年浙江编查盐板数量统计

场名	盐板数（块）	编查时间
绍兴钱清场	42807	1923 年 8 月编查，发板照
余姚场	537600	1929 年 10 月编查，发板证
镇海清泉场	12856	1928 年清查，发给晒盐板证
镇海穿长场	14058	1924 年 5 月编查
岱山场	248464	1924 年 7 月清查，发给板证
定海场	75502	1925 年 2 月编查，发给板证
芦沥场	7080	1921 年清查 1 次
共计	938356	

资料来源：浙江省盐业志编纂委员会编：《浙江省盐业志》，中华书局 1996 年版，第 148—149 页。

民国时期国民政府推动盐业技术革新的同时，工商界与盐商基于外盐倾销所带来的危机，纷纷投资建立新式的精盐制造公司，引进西方生产工艺。1914 年，久大精盐公司首先在天津塘沽成立。其后，中国又先后成立了通益、通达、福海等 8 家精盐公司。1928 年 5 月，慈溪盐商胡岳青自筹资金 5 万元，利用定海、岱山、余姚等地的粗盐为原料，在定海南门外东港浦成立年产 3 万担的定海民生精盐股份有限公司。公司采用股份制形式，胡岳青担任公司总经理，镇海人方耕砚担任董事长，并成立 7 个人组成的董事会。公司有职工 14 人，工人 35 人，所用设备都是从国外进口。开始，公司采用美国间接制盐技术及设备。随后因设备过于笨重，公司改用德国的直接制盐技术及设备。其具体生产方法为：以粗盐为原料，经溶化池滤净杂质后，将卤水倾入煎盘煎成盐，然后用粉碎机粉碎，再用烘干器烘干，精盐便制成。[①]制成的精盐氯化钠含量可达 93% 以上，比当时舟山晒制成的粗盐高 20%。公司月生产能力超过 600 担。不过，民生精盐公司的精盐只能运销各省通商口岸，且税率不低。公司盐业销售的基本税率超过每担 2.50 元外

① 参见夏建国：《定海民生精盐股份有限公司》，载浙江省政协文史资料委员会编：《浙江文史集粹（经济卷）》上册，浙江人民出版社 1996 年版，第 139—141 页。

（按照销售地税额计算，不足按每担2.50元征收），还要在起运时缴纳1.67元的行销税。[①]除此之外，公司还需缴纳地方各种其他税收。因此，到1929年初，公司为减轻负担，维持生计，不得不将职员减为11人、工人18名。同年11月，公司被勒令停产。1930年，公司改选庄崧甫为董事长，吸纳社会资本10万元，总资本额达15万元，这样才勉强维持过去。1933年6月，胡岳清再次向社会招股，股金增至25万元。[②]另外，他对公司经营管理和生产技艺进行改革，成本有所降低，年销量增至10万担。1936年3月1日起，公司又采用麻袋包装，以降低成本和运输损失，并保证了产品质量。同年5月20日，公司成功试制大粒精盐，氯化钠含量达93%以上，在产量提高的同时降低了成本。[③]正当公司生产情况逐年好转之际，抗日战争爆发，公司产销发生困难。1941年，浙东沦陷后，定海民生精盐股份有限公司无疾而终。

第二节　民国时期浙江海洋盐业运销

浙江食盐的销售在初期主要是依靠盐商来完成。盐商从浙江沿海各盐场盐民手中按照政府制定价格收购食盐。然后依托浙江便利的水运与海运条件将食盐通过船只运往其他区域。在船只不能到达的区域则主要依靠汽车和人力进行中转。浙赣铁路和萧甬铁路完工后，部分食盐依托铁路向浙江内陆区域转运。抗日战争爆发后，依托浙赣铁路，浙江盐务部门组织大量人力将浙江沿海食盐向内地抢运。在战争影响下，浙江沿海多数盐场沦陷，食盐产量一度跌入低谷。在各方努力下，浙江食盐产量在中后期得以改善。浙江盐务部门也克服种种困难，将浙江沿海盐场生产的食盐向内地输送，保证浙江及周边省份的食盐需求。

---

① 参见《命令：指令：财政部盐务署指令：己字第二一八三号》，《盐务公报》1929年第7期。

② 参见《七邑近闻：民生精盐公司扩大营业》，《宁波旅沪同乡会月刊》1933年第121期。

③ 参见夏建国：《定海民生精盐股份有限公司》，载浙江省政协文史资料委员会编：《浙江文史集粹（经济卷）》上册，浙江人民出版社1996年版，第142—143页。

一、民国前期浙江海洋盐业运销

民国前期，在专商引岸制下，浙江沿海盐场的食盐的运销都是由制定的盐商完成。在不同区域，盐商在盐场设立廒仓，从盐民手中按照官方制定的价格收购食盐，然后储存于廒仓。到一定时间，盐商将廒仓中的食盐，通过公路、水运及铁路等运输方式运往苏南、皖、赣及浙江内陆区域等食盐销售区。民国前期，浙江各盐场的廒仓不足所需的一半，大量食盐储存在临时租赁的房屋中。就运输而言，浙江的食盐大多是通过海运和水运来完成。浙江沿海盐场食盐先依靠人力运往盐场附近港口，再经由港口运往内地或沿海其他城市，最后再转运到各销售点。根据路程的远近，政府对盐商的运输规定了期限，超过期限而无法说出理由的，则以走私私盐论处。

（一）民国前期浙江海洋盐业收购与储存

盐的运销体制在历史时期随盐法的变革多有变化。浙江盐业运销体系大体分为官运官销、官运商销和商运商销3种。民国初年沿用清制，采用专商引岸制，"引"、"票"兼行，招商认运。[①]所谓专商引岸制度，即是由政府特许专利的固定商人，按核定的数字向指定的产地购盐，运达划定的销地行销。简言之，就是产盐有定场，销盐有定地，运盐有定商。[②]南京国民政府成立后，各界强烈要求废除专商引岸制。1928年，温、处两属的永嘉等17县及萧山县试办招商认包制度。1931年，南京国民政府颁布《新盐法》规定废除引岸，食盐"就场征税，任人民自由买卖，无论何人不得垄断"[③]。1932年，浙江省又取消招商认包制度，改为自由贸易，其余均由专商认办。两浙行盐，除台、温、处三属外，其余各地均沿用引岸制度。[④]1936年，浙江境盐场因历年来风潮迭起，纠纷不断，盐民吃大户及

---

① 参见田秋野、周维亮:《中华盐业史》，台湾商务印书馆1979年版，第373页。

② 参见董巽观、徐仰蘧、杜保曾:《专商引岸时期的两浙盐务》，载浙江省政协文史资料委员会编:《浙江文史集粹（经济卷）》上册，浙江人民出版社1996年版，第95页。

③ 中国第二历史档案馆编:《中华民国史档案资料汇编 第五辑 第一编 财政经济（二）》，江苏古籍出版社1994年版，第185页。

④ 参见浙江省盐业志编纂委员会编:《浙江省盐业志》，中华书局1996年版，第263页。

反对盐商之事滋生，故而进行整理，饬令廒商高价收盐，盐场整理由总工程师格光出发调查并制定了一系列整理办法，即将每一盐区划为若干盐坨，置秤放于盐坨附近，并以盐警包围盐坨，每天出盐，就地审查纳税。最后开放盐禁，将各地原有纲引一概予以淘汰，任何人在浙江境内均可以贩售盐。①民国前期，由于专商引岸制度，浙盐行销仍有“纲、引、肩、住、厘地之别”：纲地为嘉兴、长兴、临安、金华、衢县等34县；引地为鄞县、慈溪、奉化、镇海和定海等5县及宁海北半县；肩地为杭县、余杭、绍兴、萧山等6县；住地为余姚、嵊县、上虞、新昌等4县及百官1镇；厘地为永嘉、玉环、临海、象山、黄岩、天台、仙居、温岭、南田等23县及宁海南半县。②

民国前期浙江盐业的运销都需要政府开出凭证后进行秤放运销。秤放管理除严格查验各种凭证外，还有严密的秤放手续和计量标准，以防止私漏。而海盐的运输方式和路线也随着交通条件的改善日渐快捷、合理。这些技术性的改进都有利于扩大浙江海盐的销售区域和销量。

民国初期，浙江海盐的收购根据各场不同储运情况大致分为4种：一是煎盐由灶商直接出售给运商，以浙西一带为主；二是在盐场设立商廒收购，再由商廒转运各地，如余姚、岱山、钱清等地；三是归堆后放运各地，如温属各场；四是产盐不多，零星放运肩销，如大嵩等场（见表5-9）。以余姚盐场为例，其机构除余姚场公署外，还有与其平行的余姚秤放总局，下设7个秤放分局，稽核盐税，秤放盐斤。余姚盐场设立盐廒9家，分布在各区（见表5-10）。余姚盐场推行晒盐技术后，来余姚盐场设廒的还有杭余廒、海崇廒、嘉湖廒等3家。另外，1928年在西三区有定海民生精盐公司专收余盐，每年约15万担。③

---

① 参见《浙境盐场整理后，各地原有纲引概予淘汰，开放盐禁将来任何人均可贩售，设秤放局于盐坨附近每日收盐，盐地垦殖设计会正式成立有待》，《宁波民国日报》1936年3月21日。

② 参见田秋野、周维亮：《中华盐业史》，台湾商务印书馆1979年版，第373页；董巽观、徐仰蘧、杜保曾：《专商引岸时期的两浙盐务》，载浙江省政协文史资料委员会编：《浙江文史集粹（经济卷）》上册，浙江人民出版社1996年版，第96—97页。

③ 参见王幼章：《余姚盐务史略》，载浙江省政协文史资料委员会编：《浙江文史集粹（经济卷）》上册，浙江人民出版社1996年版，第124—125页。

表 5–9　1930 年浙江各盐场产量及收购情况调查表

场名	平均产量（担）	盐斤收购储运情况
黄湾场	90946.96	灶商自备柴卤，煎成之盐，纲引商到场向灶商购买
许村场	86951.00	产盐分肩、季灶，肩盐就场捆放，季盐纲商捆销
鲍郎场	45590.00	每日 50 斤销轻税，其余由嘉湖廒收购
芦沥场	12251.00	均系近场轻税，由肩贩挑销
海沙场	18728.00	由嘉湖等廒收购
钱清场	163438.87	由五属公廒设廒收购，每两日缴盐 1 次
东江场	107956.19	各灶自造仓间，由纲商捆销
三江场	80357.00	均系季盐，悉由纲商捆销
金山场	92600.00	均系季盐，均由纲住商销售
余姚场	1747741.86	盐均由廒商收购后捆运
鸣鹤场佐	7388.97	供应三北民食
清泉场	6625.00	悉由肩贩挑售
穿长场	9342.60	板户存于家中，肩贩挑销，分卡过秤
大嵩场	2852.67	盐存盐户家，次日放肩贩
定海场	103871.00	未设仓廒，盐民存盐于木桶，均系本销，不出定海
岱山场	627700.35	盐斤大部分五属廒收购，余放渔盐
衢山盐佐	58771.00	盐存于木桶中，放本销及渔销
玉泉场	150000.00	由台商设廒收购毛盐运台州征税，部分本场放轻税渔盐
长亭场	32051.89	东乡产盐归堆，南乡产盐由廒收购运海游
黄岩场	33358.80	未设仓廒，均由盐户存储家中待商购买
杜渎场	14966.40	盐户均系自收自售并无官仓
长林场	3879.58	产盐归堆仓廒
双穗场	114521.20	产盐归堆场设四廒转运
上望场	33814.00	住团有商廒其余归堆
北监场	172247.46	产盐由商廒收购
南监场	40150.00	全部归堆
共计	3858101.80	

资料来源：浙江省盐业志编纂委员会编：《浙江省盐业志》，中华书局 1996 年版，第 154—155 页。

表 5-10　民国前期浙江余姚盐场盐廒统计表

区别	盐廒名称	代表或董事
中区	苏五属公廒（苏、松、常、镇、太）	董事：王鹤春
东二区	浙东引盐东廒、源泰廒、晋益廒	东区总代表兼东一区董事：沈金树、二区沈孝荣
东三区	公兴廒	代表：张邦相
西一区	浙东引盐总廒	西区总代表：高锦泰；董事：高振鹏
西二区	浙东引盐西廒、余姚轻税廒	代表：俞孝荣
西三区	公益酱盐廒	代表：孙增勋

资料来源：王幼章：《余姚盐务史略》，载浙江省政协文史资料委员会编：《浙江文史集粹（经济卷）》上册，浙江人民出版社 1996 年版，第 124 页。

民国初期，浙江省海盐储存非常紧张，一直没有成规模的官坨或官仓，仅钱清、余姚、北监、双穗等少数盐场，设有商廒或民仓，然皆简陋狭小，不便管理。其余如定海、长亭、清泉、芦沥各场，每月所产海盐，均挑存盐民家中，自行保管，期间也有堆存于自建草屋内，称为“民仓”，或随制随卖，以致管理难周，私产私销之弊，不一而足。为此，1932 年秋，定海场举办归堆，就产地建筑堆屋，次第告成，盐民每日将所产海盐，运储仓堆，派员秤收。另外余姚场也在 1936 年计划建坨。[①]1935 年，两浙盐务稽核分所对浙江沿海各盐场仓堆进行全面调查，全省 20 个场及镇塘殿、濠河头 2 个转运点，仓堆总数达到 1125 座，另 1044 间，总容量约 423.4 万担（合 21.17 万吨），绝大部分是民仓，总容量相当于全浙江一年的海盐产量数（见表 5-11）。

表 5-11　1935 年浙江盐场仓堆情况调查表

场名	产权	座数	间数	容量（担）
黄湾场	灶商自备	3	75	112500
鲍郎场	盐民自备		99	27000
芦沥场	盐民自备		28	20000
许村场	灶商自备	5		86951

① 参见田秋野、周维亮：《中华盐业史》，台湾商务印书馆 1979 年版，第 373 页。

续表

场名	产权	座数	间数	容量（担）
三江场	灶商自备		32	44800
东江场	灶商自备		32	54600
金山场	灶商自备	27		107000
钱清场	租赁民仓	118		216000
余姚场	租赁民仓	534		2256102
清泉场	盐民建堆		38	13150
穿长场	宁属引商		3	2500
定海场	盐民自有		418	60850
岱山场	盐民自有与租赁	160		391414
玉泉场	廒商自建与租赁	106		89650
长亭场	盐民所建		14	1150
双穗场	廒商		125	185300
长林场	归堆盐民合建		180	172000
南监场	归堆盐民合建	25		30110
北监场	归堆盐民合建	112		151000
镇塘殿	浙东引盐公廒	22		202000
濠河头	宁属引盐公所	13		9900
共计		1125	1044	4233977

资料来源：浙江省盐业志编纂委员会编：《浙江省盐业志》，中华书局1996年版，第163—164页。

民国时期，浙江沿海各盐场放盐都需要商人持两浙盐务稽核分所或下属机构发放的准单，依照准单上的具体数量逐担秤放。食盐发放后，由盐场收回准单，并在运照上加盖戳印，注明发放日期，以便沿路核查。自1914年起，盐场一律以100斤为1担、300斤为1引。浙盐包装，分草包、蒲包、麻袋、竹箩、篾篓（亦称竹篰）数种，每包净重为50斤、75斤、150斤、300斤不等，外加皮重3斤—12斤，视包装种类及包皮本身重量而定。[①]浙江沿海各盐场情况不同，其运盐包装方式也不尽相同。余姚场先后用蒲包、麻袋、竹箩，而玉泉场、黄岩场皆散装不用包装。

① 参见田秋野、周维亮：《中华盐业史》，台湾商务印书馆1979年版，第373页。

（二）民国前期浙江海洋盐业运销

便利的海运和内河运输使得浙江的海盐销售主要依靠近海帆船及内河木船、竹筏进行长途贩运，而短途则主要依靠牛车和人工肩挑背负。岱山场盐出运，大多先肩挑至小驳船，经大浦转运至外海船。杜渎场食盐则从临海白带门（在桃渚港口）循海岸线南下，入海门港至临海城。[①]民国时期，产量占浙盐近半的余姚场盐，大都由外海帆船运出。温、台两处水运，在东海、椒江、瓯江、飞云江各中流，多因水浅，难以畅行。绍属由海运过三塘九坝，杭属销岸之运浙东各场盐斤者，则溯钱塘江而上，经富春江、兰江、衢港、徽港、信阳江，以达金、衢、岩及徽、广等处。1924年浙赣铁路通车及各县公路相继建筑以后，浙东沿铁路如金、衢府属及绍属之诸暨、萧山，暨江西广信府属一带，从前船运者，多已改用火车，惟乡僻之区，仍籍船筏驳运，以达销地。至汽车运盐，则以运费较高，用者甚少。[②]

民国初期，浙江海盐运销仍旧实行专商引岸制，盐商为维护共同利益与官府及社会各方势力周旋，先后成立联合组织。1921年，浙江盐商在杭州成立两浙盐业协会（会址在柴垛桥安徽会馆），会长为周湘舲，副会长为俞襄周、鲍清如等。1928年，浙东盐商分别成立4个组织：行销浙盐的安徽黟县、歙县、休宁3县盐商自称的徽属办事处；行销金华、新登、分水、淳安、遂安、寿昌、东阳、衢州、於潜9县盐商组成的九地经商驻省办事处；行销江西广信、玉山、广丰、铅山、河口、弋阳、贵溪及浙江常山、开化等地盐商组成的常广开纲商执行委员会；行销诸暨、义乌、浦江、建德、桐庐、富阳、昌化、龙游、兰溪、汤溪等地盐商组成的浙东十一地纲商联合委员会。[③]专商引岸时期，盐商基本把持着浙盐的运销。浙盐的运销线路基本都是从盐场经陆路运抵临近的外海或内河港口，经船运往内地或沿海其他城市，再经到达内河或外海口岸陆路转运，其运销区域包括浙江、江苏、安徽和江西等省份（见表5-12）。

---

① 参见金陈宋主编：《海门港史》，人民交通出版社1995年版，第156页。

② 参见田秋野、周维亮：《中华盐业史》，台湾商务印书馆1979年版，第373页。

③ 参见董巽观、徐仰蘧、杜保曾：《专商引岸时期的两浙盐务》，载浙江省政协文史资料委员会编：《浙江文史集粹（经济卷）》上册，浙江人民出版社1996年版，第99页。

表 5-12 新中国成立以前浙江部分盐场海盐运销路线统计表

盐场	运销区	运销线路
余姚场	引地：江苏吴县、吴江、常熟、昆山、松江、青浦、奉贤、金山、上海、川沙、南汇、太仓、宝山、嘉定、武进、江阴、无锡、宜兴、丹徒、丹阳、金坛、溧阳、靖江	由外海直运苏属太仓县浏河镇，再分别由内河转运各地
	厘地：上海租界	由海运直达上海陆家嘴
	纲地：嘉兴、嘉善、桐乡	由海运至海宁盐官，转内河分运各销区县
	纲地：浙江程广、武德、富阳、新登、淤潜、昌化、诸暨、义乌、浦江、金华、兰溪、汤溪、东阳、衢县、龙游、江山、常山、开化、建德、淳安、遂安、寿昌、桐庐、分水；安徽歙县（附销绩溪）、休宁（附销婺源）、伙县（附销祁门）；江西之玉山、上饶、横峰、广丰、贵溪、铅山、弋阳等县（后加婺源一县）	由外海船沿钱塘江运至绍兴镇塘殿，再转由内河船运经陆山桥、梅山港、柯桥镇、从钱清出西小港至绍兴县之前所镇，直达义桥过坝，改装外江船运到目的地
	肩地：绍兴、萧山、南沙、杭县、余杭、海宁、崇德	由镇塘殿内河分运安昌、东关、东浦、前所、萧山等销区
	引地：鄞县、奉化、慈溪、镇海及宁海之北半县	由海运经镇海入甬港溯流而上，至宁波濠河头卸船，分销鄞县本境；运奉化者，过铜盆浦入境；运奉化之外埠及宁海北半县者则过镇海口经象山港至埄下潭即达
钱清场		船运经党山河溯钱塘江而上，经富阳、桐庐运达销区
岱山场	江苏之吴县、吴江、常熟、昆山、松江、奉贤、金山、上海、南汇、青浦、川沙、武进、无锡、江阴、宜兴、靖江、丹徒、丹阳、金坛、溧阳、太仓、嘉定、宝山	由外海船直运苏属太仓县浏河镇，再转内河分运各销区
	运上海租界	外海直达上海陆家嘴交仓
玉泉场	象山、南田两县	本地民食
	销往台州各县	散装船仓，出三门湾循海而南，折入椒江口往海门至台州
	销往宁波各县	循海而北入镇海口至宁波濠河头

续表

盐场	运销区	运销线路
长林场	销往温州各县	乐西盐一路自内河经象山，出磐石新陡门，入瓯江运至温州东门；另一路自场区就近出陡门，由海道沿岐头，黄华，七里，里龙磐，入瓯江至温州门
		乐西楠溪盐自内河经象山，出馆头过坝入瓯江，折入楠溪港。乐东运温州自铧锹、荡垟沿海绕过西乡及岐头等处入瓯江至温州
	销往台州各县	水运：自乐东渡入楚门港出口，沿松门经温岭黄岩界至海门入椒江而达台州
		陆运：则铧锹由竹屿过前庵入桐溪，自荡垟则由虹桥过岭窟、芙蓉岭入桐溪，至黄岩、温岭两县均由虹桥入大荆
北监场	渔盐销区共有 15 埠：属玉环县境者 13 埠，即坎门、鸡冠山、寨头、小叠、大麦屿、鹿西、豆腐岩、潭头、状元岙、沙角、三盘、洞头、甲米礁；属瑞安县者有北鹿 1 埠；属平阳者有南鹿 1 埠	陆运：肩贩到场配盐，多在楚门之清港成交。自清港起运过竹坑至横山入温岭界黄泥岭，达温岭县城
		海运：就起起运，经楚门横港出海，沿松门至海门入椒江，直到台州

资料来源：浙江省盐业志编纂委员会编：《浙江省盐业志》，中华书局 1996 年版，第 278、284 页。

民国时期的浙江海盐运输是有期限的，这个期限一般都在海盐运销凭证上标注出来。对于没有按期到达运输地的盐商，则需要按照相应规定进行处理。如没有充分的理由，轻者没收食盐，重则按走私论处。一般而言，浙江沿海盐场食盐运输都有一个标准的运输时间表。以浙江余姚盐场为例，其所出海盐运往伙县、广信、开化、义乌为 54 日；休宁、常山、江山为 47 日；翕县、西安（衢县）、龙游、东阳为 40 日；金华、兰溪、汤溪、遂安为 32 日；淳安、浦江、程广为 28 日；建德、寿昌、桐庐、分水、於潜、昌化为 24 日；上虞、百官、绍萧、象山、南田、余姚为 7 日（浙江沿海各主要盐场食盐运输大概时间见表 5-13）。

表 5–13　1950 年中国盐业公司杭州分公司盐运运期调查表

起运地点	销地	运输工具	里程（公里）	时间（天）
余姚	临浦	木船	165	10
余姚	宁波	木船	60	2—5
余姚	屯溪（安徽）	木船	475	25
临浦	杭州	木船	30	2
临浦	金华	火车	298	1—2
临浦	兰溪	火车	344	1—2
临浦	衢州	火车	464	2
临浦	江山	火车	534	2
温州	丽水	木船	101	4
北监（玉环）	温州	木船	90	4
长林（乐清）	温州	木船	70	2—3
翁家埠（海宁）	杭州	汽车	25	1—2
翁家埠	嘉兴	木船	140—180	3
乍浦（平湖）	嘉兴	木船	90	2
黄岩	临海	木船	150—200	3—4
钱清	杭州	木船	100—150	2—3

资料来源：浙江省盐业志编纂委员会编：《浙江省盐业志》，中华书局 1996 年版，第 281 页。

二、战时及战后浙江海洋盐业的生产与运销

抗日战争爆发后，浙西嘉兴、杭州所属盐场沦陷，而浙盐销往苏南、上海的线路也被迫中断。在抗日战争的紧张局面下，为防止日军在浙东沿海登陆，浙江盐业部门组织人力物力，加紧将沿海盐场所存食盐通过铁路和水运向内陆省份转运。由于大量盐场的沦陷，为提高宁、台、温等国民政府仍掌控盐场的产盐量，除了允许盐民增加生产设施外，还对于从事盐业生产的盐民免除军役。在各项措施的推动下，浙东沿海盐场食盐产量有较大提高。就盐业运输而言，在繁重的军事运输下，食盐的运输不仅缺乏足够的交通工具，更重要的是对于道路的使用要服从军事需要，这就使得浙江沿海盐场生产出来的大量食盐在向内地转运的时候出现积压。就

战时的运销而言，浙东沿海盐场的食盐除了供应本省内地需要外，还需要向邻近江西、湖南甚至广东部分省区供应食盐，其运输压力是相当之大。抗日战争胜利后，尽管浙江所属沿海盐场食盐生产得以恢复，但是通货膨胀引发的物价上涨推高了食盐生产与运输成本，这就使得战后食盐的价格远高于战时及战前。

（一）战时及战后浙江海洋盐业生产

1937年抗日战争爆发后，浙西沿海区域先后沦陷，沿海盐场相继被日军占领。浙赣铁路萧山至临浦段及萧绍铁路绍兴至萧山段被破坏，盐运困难。而浙东海盐销售也由于战事的影响而趋于停滞，余姚、钱清、岱山等盐场的海盐出现积压现象。为此，1938年2月浙江省政府在金华成立浙江省战时食盐运销处，统一对浙江沿海食盐进行统购统销，以加快沿海食盐向内地的转运。这一时期，除近场轻税盐斤暂由商运外，余姚、钱清等场存盐由运销处向内地转运，而温台各场盐业运销也由政府接管。[①]1938年7月，浙江省战时食盐运销处改组为浙区战时食盐收运处，由财政部与浙江省政府合办，并在定岱、玉泉、黄岩、长亭、北监、长林等地成立办事处，组织人力及运输工具，昼夜抢运余姚、钱清等场存盐，接济内地军需民食。[②]抗日战争的持久使得浙江的沿海食盐运销体系发生了较大的变化，一方面战事的影响使得以前的旧盐商无力包揽收购运销；另一方面为应付战事，南京国民政府于1939年在国民党五届五中全会中提出经济建设要全面向统制经济转轨，以便集中全国的人力、物力和财力。[③]在这一背景下，南京国民政府盐务部门制定以“民制、官收、官运、商销”为原则的盐务管制政策，在国统区实施盐政改制，鼓励盐民增产，掌握盐源，控制销售，以勉力供应战时军需民食。随着战事向浙东沿海区域的蔓延以及宁波、绍兴的沦陷，浙江沿海盐场到1941年仅存黄岩、杜渎、长亭、双穗、长林、南监、北监等7个盐场，总产量仅6万—7万吨。与此同时，浙盐的销售区域则由于日军的逐步入侵在1942年下

---

① 参见丁长清、唐仁粤主编：《中国盐业史（近代当代编）》，人民出版社1997年版，第245页。

② 参见浙江省盐业志编纂委员会编：《浙江省盐业志》，中华书局1996年版，第153页。

③ 参见浙江省中共党史学会编印：《中国国民党历次会议宣言决议案汇编》第2分册，内部刊印，1986年，第416页。

降到完整者 61 县，不完整者及皖南销区共 16 县。1943 年这一数字再次下降到完整者 55 县，不完整者及皖南销区共 18 县。鉴于此，1942 年 1 月，国民政府颁令废除专商引岸制，实行盐专卖。[①]同时，浙区战时食盐收运处奉令结束，人员并入两浙盐务管理局。在盐专卖政策下，盐的生产、收购、运销及价格统由政府总揽厘定，统一管理，征收专卖利益，而原有的纲、引、肩、住、厘、轻税等税目概行废止。基于此，1942 年后，浙江省政府开始对浙江海盐的收购与运销实行管制，由政府收购并统一进行运销。同年，随着温、台等浙江沿海区域的收复，浙江省政府着手恢复浙江温、台沿海盐场的日常生产，同时抓紧将沿海食盐向内地销售区转运，并在南监场等盐区新建盐仓 12 座以增加海盐的存储容量。[②]1945 年初，为厉行紧缩，简化税务机关，国民政府又停办盐专卖，改行就场征税制。抗日战争胜利后，浙江沿海盐场得以恢复，其原有的海盐销售区域如上海、苏五属及皖南等销地食盐仍由浙江供给。在新的形势下，1946 年 2 月，国民政府公布《盐政纲领》，以“民制、民运、民销”为原则。《盐政纲领》的出台意味着战前的专商引岸制终结，政府开始准许食盐的自由贸易，同意商民自由经营与运销。同时，政府在丽水、龙泉、临海、临浦、建德、衢州、杭州等处设立官盐仓，运储常平盐。[③]

战前的浙盐产销属于供过于求的状态，而到战时由于大量浙江沿海盐场的沦陷导致产盐量剧减。与此同时，江西、安徽、湖南等原本属于淮盐销售区的食盐供应也因为江苏、山东的沦陷不得不依靠浙盐接济。战时浙江沿海食盐供需的变化对沿海盐场的食盐生产产生极大压力。1939 年，国民政府财政部下令余姚盐场增产 2.27 万吨，温台的黄岩、北监、杜渎等浙江沿海盐场也下令扩建增产。除扩建盐场外，政府还增加督产警员、开放已封存的私板。1939 年 5 月，国民政府

---

① 参见《国民政府财政部战时盐专卖暂行条例草案及盐专卖实施原则》、《国府公布修正盐专买暂行条例为盐专卖条例等令》与《国府公布盐专卖暂行条例通行饬知训令》，载中国第二历史档案馆编：《中华民国史档案资料汇编 第五辑 第二编 财政经济（二）》，江苏古籍出版社 1997 年版，第 107、162、124 页。

② 参见《浙东战区收复盐务设施汇志》，《盐务月报》1942 年第 11 期；《修建场区销地盐仓多数完成》，《盐务月报》1942 年第 11 期。

③ 参见浙江省盐业志编纂委员会编：《浙江省盐业志》，中华书局 1996 年版，第 283 页。

财政、军政两部会同商订《盐工缓役办法》两项：其一，凡各制盐场区现从事直接生产的盐工，如晒盐煎盐捞盐及从事卤硔的工人等，不同年龄及受雇年月，以现有者为限，一律准予缓役，嗣后如需增加直接生产盐工应以年龄在36岁以上者，方准缓役；其二，凡运盐工人及运输制盐所用煤薪的力夫船工挠伕与专制装盐采卤所用物，如盐包盐索卤枧等工人，以年满36岁以上者准予缓役。[①]除此之外，浙江省还提高余姚等场晒板单位产量，自原定每板381斤，增至456斤。双穗场煎灶缴额提高，每昼夜为14担，“每灶产达规定额数者，并给予超额奖金，以资鼓励增产”[②]。在一系列政策鼓励下，浙江沿海盐业产量开始回升，由1937年的3499463市担，上升到1938年与1939年的4720000担与4920000担。1940年，由于夏秋风雨灾害及定岱盐场的沦陷，浙江沿海盐业产量下降到4700000担。[③]1941年4月，日军先后占领宁波和绍兴，余姚、清泉、钱清、玉泉四场及东江、金山两区盐场沦陷。其后，仍旧在国民政府控制中的温台沿海盐场日常生产也经常受到日军的侵扰，不能安心生产。[④]因此，1941年度，浙江沿海盐场产盐量仅为151万余担。[⑤]1941年后，随着国统区财政经济逐渐恶化导致的通货膨胀，使得浙江沿海盐场的制盐成本节节上升。浙江双穗等7个盐场，制盐成本亏损的就有5个，占56%，盈余的多为晒盐（见表5-14）。与制盐成本上升相同时的是盐价的大幅上扬。1942年，浙江沿海盐场食盐官方收购价格为每担23.29元，1943年为89.45元，1944年为174.00元，1945年为399.00元。[⑥]伴随食盐收购价格上扬的是浙江食盐零售价格的上涨。以浙江龙泉为例，1937年起零售价格为每担6.82元，1940年上涨到19.45元，1943年上涨到662.15元，其零食价格相比战争初期上涨了100多倍。[⑦]制盐成本的上升源于浙江整体物价指数的上涨，

---

① 参见程道明：《盐政概论简明问答（续）》，《盐务月报》1944年第4期。

② 中国第二历史档案馆编：《中华民国史档案资料汇编 第五辑 第二编 财政经济（二）》，江苏古籍出版社1997年版，第55—59页。

③ 参见《历年全国及两浙盐区浙江省内食盐产销数量（十至二十九年）》，《浙江经济统计》1941年12月。

④ 参见《台温场属及浙西敌伪常窜扰》，《盐务月报》1943年第20—21期合刊。

⑤ 参见田秋野、周维亮：《中华盐业史》，台湾商务印书馆1979年版，第494页。

⑥ 参见浙江省盐业志编纂委员会编：《浙江省盐业志》，中华书局1996年版，第353页。

⑦ 参见丁长清、唐仁粤主编：《中国盐业史（近代当代编）》，人民出版社1997年版，第269页。

尤其是盐民日常柴米等价格的上扬。1943 年浙江沿海盐场煎盐成本由每担 60 元增加到 100 元，晒盐成本由 40 元增加到 60 元。①

表 5-14　1941 年浙江盐场制盐成本统计表（单位：法币元）

盐场	制法	按年产数量平均每担数	现行场价实列数	比较	
				盈	亏
双穗	晒	9.51	10.00	0.49	
	煎	10.87	12.00	1.13	
杜渎	晒	9.78	6.00		3.78
	煎	13.40	9.10		4.30
长林	晒	10.00	8.00		2.04
黄岩	煎	11.10	9.00		2.10
南监	晒	12.00	14.00	2.00	
北监	晒	5.38	9.20	3.82	
长亭	晒	14.70	7.00		7.70

资料来源：丁长清、唐仁粤主编：《中国盐业史（近代当代编）》，人民出版社 1997 年版，第 241 页。

1942 年后，为控制盐业生产，统筹食盐的运销，国民政府对全国盐业生产与运销实行专卖制，由政府统一调配全国的食盐。就浙江而言，其温台等 7 个盐场所产食盐全部由政府收购，随产随即缴仓，按户登记，照价付款，由盐民直接向场署缴盐，避免中间盐商的盘剥。1944 年 1—9 月份，浙江沿海盐场产盐 89 万担。② 抗日战争胜利后，浙江沿海物价水平不仅没有降低，还在继续上涨。受此影响，1946 年浙江舟山定海、衢山盐场的制盐成本分别上升到每担 900.40 元和 887.57 元（见表 5-15）。

① 参见《各场制盐成本激增场价增加》，《盐务月报》1943 年第 20—21 期合刊。

② 参见倪灏森：《浙区三十三年度盐专卖实施概况》，《盐务月报》1945 年第 11—12 期合刊。

表 5-15　1946 年浙江定海、衢山制盐成本分项统计表（单位：法币元）

支出项目	定海	衢山
工具费用	4610	8406.33
设备折旧	95	198.67
修理费用	4400	26500
制卤工资	37350	70532
制盐工资	16800	47000
储运费	1350	3300
耗盐	12921	31187.40
捐税	3510	8140
合计	81036	195264.40
当年产盐（担）	90	220
担盐成本（元）	900.40	887.57
折米（市斤）	13.5	13.65

资料来源：浙江省盐业志编纂委员会编：《浙江省盐业志》，中华书局 1996 年版，第 363 页。

（二）战时及战后浙江海盐运销

抗日战争初期，浙江沿海盐业运销由于战事而受到极大的影响。日军对沿海港口的封锁使得浙东沿海食盐运输只能以内河及陆路运输为主。而浙江境内的铁路也因为战争的影响多次停运。战时浙江沿海食盐的运输主要依靠的是内河船运以及公路运输。而整个运输过程则由政府全权调配。如，1938 年 2 月，两浙盐务管理局和浙江省政府合作，组织战时食盐运销处，办理余姚、钱清等沿海盐场食盐的收购与转运工作。食盐运销处一面接运镇塘殿、南沙廒存盐斤，转运临浦，车运浙东纲地济销，并赶运济赣盐斤；另一方面组织交通运力，抢运沿海库存食盐至内地。当年，浙东沿海食盐多通过公路与内河船运到江西与湖南，共转运各种存盐 280 万担。1939 年 10 月，桂林行营在衡阳召开江南六省盐粮会议，讨论制定盐粮供应方针，并决定在桂林设立江南六省盐务特派员办事处，统一管理江南六省食盐的产、运、销、囤。[①]1941 年 4 月，日军侵占余姚、钱清等盐场后，收运处在上虞老通明，富阳场口，及上浦、汤浦、临浦等处，先后设站收购流散盐斤。另外又在安吉梅溪、长兴泗安、余杭冷水桥、溧阳殷家桥，遍设机构，尽量收购淮浙流散盐，分济皖南、浙西食销，收购总数为 2.12 万吨。其后，温台黄岩、杜渎、长亭、双穗、长林、南监、北监等 7 处盐场，均由政府盐务管理部门统购统销。[②]

为保证沿海食盐向内地的转运，国民政府在浙江修路、建桥、增造运盐专用的水陆运输工具等，还新辟了多条运线。抗日战争爆发后，浙江沿海食盐的销售区域发生变化，除传统的浙西、安徽与江西外，还需要接济湖南等省份。1938 年，浙江省与湖南省政府合作，经浙赣铁路向湖南运输食盐 73 万担。其后，因浙赣铁路中断，浙江省运往湖南的食盐大量减少。尽管如此，其在 1939 年和 1940 年运往湖南的食盐达到了 382915 市担和 21968 市担（见表 5-16）。

表 5-16　1939 年至 1940 年 8 月浙盐配销区域与数量统计表（单位：市担）

<table>
<tr><th>项目</th><th>1939 年</th><th>1940 年 1—8 月</th><th>备考</th></tr>
<tr><td>总计</td><td>2452922</td><td>1209712</td><td rowspan="9">浙盐战前除销浙江全省外，复销安徽歙县等 8 县，江苏松、常、镇、太、苏五旧府各县及江西上饶等 7 县，战后浙西各盐场全部沦陷，食盐仍由浙东供给，省外江西一省，全赖浙省供给，湖南、广东亦由浙省供给一部分。本表尚有浙江引地、肩地、住地及旧宁、温、处属配销盐额，未计在内，故与产额不符</td></tr>
<tr><td>运济江西省</td><td>1079787</td><td>462065</td></tr>
<tr><td>运济湖南省</td><td>382915</td><td>21968</td></tr>
<tr><td>拨交汕韶济湘</td><td>9095</td><td>12664</td></tr>
<tr><td>运销本省纲地</td><td>777971</td><td>459618</td></tr>
<tr><td>拨销渔盐</td><td>48633</td><td>36850</td></tr>
<tr><td>台区本销</td><td>128491</td><td>164793</td></tr>
<tr><td>浙西及皖南</td><td>26030</td><td>51754</td></tr>
</table>

资料来源：《浙盐配销实数》（1939—1940 年 8 月），《浙江经济统计》1941 年 12 月。

---

① 参见南开大学经济研究所经济史研究室编：《中国近代盐务史资料选辑》第 4 卷，南开大学出版社 1991 年版，第 25 页。

② 参见浙江省盐业志编纂委员会编：《浙江省盐业志》，中华书局 1996 年版，第 156 页。

1938 年浙江抢运余姚等场存盐，其线路是先通过内河外海抢运至浙赣铁路沿线装车向内陆运输，而台州各盐场食盐则通过雇佣外籍轮船，由海门装载出口，至宁波进口，再通过宁波向内陆转运。其后，浙东一带，频繁遭到日军侵扰，水陆交通，经常随着战局的进展而发生变化。为适应战时情况，浙江省政府逐步新辟运线，并先后购置卡车 150 辆，手车 3000 辆，在艰苦环境中，设法维持盐运，其主要运线有 4 条：

（1）以余姚为起点，经上虞、嵊县、白恒、义乌、金华、江山、玉山，而达江西的鹰潭。由余姚至义乌一段，仅嵊县至白恒间，仅用汽车运输，余皆利用船筏。义乌以后，则由浙赣路火车运输。运抵鹰潭后，又分两线：甲线由鹰潭西运，经东乡、樟树至吉安，系以手车与木船相间运输，再由吉安船运至泰和、赣县等地供销，其运济湘区者，则由安吉用汽车运经莲花、茶陵而达攸县，然后转木船运衡阳；乙线由鹰潭南运金溪至南城，然后由南城运经黄昌、宁都至赣县，接济赣销，各段皆系用汽车、船筏相间运输。

（2）以临海为起点，经仙居、皤滩、壶镇、永康至金华，与第一线会和。由皤滩至壶镇，系用人夫肩挑，壶镇至永康，系用手车推运，其余各段，皆利用船筏运输。

（3）以永康为起点，船运经永嘉、青田、丽水、龙泉而达八都，然后以汽车运经敏北之建阳、邵武、黎川各地，而至南城，与第一线会和。

（4）以金华为起点，经兰溪至建德后，分为两路：一路北运桐庐、昌化、於潜各县；一路则西运经淳安而达歙县，全线均利用船筏运输。①

1942 年，浙盐实行盐专卖制度后，其运销线路随着战局的变化大致分为两条干线：温州所属盐场，以永嘉转运集散地点，循瓯江内运丽水及木垟，分转内地口岸各销售地；台州所属盐场，除一部分黄岩盐场转运温州内销外，其余均集中在临海或江遥后，由灵江转运各销售地。灵江方面，由于水浅滩多，行运艰难，加上运输工具缺乏，兼有军粮赋谷在同一运输线上，船只不敷分配，运力微弱。而瓯江方面，是由浙江省驿运处订约承运，所有船只受第 32 集团军浙东船舶运输

---

① 参见田秋野、周维亮：《中华盐业史》，台湾商务印书馆 1979 年版，第 506 页。

司令部管制，以抢运军粮为主要任务，致使盐运受到极大影响。经浙江省政府与其交涉，约定盐粮四六配运，按月运往丽水、木垟及松阳等处最少5万担。因为船队管理松懈，以及船户趋利偷运商货等因素，盐业运量始终没有达到最低约定数。为此，两浙盐务管理局拟定贷款造船，用以增加运力。按照计划，管理局贷款建造船只1400艘，已下水运盐的船只有800艘。这些船只均受管理局管制，不过在战事紧张期间则要被征军用。由浙江沿海盐场转运到丽水的食盐，除供丽水、宣平两县销售民用外，其余均用汽车或运往龙泉，或用手车运往木垟，经水路运往九源，再陆路转运龙泉。其后，一路水运往村口大溪旁而至衢县，供应衢县、常山、开化、婺源等县食用销售；另一路陆运经浦城转运到古溪，再进而抵达广丰的六都，分别供广信七县及江山食用销售；同时为充裕岸销起见，又增开双穗场至泰顺，暨青田至景宁、泰景和庆元之间的辅助线。台州属黄岩盐场除转由温州内销外，其余食盐运销以壶镇为终点。不过横溪至壶镇之间因海拔高达3000尺，挑运十分困难。浙赣线西北地区的建属、浙西及皖南各属县，自金、兰弃守，盐场运线中断后，依靠收留散盐而自给自足。其后，两浙盐务管理局增开松淳线，将从沿海盐场运到松阳的场盐匀出一部分，经龙游、寿昌至淳安，在分转销往皖、建两属各县。该线以水陆辗转盘驳，道远运艰，耗费巨大，尤其以龙游茶圩至寿昌罗桐埠一段，总计60多公里，全靠人力挑运。过淳安后则以水运居多，浙西自梅溪内河轮船以於潜为终点，而在桐庐窄溪的收购者也以淳安的港口为集散地，与运销安徽的场盐在同一线路上。

抗日战争时期，浙江沿海盐场食盐向内陆运销过程中最大的问题是运输工具的缺乏。为此，两浙盐运管理局除贷款自造船只补充运力外，还尽量利用各种交通工具，除借用回空军公商车外，还向福建转借木轮车300辆。不过无论是手车还是汽车大都已经超过使用年限。而相应器材的配购则由于货源短缺不得不高价搜罗。除此之外，广运线中古溪至六都段，因年久失修，商运视为畏途。经两浙盐务管理局与交通部门商洽，拨款117.50万，由第三战区司令长官司令部主持，责成浙赣两省公路局分头修建，以通盐运。

战时，浙江食盐的销售由政府根据盐业市场的供求状况进行调整，统筹核定设置集散处所，推行就仓整售，并招设商销机构，加强管制。浙江原设有配销点20

处，后因军事需要而缩减为 20 处。其后，增设古溪、六都、华埠、茶圩等处配销仓，以及上饶、河口、江山、玉山等军盐仓。在食盐销售过程中，两浙盐运管理局一方面根据市场需求随时开放肩销，以资调剂；另一方面，广设商业销售机构，以方便民众购买。[①] 在一系列措施推行下，自抗日战争后销售数额日渐减少的浙盐，在 1943 年有所回升，达到近 100 万担（见表 5-17）。

抗日战争胜利后，浙盐运销逐渐恢复到战前状态。1946 年，浙江沿海食盐省内销售约 180 万担，外销赣东 20 万担，皖南 12 万担，上海区 84 万担，另有工业用盐 15 万担，配放盐销额 90 万担，总计 400 多万担。产销虽然平衡，但增产可能性很小，其原因在于交通的不便与盐业贷款的不足。战后浙盐在本省的运销主要有商人自运自销，外销盐则由盐务管理局招商代运。因为交通不便，所消耗的运费非常大，终端消费者购买的食盐中只有一半是盐本身的价格，另一半则是运费。[②]

表 5-17 1929—1949 年浙盐分盐种销量统计表（单位：千担）

年份	销数	其中				
		食盐	渔盐	酱盐	工业盐	精盐
1929	3015	2326	657	32		
1930	3191	2436	717	35		3
1931	3413	2610	726	44		33
1932	3469	2626	729	50	23	41
1933	3191	2415	665	48	31	32
1934	2278	1580	564	42	12	80
1935	2487	1501	865	36	15	70
1936	3160	2137	871	51	18	83
1937	2756	1941	713	52	17	33
1938	2105	1423	613	52		17
1939	2450	1995	414	41		

① 参见倪灏森：《浙区三十三年度盐专卖实施概况》，《盐务月报》1945 年第 11—12 期合刊。

② 参见《经济资料：浙盐概况》，《浙江经济月刊》1947 年第 5 期。

续表

年份	销数	其中				
		食盐	渔盐	酱盐	工业盐	精盐
1940	2558	2247	262	49		
1941	1591	1421	144	26	△*	
1942	713	571	132	10	△	
1943	999	841	143	15	△	
1944	712	637	75	并入食盐	△	
1945	534	440	74	并入食盐	△	
1946	4122	3041	1080	并入食盐		1
1947	4003	3333	647	并入食盐	21	2
1948	3967	3452	472	并入食盐	39	4
1949	998	840	150	并入食盐	8	

* "△"为500担以下。

资料来源：浙江省盐业志编纂委员会编：《浙江省盐业志》，中华书局1996年版，第286—287页。

第三节 民国时期浙江盐税与盐政改革

民国初期，浙江盐税无论是种类还是征收方式都直接继承了晚清的遗产，并在此基础上进行微调。专商引岸制度，无论在北京政府时期还是南京政府时期都保留了下来。就税收种类而言，除了正税之外，还有大量的附加税收，而且附加税收随着时间的变化逐渐超过了正税税率。就食盐税率而言，浙江不同区域的税率是不同的，具体视食盐销售的远近而定。1931年，南京国民政府开始逐渐废除专商引岸制度，允许部分食盐的自由贸易。不过，随着抗日战争的爆发，在军事与财政压力下，政府逐渐将食盐自由贸易政策废止，取而代之的是盐专卖政策。无论是民国初期的专商引岸，还是1931年之后的自由贸易，再到1942年后的盐专卖政策，都是针对当时盐业管理模式的调整，其最终目的都是为了提高盐业生产效率，增加盐业税收。战后，国民政府逐渐废止盐专卖政策，恢复战前的食盐自由贸易。在南京国民政府对盐业生产及管理模式进行改革的过程中，由于没有做好细致的前期工作，再加上政策执行过程中的失误，导致浙江余姚、岱山等地盐民对国民政府的盐政改革措施多方抵制，甚至酿成暴乱。这些事件折射出，南京国民政府时期的盐政改革更多的是从政府增加税收的角度出发，而忽略了盐民的利益诉求。

一、民国前期浙江盐税税率与收入

盐税，古称盐课，是历朝中央税收的主要来源之一。而盐税的种类在前清及其之前，大致可分为引课和盐厘，其中引课中名目更多，有加课、帑课、加价、附价、引地税、珠红赃、将军养廉、内阁饭银、库养、参库、河工银灶、丁税、缉私费等数十种。盐厘则渊源于明，清咸同而后，凡票盐所经须视其他货物照抽厘金。厘金，向不计入于普通之厘金中，别于盐课合为盐税，至于税率，不但省与省不同，府与府不同，即便在同一县里，也千差万别。[①]除了盐税种类的繁多，盐税的税率同样标准紊乱。浙江从前引制不一，有纲引地、肩引地、住引地等（其区别见《实业部关于两浙区盐商现状调查统计》）[②]，不同引地的税率是参差不一的，至此可感受到浙江盐税的复杂和混乱。宣统三年（1911），清政府户部饬各司参照"一条鞭法"，将各项课税、厘金以及一切杂捐经费等名目归并为一，统一命名为盐税，归场岸分收，出场时先收几成，到岸后补收几成，按照产销各省应得之数，分别拨给各省地方。于是以前历朝历代的几百种杂项款名不再见于今日，统一称为盐税，盐税名目由此而起。1914年，全国实行均税法，把全国产盐及销盐的地方，分作两区先后施行，每百斤盐定例收税2.50元，定于1914年第一区施行，1915年1月第二区施行，将所有各种税目一概删除，使税率划一。公布以后，因政局不稳，并未施行，各区的税率仍是参差不齐。两浙地区的盐业税率因纲、肩、住、厘的不同而有很大差别，其中纲地：杭、嘉、湖、金、衢、严、徽、广每100斤税率3.00元；肩地：杭县、余姚、海宁、崇德每100斤税率2.60元；杭县属上四乡及绍兴、萧山每100斤税率2.20元；住地：嵊县、上虞、百

① 参见田斌：《中国盐税与盐政》，江苏省政府刊印1929年版，第5页。

② 参见中国第二历史档案馆编：《中华民国史档案资料汇编 第五辑 第一编 财政经济（八）》，江苏古籍出版社1994年版，第802页。

官、余姚、新昌每100斤税率2.20元；宁属：鄞县、奉化、慈溪、镇海每100斤税率1.50元；象南、定海、岳山每100斤税率1.00元；近场轻税：黄湾、鲍郎、崇明每100斤税率1元；大嵩、鸣鹤、清泉、穿长每100斤税率0.50元；芦沥、黄岩、定海每100斤税率0.20元；温、处簖盐每100斤税率2.00元；食盐每100斤税率1.00元；台州每100斤税率自0.30元、0.60元至1.00元，2.00元不等（具体税率见表5-18、表5-19）。[①]

表5-18 1917年浙江各地区盐税统计表（单位：银元/担）

县名	盐税	县名	盐税	县名	盐税	县名	盐税
金华	2.141	富阳	1.934	武康	1.971	奉金	1.881
兰溪	2.351	新城	2.173	德清	1.971	太镇	1.643
汤溪	2.351	於潜	2.209	临安	1.981	青浦	1.739
西安	2.438	昌化	2.209	长元吴	2.061	靖江	1.531
龙游	2.381	诸暨	1.930	江震	1.941	宝山	1.157
江山	2.438	义乌	1.930	锡金	2.068	姚家桥	1.598
开化	2.437	浦江	1.930	武阳	1.870	琏圩	1.836
建德	2.189	东阳	1.803	宜荆	1.866	建平	1.643
淳安	2.189	嘉兴	1.958	江阴	1.668	嵊新	1.220
遂安	2.352	秀水	1.958	金坛	1.855	上虞	—
寿昌	2.189	嘉善	1.958	溧阳	1.891	余姚	—
桐庐	2.189	桐乡	1.958	丹徒	1.688	仁钱	1.500
分水	2.189	乌程	1.983	丹阳	1.717	余杭	1.500
黟县	2.058	归安	1.983	常昭	1.588	平海	1.600
休宁	2.079	长兴	1.983	上南	1.920	海石	1.500
歙县	2.079	安吉	1.983	昆新	1.681	山阴	—
常山	2.079	丰孝	1.983	嘉宝	1.743	会稽	—
广信	2.079	广德	1.983	华娄	1.757	萧山	—

注：各地所有巡费及地方附加税等均未列入。

资料来源：《两浙各引地盐本盐税售价一览表》，《盐政杂志》1917年第1期；《两浙各引地盐本盐税售价一览表》，《盐政杂志》1917年第2期。

① 参见陈沧来：《中国盐业》，商务印书馆1929年版，第27—28页。

表 5-19 1923 年浙江盐税税率统计表（单位：银元 / 担）

税类	地区	税率
纲地	嘉善、嘉兴、桐乡、德清、武康、安吉、孝丰、吴兴、长兴、临安、富阳、新登、於潜、昌化、分水、桐庐、建德、淳安、寿昌、遂安、开化、常山、江山、衢县、龙游、汤溪、兰溪、浦江、东阳、义乌、诸暨、平湖、海盐、广德、绩溪、歙县、黟县、休宁、祁门、婺源、玉山、广丰、上饶、横峰、铅山、弋阳、贵溪共 47 县	3.00
引地	吴县、常熟、无锡、吴江、上海、川沙	3.20
	南汇	3.00
	奉贤、金山、松江、青浦、昆山、嘉定、太仓、宝山、靖江、江阴、武进、宜兴、丹徒、丹阳、金坛、溧阳、郎溪	2.70
肩住地	杭县、余杭、海宁、崇德	2.60
	余姚、上虞、百官、新昌、嵊县、绍兴、萧山	2.20
厘地	泰顺、丽水、青田、缙云及壶镇、云和、松阳、遂昌、龙泉、庆元、宣平、景宁、永康、武义	2.00
	鄞县、奉化、慈溪、镇海	1.50
	宁海北半县、象山、永嘉、乐清、瑞安、平阳、玉环、临海、仙居、天台、大田及宁海南半县、海游、悬渚、沙柳、宁城、黄坛、白峤	1.00
	新亭、塘里	0.60
	海门、葭芷、长亭、花桥	0.30
减地	宝山之结一结九，上南川之浦东、上海之租界	1.50
轻税地	黄湾、鲍郎、江苏之崇明	1.00
	大嵩、鸣鹤、清泉、穿长	0.50
	黄岩、芦沥、定海	0.20
渔盐税	岱山	0.235

资料来源：浙江省盐业志编纂委员会编：《浙江省盐业志》，中华书局 1996 年版，第 333—334 页。

尽管这一时期浙江各地盐业税率未能完全一致，但浙江盐税紊乱的现象已渐渐消失。北京政府时期的盐税主要分为正税、中央附税和其他附加 3 种。按照盐的用途分为食盐税、渔盐税、农工用盐税和副产品税等种类。上述纲、肩、住、厘即属于正税。北京政府时期，浙江盐税呈逐渐上升趋势，其中纲地税收由每担 2.44 元上涨到 1926 年的 3.00 元；肩地由 1.59 元上涨到 2.60 元；厘地由 1.24

元上涨到 2.00 元。[①]

图 5–3　1914—1927 年浙江盐税收入统计图（单位：万元）*

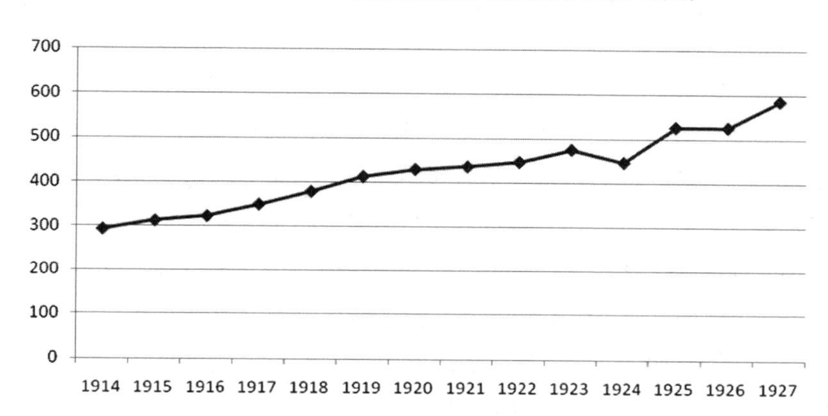

*1914—1927 年币制为银元。

资料来源：浙江省盐业志编纂委员会编：《浙江省盐业志》，中华书局 1996 年版，第 348 页。

民国成立初期，浙江盐税归稽核分所管理，浙江在正税外，没有其他税收。1924 年后，地方军阀开始在浙江沿海盐场食盐出场的时候另加附税，归地方自行使用，不列入盐税账内。这些归地方自行截留的附加税收包括：（1）江西进口捐：浙盐运江西广信的每担盐自 1922 年 10 月 25 日起征进口捐每担 0.56 元；（2）善后加价，五省联军司令孙传芳为弥补西湖博览会亏空于 1925 年 3 月 1 日起对浙江盐业每担加价 0.30 元，宁绍台各地盐业减征 0.20 元；（3）整理加价：为浙江总司令卢永祥为偿还浙江省公债于 1926 年 4 月 28 日起对浙江盐业每担加价 0.60 元（0.10 元津贴商人，实收 0.50 元），温台每担加价 0.40 元（0.066 元津贴商人，实收 0.334 元）；（4）江西商贩捐：1926 年 7 月 9 日起征，每担 1.30 元，同年 8

① 参见南开大学经济研究所经济史研究室编：《中国近代盐务史资料选辑》第 1 卷，南开大学出版社 1991 年版，第 335—340 页。

月 25 日减为 1.04 元，1928 年 2 月 11 日又加为 1.54 元。[①]

北京政府时期，除 1924 年受江浙战争影响导致盐业税收减少外，浙江盐税收入呈逐年递增状态，从 1914 年的 293.9 万元增长到 1927 年的 585.4 万元，增长近一倍有余（见图 5-3）。

南京国民政府成立后，浙江沿海盐业正税与附加税的税率急剧增加，至 1936 年，浙江纲地盐税税率为每担 3.20 元，各项附加税税率为每担 3.90 元，附加税已经超过正税税率，而且附加税的种类也远远超过北京政府时期。[②]自 1928 年后，浙江附加税的种类和税率有：（1）军用加价：为中央筹措军费在 1928 年 1 月 17 日起征收的附加税，纲地每担 1 元，肩住引地每担 0.05 元，其中给各商津贴每担 0.05 元；（2）省债加价：为浙江省政府为偿还公债在 1928 年 4 月起征收的附加税，每担 0.20 元；（3）军资加价（又称北伐费）：为中央弥补军饷在 1928 年 12 月 25 日起征收的附加税，纲地每担 1.50 元，肩地和引地每担 0.75 元；（4）江西缉私经费：为江西省政府在 1928 年 6 月起征收的浙盐入境附加税，进入江西的浙盐每担征税 1.54 元；（5）镑亏附加：为中央政府弥补外债亏损在 1931 年 4 月 1 日起征收的附加税，每担加征场税 0.30 元，肩地和厘地征税 0.15 元。[③]截至 1936 年底，浙江沿海盐业纲地税率已达到每担 7.10 元，肩地和住地为每担 6.10 元，引地 5.10 元（见表 5-20）。浙江盐税是按照运销食盐的数量在每月 10、19 和 31 日征收。以 1928 年 5 月为例，该月 10 日征收税款 34881.51 元，其中正税为 29478.05 元；19 日征收税款 37297.49 元，其中正税 33478.71 元；31 日征收税款 47155 元，其中正税 43956 元，合计当月征收税款为 119334 元，其中正税为 106912.76 元，占总税款的 89.59%。[④]

---

① 参见董巽观、徐仰蘧、杜保曾：《专商引岸时期的两浙盐务》，载浙江省政协文史资料委员会编：《浙江文史集粹（经济卷）》上册，浙江人民出版社 1996 年版，第 117—118 页；浙江省盐业志编纂委员会编：《浙江省盐业志》，中华书局 1996 年版，第 334 页。

② 参见浙江省盐业志编纂委员会编：《浙江省盐业志》，中华书局 1996 年版，第 334—335 页。

③ 参见董巽观、徐仰蘧、杜保曾：《专商引岸时期的两浙盐务》，载浙江省政协文史资料委员会编：《浙江文史集粹（经济卷）》上册，浙江人民出版社 1996 年版，第 118 页；浙江省盐业志编纂委员会编：《浙江省盐业志》，中华书局 1996 年版，第 334 页。

④ 参见《两浙盐款收入旬报表》，《两浙盐务月刊》1928 年第 14 期。

表 5-20　1936 年底浙江各地税率统计表（单位：元 / 担）

盐类	销地	税率			
		正税	附税	其他附税	合计
纲地	浙江：平湖、海盐、嘉兴、嘉善、桐乡、吴兴、长兴、安吉、孝丰、武康、德清、临安、遂安、淳安、富阳、寿昌、桐庐、分水、於潜、诸暨、义乌、浦江、金华、东阳、新登、昌化、开化、汤溪、兰溪、龙游、衢县、建德、江山、常山 安徽：广德、休宁、绩溪、歙县、黟县、祁门 江西：玉山、广丰、上饶、横峰、贵溪、铅山、弋阳、婺源	3.20	3.50	0.30 0.10	7.10
肩地	杭县、余杭、海宁、崇德、绍兴、萧山及南沙区	2.60	3.25	0.15 0.10	6.10
住地	嵊县、新昌、上虞及上虞之百官区	2.60	3.25	0.15 0.10	6.10
引地	宁属鄞县、慈溪、镇海、奉化	2.85	2.00	0.15 0.10	5.10
厘地	处属丽水、青田、松阳、遂昌、云和、景宁、龙泉、庆元、宣平、泰顺	2.15	1.80	0.15 0.10	4.20
	金处二属永康、武义、缙云	2.70	1.25	0.15 0.10	4.20
	温属之永嘉城厢	2.05	1.30	0.15 0.10	3.60
	永嘉之孝义乡	1.00	2.20	0.30 0.10	3.60
	瑞安、平阳、乐清	1.60	1.75	0.15 0.10	3.60
	永嘉、瑞安、平阳近海处	1.60	1.90	0.10	3.60
	乐清、玉环	1.60		0.10	1.70
	临海、天台、仙居	1.20	2.30	0.10	3.60
轻税地	宁海、临海之塘里、葭芷、海门、涌泉、新亭、楢溪各区	1.20		0.10	1.30
	象山、南田	1.00		0.10	1.10
	黄岩、温岭及临海县属花桥区	0.90		0.10	1.00
	宁海东乡	0.90		0.10	1.00
	宁海北半县	2.85		0.10	2.95

续表

盐类	销地	税率			
		正税	附税	其他附税	合计
场区轻税	杭县之上四乡	3.10	0.95	0.15 0.10	4.30
	黄湾、鲍郎	2.00		0.10	2.10
	芦沥及定海	0.90		0.10	1.00
	余姚及三北	2.00		0.10	2.10
	镇海之清泉、穿长及鄞县之大嵩	1.00		0.10	1.10
酱销盐税	余姚	3.60	2.25	0.15 0.10	6.10
	温属各县	2.15	1.80	0.15 0.10	4.20
	台属各县	1.20	2.90	0.10	4.20
	定海及岱山区	1.20	2.45	0.15 0.10	3.90
渔盐	各属渔业用盐	0.30			0.30
闽盐销浙	楚门、坎门食盐	1.30		0.10	1.40
	石塘、凤尾、南麂、北麂、沈家门渔盐	0.30			0.30
工业用盐	上海	0.03			0.03
淡竹盐	宁波、上海	1.75	2.00	0.15 0.10	4.00
副产品税	金华、义乌、诸暨、浦江等处卤晶	0.16			0.16
	金衢严徽温处台各属卤饼	0.18			0.18
	各属苦卤	0.03			0.03

注：1.“正税”均指场税；“其他附税”列二项者前者为镑亏附加，后者为整理加价，列单项者场指整理加价。

2.行销江西省旧广信府属玉山等七县盐斤，另由赣省征收浙盐口捐2.10元。

资料来源：浙江省盐业志编纂委员会编：《浙江省盐业志》，中华书局1996年版，第335—337页。

二、战时及战后浙江盐税的征收与数额变化

抗日战争全面爆发初期，浙江税收仍沿用战前税种。不过由于纸币波动，政

府对税率做了较大的调整。1938 年浙江粗盐在本省的税种包括场税、附税、建设转款、镑亏费、整理费、公益费，税率最高每担 8.40 元，最低每担 2.30 元，具体税率视区域不同而定；而销往江西的食盐除以上税种外，还有口捐，总计税率达到每担 10.50 元。[①] 就浙江省于 1938 年开征的公益费而言，最初的税率是每担 0.10 元，1940 年这一税率上涨到 0.30 元。而 1938 年开征的岱山萝卜干护盐则从最初的 0.50 元上涨到 1939 年的 1.00 元。另有 1941 年浙江省征收偿本费每担 8.00 元。截至 1941 年底，浙江粗制食盐正税最高为每担 47 元法币，附税最高为每担 12.30 元法币（见表 5-21）。

表 5-21　1941 年 11 月浙江盐税税率统计表（单位：法币元 / 担）

盐类		地点	税率			附注
			正税	附税	合计	
粗制食盐	通常税	纲、肩、住、厘本省销区	46.70	12.30	59.00	
	轻税	杭属、宁属、温属台属沿海	47.00	11.00	58.00	
	济销外区	皖岸	47.00	11.00	58.00	
	浙西暂行税率	安吉、孝丰、武康、长兴、余杭	47.00	11.00	58.00	
腌制品用盐及渔盐	渔盐税	各属	1.00		1.00	
	酱盐税	各属	46.85	12.15	59.00	
	淡竹盐税	宁波、上海	46.85	12.15	59.00	药用盐
工业用盐		上海	1.00		1.00	
副产品税	卤晶、卤饼	余姚、金华、义乌	3.00		3.00	
	苦卤	两浙全区	1.00		1.00	

资料来源：浙江省盐业志编纂委员会编：《浙江省盐业志》，中华书局 1996 年版，第 337 页。

随着抗日战争的僵持，国防支出使得国民政府的财政支出面临非常大的压力。为此，政府希望通过对食盐销售的管控达到增加税收的目的。陈如金在《三十年来之盐税》中就指出，"今实施盐专卖，一面仍控制供销，防止垄断，以贯彻节

① 参见丁长清、唐仁粤主编：《中国盐业史（近代当代编）》，人民出版社 1997 年版，第 257 页。

制资本之国策，同时更负有充裕库收以支应抗战大业之重任”[1]。基于此，1941年兼任财政部长的孔祥熙等向国民党五届八中全会提交“筹办盐糖烟酒等消费品专卖以调节供需平准市价”的提案并在会议上通过。此后，财政部于1942年1月1日发布“盐专卖”布告。5月，国民政府正式公布《盐专卖暂时条例》55条，并于8月10日起施行。[2]国民政府实行“盐专卖”政策后，所有与食盐有关的产销税均一律取消，改为专卖利益，分为固定与不固定两种，固定部分每担40元，不固定部分每担20元，而渔盐工业用盐税政，仍按每担1元税率征收。除此之外，各省政府另有附加税率与其他税种，如浙江除专卖利益外，还有省府附加、偿本费、整理费、公益费、专卖管理费、战时附税和国军副食费等税种，其征税税率远高于专卖利益（见表5-22）。

表5-22 1942年5月—1944年3月浙江盐专卖时期税率变化统计表（单位：法币元/担）

日期	专卖利益	省府附加	偿本费	整理费	公益费	专卖管理费	战时附税	国军副食费	合计
1942年5月	60	1	8	1	1	7			78
1943年6月	80	1	8	2	2	20			113
1943年10月	80	1	8	2	2	20	300		413
1944年3月	80		14	2	5	20	300	1000	1421

资料来源：浙江省盐业志编纂委员会编：《浙江省盐业志》，中华书局1996年版，第338页。

实行盐专卖后，浙江省的盐税收入出现大幅增长，由1942年的5893.10万元增长到1944年的51370.80万元，在1945年这一数字达到81656.10万元。[3]而在盐税税收中，附税的征收总额已经超过了专卖利益。以1943年为例，这一年的专卖利益征收总额为4507万元，战时附税为13016万元，国民

① 陈如金：《三十年来之盐税》，《盐务月报》1943年第24期。

② 参见中国第二历史档案馆编：《中华民国史档案资料汇编 第五辑 第二编 财政经济（二）》，江苏古籍出版社1997年版，第107页。

③ 参见浙江省盐业志编纂委员会编：《浙江省盐业志》，中华书局1996年版，第348页。

副食费为 26116 万元。[①]不过要注意的是，由于国统区的物资短缺与通货膨胀，食盐的销售价格在 1937 年到 1941 年间上涨了 13 倍，而浙江的食盐销售价格在 1940 至 1943 年间也上涨了 3 倍。[②]因此，从绝对购买力而言，这一时期浙江盐业税收总值呈下降趋势。

浙东沿海沦陷后，日军大肆掠夺浙江的盐业资源，以战养战。与此同时，日军对平时行销食盐大肆征税，进行经济掠夺。除运往日本食盐的税率较低外，其他食盐行销都征收很高的赋税。以杭嘉湖地区为例，1938—1940 年，其税率为每市担税率折合 4.80—5.80 日元；1944 年 8 月后，这一税率上升到每担 24.30 日元；1945 年，这一税率更是达到每担 117.00 日元（见表 5-23）。由于第二次世界大战时期，日本货币购买力超过法币，其实际征税率是要高于国统区的。日军对浙江盐业资源的掠夺体现在食盐数量及盐税上，仅 1944 年侵华日军在松江、两浙征盐数量到达 1 万吨，侵占盐税总额达到 3240000 元（见表 5-24）。而汪伪政府对浙江盐税的征收也在日军攻陷浙东沿海后展开，其税收结构与区域分布与国民政府类似，按照不同盐区和销地来划定税率，其税率总体上呈上升趋势（见表 5-25）。另外，汪伪政府在浙江的收税总额也呈逐年递增趋势，由 1940 年的 8344.61 中储券元，上升到 1943 年的 3052406.54 元，再到 1945 年的 105383938.42 元。[③]与其相应的是，浙江沦陷区的盐价也从 1943 年的每担 5.18 日元上涨到 1944 年 8 月后的每担 54 日元。[④]

表 5-23　抗日战争时期浙江沦陷区盐税变化统计表（单位：日元 / 市担）

销地	1938—1940	1941—1943	1944（1—8）	1944（9—12）	1945（1—6）
杭嘉湖各属	4.80—5.80	7.10	11.70	24.30	117.00
行销苏浙皖各岸	—	—	11.70	24.30	117.00
黄湾轻税	2.00	4.30	7.20	15.30	—
鲍郎轻税	1.50	3.80	6.66	14.22	—

① 参见倪灏森：《浙区三十三年度盐专卖实施概况》，《盐务月报》1945 年第 11—12 期合刊。

② 参见丁长清、唐仁粤主编：《中国盐业史（近代当代编）》，人民出版社 1997 年版，第 267、269 页。

③ 参见浙江省盐业志编纂委员会编：《浙江省盐业志》，中华书局 1996 年版，第 351 页。

④ 参见丁长清、唐仁粤主编：《中国盐业史（近代当代编）》，人民出版社 1997 年版，第 200 页。

续表

销地	1938—1940	1941—1943	1944（1—8）	1944（9—12）	1945（1—6）
国内工业用盐	0.30	0.40	1.98	4.86	5.00
国外工业用盐	0.05	0.05	0.05	0.05	0.05
渔盐	0.20	0.30	1.62	1.10—4.14	10.00

资料来源：丁长清、唐仁粤主编:《中国盐业史（近代当代编）》，人民出版社 1997 年版，第 197 页。

表 5-24 1940—1944 年日军在对松江、两浙食盐的掠夺与税收总额统计表

年份	征盐数量（吨）	税率（元 / 吨）	日军侵占盐税数量（元）
1940	1500	96	144000
1941	3080	140	431200
1942	1150	140	161000
1943	—	—	—
1944	10000	324	3240000

资料来源：丁长清、唐仁粤主编:《中国盐业史（近代当代编）》，人民出版社 1997 年版，第 206 页。

表 5-25 汪伪政府浙江盐税税率统计表（单位：中储券元 / 市担）

产地	盐别	销地	1943 年 12 月 1 日	1944 年 1 月 16 日	1944 年 8 月 16 日
浙东区	粗盐	苏浙皖各岸	38.90	60.00	120.00
浙东区	粗盐	浙东一带	30.60	46.00	92.00
浙东区	粗盐	余姚（轻税区域）	12.30	20.00	40.00
浙东区	粗盐	穿长（轻税区域）	12.30	20.00	40.00
浙东区	粗盐	玉泉（轻税区域）	12.30	20.00	40.00
浙东区	渔盐	穿长	5.00	10.00	20.00
浙东区	渔盐	玉泉	3.50	7.00	14.00
浙东区	卤晶	本区各地	5.60	18.00	36.00
浙东区	苦卤	本区各地	2.00	2.00	4.00
浙西区	粗盐	杭嘉湖各属	38.90	60.00	120.00
浙西区	粗盐	黄湾（轻税区域）	23.30	35.00	70.00

续表

产地	盐别	销地	1943 年 12 月 1 日	1944 年 1 月 16 日	1944 年 8 月 16 日
浙西区	粗盐	鲍郎（轻税区域）	20.60	32.00	64.00
浙西区	苦卤	本区各地	2.00	2.00	4.00
舟山岛来盐	粗盐	转销苏浙皖	22.20	34.00	68.00

资料来源：浙江省盐业志编纂委员会编：《浙江省盐业志》，中华书局 1996 年版，第 350—351 页。

1945 年初，国民政府停止专卖，恢复税制，按照每担 110 元征税，另有战时附税、国民副食费、偿本费、公益费、管理费等其他附加税与专项基金（见表 5-26）。抗日战争胜利后，国民政府财政部于 1945 年 9 月 2 日发出公告，再次重申所有专商引岸及其他私人独占盐业等特殊待遇的政策，无论在后方还是收复区域，一概永远废除。[①]浙江沿海收复后，其税率实行等差制，按照地域分为近场和腹地。相比腹地而言，近场税率较轻。1945 年 12 月，浙江近场税率分为 1500 元和 2000 元 2 种，而腹地税率则由 1500 元、2000 元、4000 元和 5000 元等 4 种。1947 年 3 月国民政府公布的《盐政条例》将盐税划定为国税。1949 年 1 月，国民政府公布《盐税计征条例》，将盐税的从量征收改为从价征收，其出发点是为了应对当时的货币贬值与盐价上涨。此时，浙江盐税种类有食盐税和渔业用盐税，其中食盐税按照每担金圆券 96 元征收，渔盐税按照每担金圆券 7 元征收，并在日后多有变化（见表 5-27）。

表 5-26　1945 年 8 月浙江沿海食盐税率统计表（单位：法币元 / 担）

地区	盐税	战时附税	国军副食税	合计	专项基金		
					偿本费	公益费	管理费
场区	110	1500		1650	25	5	300
近场	110	3000		3110	25	5	300
壶镇、丽水、景宁	110	4000	500	4610	25	5	300
其余各地	110	6000	1000	7110	25	5	300

资料来源：浙江省盐业志编纂委员会编：《浙江省盐业志》，中华书局 1996 年版，第 338 页。

① 参见丁长清、唐仁粤主编：《中国盐业史（近代当代编）》，人民出版社 1997 年版，第 252 页。

表 5-27 1945—1949 年浙江沿海食盐税率变动情况统计表（单位：法币元 / 担）

日期	正税	偿本费	盐民福利费	盐场建设费	中央附加	食盐税合计	渔农盐税
1945 年 12 月	近场 1500	25	5			1530	230
	近场 2000	25	5			2030	
	腹地 1500	25	5			1530	
	2000	25	5			2030	
	4000	25	5			4030	
	5000	25	5			5030	
1946 年 3 月	近场 4500	25	5			4530	230
	腹地 6200	25	5			6230	
1947 年 1 月	近场 12000	25	95	400		12520	1520
	腹地 14000	25	95	400		14520	
1947 年 8 月	100000	25	225	1000		101250	6250
1947 年 12 月 28 日	250000	25	2500	5000		257525	107525
1948 年 2 月 29 日	250000	25	2500	5000	100000	357525	157525
1948 年 3 月 28 日	350000	25	3500	7000	100000	460525	200525
	以下单位：金圆券、元 /50 千克						
1948 年 8 月 26 日	8			0.20		8.20	0.60
1949 年 1 月 1 日	96					96	7
1949 年 2 月 4 日	227					227	16
1949 年 3 月 28 日	2218					2218	158

资料来源：浙江省盐业志编纂委员会编：《浙江省盐业志》，中华书局 1996 年版，第 340 页。

三、南京国民政府时期的浙江盐政改革与盐民冲突

自清末延续至民国时期的专商引岸制尽管在抗日战争之前都一直在全国各地作为主要的盐业政策实行，但其对盐业生产与管理的弊端使得许多有识之士强烈呼吁取消这种传统的盐业管理方式，以现代化的盐业管理模式来重新塑造中国的盐政。在此思想指导下，早在民国初期，北京政府就在局部推行盐业的自由运输与贸易。盐务稽核所第一任会办、英国人丁恩上台后，依照其在印度管理盐务的经验，从增加盐税收入、保证债款如期偿还的目的出发，极力主张取消官卖和专

商制度。在他的推行下，浙江永武（1916）、象山（1920）、南田（1920）和余姚（1921）先后开放销区，允许部分食盐的自由贸易。[①]

南京国民政府成立后，为加强对盐务的集中管理与增加盐税，国民政府财政部部长宋子文在1928年着手恢复稽核制度，重建盐务稽核所。同时，在庄崧甫等人的推动下，1931年3月21日，国民政府立法院第136次会议通过了《新盐法》，以立法的形式确立了取消盐业的专商引岸制，改为就场征税，任人民自由买卖的自由贸易精神。此后，南京国民政府先后推行整理场产、平均税率、改革运销制度、整顿私盐等措施。在具体推行过程中，由于涉及盐民及盐商的基本利益，其改革的阻力相当之大。而在浙江，引起反弹最大的就是整理场产。所谓整理场产，就是通过裁并滩场、减少晒板、废煎改晒、尽收仓垛、渔盐变色等方式合并效益低下的盐场。这一措施在浙江余姚、岱山和瑞安引起了极大的反弹。

作为民国时期浙江最大的盐场，余姚是浙江海洋盐业生产的主要区域。与浙江其他盐场一样，余姚盐民的生产条件十分恶劣。而盐场场长、廒商、篷长通过拖延结付盐款、剥削箩洋、私制重称等形式对盐民大肆压榨。[②]在生活压迫下，余姚盐民经常发生抗盐活动。1924年7月23日，余姚盐民集结庵东，捣毁秤放总局。[③]1927年3月22日，余姚庵东盐民公审盐霸高锦泰，提出取消篷长制度、取消“洋尾巴”、取消赔税制度、收盐要按时付款、斤两按实计算等5项要求。[④]

南京国民政府时期，浙江余姚开始推行废煎改晒，以期降低生产成本。不过在推行的过程中，由于技术问题，其盐质也随之下降。1935年，尽管余姚盐场早已实行废煎改晒，但由于生产数额的增加，尤其是人工费、手续费和税费的增加，制盐成本不仅没有下降，还增加到每百斤1.48元。但是1935年春，浙江食盐收购价仅为0.81元。因为盐价为官府所定，不能轻易改变。这就意味着，盐民卖

---

① 参见丁长清、唐仁粤主编：《中国盐业史（近代当代编）》，人民出版社1997年版，第68、71页。

② 参见王幼章：《余姚盐务史略》，载浙江省政协文史资料委员会编：《浙江文史集粹（经济卷）》上册，浙江人民出版社1996年版，第128—132页。

③ 参见金普森等：《浙江通史》（民国卷上），浙江人民出版社2005年版，第276页。

④ 参见慈溪市盐务管理局慈溪盐政志编纂委员会编：《慈溪盐政志》，中国展望出版社1989年版，第212—214页。

的盐越多，亏损越严重。与此同时，中间费用居高不下，致使大量私盐外流，抢占官盐销售市场。尽管官盐价格已经很低，但是由于私盐盛行，廒商所收购食盐销路也受到影响。4月，浙东、浙西两大廒商联合起来在杭州组建盐商协会，垄断压低食盐收购价，使得原本已经很低的食盐收购价降到每担0.62元。[①]这一做法引起余姚、岱山近十万盐民的极大反响。国民政府当局也一再调解，将食盐收购价格上调至每担0.80元，并由盐场备案。不料其后各大廒商对政府这一政令阳奉阴违，先是以资金不足为借口，对所收食盐进行赊欠，其后更是以市面不景气，资金周转为由停收食盐。政府多方交涉，仍没有结果。与此同时，盐民推举代表向省政府请愿，希望能给予救济。对于廒商的这种行为，政府所做的就是以两浙盐运使的名义向上海和杭州等地银行进行借款，以缓解资金周转。截至8月20日，浙江盐商已向银行借款超过120万元，但是盐商对于盐场盐民食盐收购仍没有开始。对此，余姚七区盐民代表沈成钊等人发电报向政府告急，指出余姚各盐场盐民生计已非常艰难，如没有政府接济，则会酿成大祸。[②]在盐民恐生变化的压力下，浙江盐业管理部门于9月28日召集各盐场盐民代表，并邀请盐商、盐业合作社等在上海进行协商。但由于双方分歧，最终没有结果。盐民代表随后前往杭州向两浙盐运署请愿。经盐运使周宗华协调，廒商答应按照官盐价格的六折收盐，盐民代表勉强接受。尽管余姚盐潮以廒商6折开始收盐，但余姚盐民在生计压迫下已经爆发。盐民虽经迭次电陈省府，杳无音讯。余姚场盐民被迫于9月21日推派代表70余人上省请愿，虽经盐运使与省府派员组织廒商会商，仍无结果。10月2日，余姚朗霞乡盐民2000余人集体到该乡乡公所请愿，并到保长办事处乞讨，直到乡长给每人点心及铜元10枚后，人群才散去。[③]尽管在地方政府的压制下，盐民乱潮暂时退去。但是余姚盐民的问题并没有解决。两浙盐运署协调廒商6折收盐的做法遭到余姚盐民的反对。10月16日，余姚聚集5000多名盐民冲入大云、潭海两乡捣毁浙东公廒，并抢掠当地殷实之家。当地县政府被迫派

① 参见《纪事：两浙余姚盐潮》，《盐政杂志》1936年第63期。

② 参见《记事：浙盐近况：余姚盐民电请救济（中央日报二十四年八月十二日）》，《盐政杂志》1935年第62期。

③ 参见《姚邑盐民风潮余波》，《申报》1935年10月5日。

警察进行镇压。10月26日，又有两三千盐民将杨万利盐仓拆倒，火烧盐包，并捣毁杭余、崇海两地公廒。在政府的不作为下，余姚很多户盐民生活日益艰难。下马路盐民马广顺及其儿女在1936年3月4日饿死，而这种情形还在余姚蔓延。[①]在生活压迫下，余姚盐民纷纷捣毁盐仓，抢掠地方大户。3月22日上午，余姚200余名盐民到中区魏永顺家吃大户。[②]其后，廒商、盐民与政府多次拉锯，均没有达成有效的协议。直到岱山盐民因盐政改革酿成暴动后，余姚廒商最终答应按照官定价格十足收盐。

1936年，国民政府盐务总署为防止渔盐充食，在岱山采取渔盐变色措施，颁布《渔业用盐章程》及其附属《渔业用盐变色变味办法》，同时推行归堆制度。由于该政策在具体实施过程中并未考虑到实际情况，给渔民造成很大负担，遭当地渔民和盐民强烈反对。往年渔民购买渔盐，每道盐引只收4元，每一船户领引一道，即可购买一个季度的渔盐，不用另行交费。而自1936年开始，税警局规定，每道盐引只能购盐10担，约1300斤。而普通渔船每个季度需要用渔盐7000斤—8000斤，大的渔船所需要的渔盐要远超这个数字。这就意味着每艘渔船每个季度要多交引费20多元。而因渔获不多没有用完额渔盐则需要向秤放局过秤纳税，否则以走私论处。正因此，大量渔民被岱山税警处罚。另外，岱山秤放局只在每天的上午8时到下午4时上班，这就意味着晚上及半夜开到的渔船只能等到第二天才能领到渔盐。这对于渔民来讲很容易错过渔汛，影响渔获。最终，在种种因素影响下，岱山渔民、盐民与税警的矛盾最终激化，酿成暴动。[③]7月10日，岱山为了生计的渔盐民在资福寺盐业信用合作社召集开会，以激烈的言辞反对归堆。7月11日，岱山部分盐场盐民罢晒。7月12日，盐民黄葆仁因仍晒盐导致盐板被罢晒盐民捣毁毁。同日，罢晒盐民将劝解的李仁富拖往东岳宫吊打，在乡长黄恭口报警后才由公安局救出。7月13日下午，岱山罢晒盐民在东岳宫召集渔首，纠合盐民，扩大开会。当天，愤怒的渔民焚毁秤放局及场公署，击毙岱山

① 参见《宁波：余姚盐民饿毙多人》，《申报》1936年3月7日。

② 参见《宁波：姚场盐民被迫吃大户》，《申报》1936年3月28日。

③ 参见《岱山渔民暴动真相，增加盐税所激成》，《申报》1936年7月19日。

场场长兼秤放局长缪光、职员钱甸和、税警队长胡不归等人。当天，参与暴动的岱山渔盐民有数千人，盐务人员被杀9人，重伤3人。岱山渔民、盐民方面，也死伤多人。事后，盐务当局调集盐警意图镇压，嗣因事件重大，引起各方关注。宁波、定海旅沪同乡会及虞洽卿、刘鸿生等人纷纷电询浙江省政府，要求妥善处理。在各方压力下，浙江官方各级政府均反对事态扩大，要求盐务当局慎重处理。经地方政府劝解，岱山秩序于7月15日得以恢复。7月18日，盐民开始恢复晒盐。①

岱山渔盐民暴动是浙江盐民抗拒改革的一个典型案例，缘起于国民政府在浙江岱山推行建仓归堆和渔盐变色等办法的实行不当，影响了渔盐民的生计，引发盐民和渔民的联合反对。对于这一矛盾，如果官方能实现体察民情，本可以妥善处理使暴动得以避免。结果因为税警滥用职权，导致对抗演变成为暴动。②事后，宁波地方团体纷纷对盐民和渔民的行为表示同情，并专电蒋介石，为岱山渔盐民求情。③最后，岱山盐务局被迫暂停渔盐变色和产盐归堆制度。1937年初，宁波同乡会施压，要求岱山停止渔盐变色制度。④最终，两浙盐运使拟定6项改善盐斤归堆和渔盐变色的办法，对以往不合理的地方做了改正。⑤该事件也说明，岱山盐民和渔民对盐政改革的反对并不是出于其缺乏知识，无理取闹，而是地方政府在盐政改革过程中政策执行偏差严重损害了盐民的利益。

除余姚、岱山盐民因为盐政改革导致其利益受损而进行抗争外。浙江仁和、双穗等场盐民对政府推行的废煎改晒政策进行抵制。国民政府在浙江推行废煎改晒主要是为了降低制盐成本，提高食盐质量。但是，在具体执行的过程中，并没有考虑到大量煎盐盐民的生计使得大量靠煎盐为生的盐民失业。为此，仁和等推行废煎改晒的盐场盐民多次派代表上书盐务管理部门，请求不要完全推行改晒技

① 参见《岱山惨案，浙江省府电复两同乡会，张中立谈该案处理经过》，《申报》1936年8月19日。
② 参见张立杰：《南京国民政府的盐政改革研究》，中国社会科学出版社2011年版，第119—123页。
③ 参见《两同乡会为岱山场盐民请命，请免归堆及渔盐变色》，《申报》1936年10月14日。
④ 参见《海闻：甬同乡会电请停止浙渔盐变色制度》，《海事（天津）》1937年第12期。
⑤ 参见《纪事：岱山渔盐民变尾声》，《盐政杂志》1937年第66期。

术。尽管盐民列出种种理由，但国民政府并没有因此而中止这项改革。结果，盐民对政府推行的废煎改晒政策采取不合作态度，以拖延相对。以双穗场上望为例，第一期（1930年8月至1931年1月）原定计划废止128座煎灶，结果只废止8座。而第二期（1931年2月至7月）的计划也因为进度缓慢被迫推迟。盐民这种以不合作态度反对废煎改晒的举动令盐务当局无计可施。最终，废煎改晒政策的推行不了了之。[①]

从以上几个具体案例可以看出，南京国民政府时期的几项盐政改革从出发点来讲都是有利于盐业技术革新与制盐工业的现代化。但是，在政策的具体操作与实施层面，由于操之过急以及地方盐务部门执行能力的不足而导致盐政改革遭到浙江盐民的抵制，甚至酿成大的社会动乱。可以说，国民政府在盐政改革之前没有做好全面的动员与协调工作，特别是在发现问题之后的纠错机制不足是导致盐政改革受阻的主要原因。

---

① 参见张立杰：《南京国民政府的盐政改革研究》，中国社会科学出版社2011年版，第114—119页。

第六章
民国时期浙江海洋贸易的变化[①]

自1911年辛亥革命后，浙江海洋贸易的外部环境发生的重要变化。现代国家体系的完善与政治环境的宽松都刺激了国内资本主义的发展，进而推动海洋贸易总量的增加。截至1937年全国抗日战争爆发以前，依照海关统计数据可以发现，这一时期浙江的海洋进出口贸易呈现出爆炸式增长态势。这里需要说明的是，与浙江对外贸易统计不同的是，浙江海洋贸易数量统计不包括杭州关数据，只囊括浙海关和瓯海关。这是因为，浙江海洋贸易主要考察的是浙江区域港口进出口货值的变化情况，浙江沿海三大港口宁波、温州和台州港进出口货物统计是由浙海关和瓯海关完成的。对民国前期浙江海洋贸易状况，在进出口总量和货值均呈现双增长的情况下，其在海洋贸易中的比例日趋接近。以进口贸易而言，民国前期浙江沿海各口岸的洋货进口货值和土货进口货值的差距逐步缩小，并在20世纪30年代出现进口土货货值超过洋货的现象。与之相伴的是，进口洋货中的大量工业制品逐步被国产货物所代替，这里面最具代表性的就是卷烟。而在出口贸易方面，其出口农产品和手工制品的货值与比例逐步接近，在农产品出口速度降低的情况下，浙江手工制品出口量的增长是非常引人注目的。在海洋贸易的刺

---

① 本章讨论的进出口货值如无特意说明，仅限经海关报运进出口的货值，不包括经过常关的货值。所有数据未经特意说明，均出自中华人民共和国杭州海关译编：《近代浙江通商口岸经济社会概况：浙海关、瓯海关、杭州关贸易报告集成》，浙江人民出版社2002年版。

激下，浙江沿海无论农产品的商品化还是临港经济的孕育都呈现蓬勃发展态势。不过，随着日本侵华的加剧和中日全面战争的爆发，浙江的海洋贸易受到极大冲击。尽管在战争初期由于进出口货物的激增，无论是宁波港还是温州港的海洋贸易水平与临港工业发展都呈现一片繁荣，但随着浙江沿海地区的逐渐沦陷，尤其是宁波港、海门港与温州港的先后失守，浙江正常的海洋贸易被打断。

第一节 民国前期浙江进口贸易

1911 年辛亥革命后，随着国民政府的建立，浙江沿海港口的进口贸易相比晚清有很大增长。截至 1937 年抗日战争全面爆发，浙江进口贸易无论在种类、数量还是货值上呈现增长态势。按照进口地来区分，浙江沿海进口货物分为进口洋货和进口土货。整个民国前期，浙江沿海进口洋货和进口土货的数量增长呈现出此消彼伏的态势，但是洋货进口值仍旧占据浙江沿海进口货值的主体。从种类上来讲，尽管国产土货代替了相当一部分进口洋货的市场，但是进口洋货的总量并未随着土货进口增加而减速，反而随着世界性经济危机的爆发呈现加剧的趋势。

一、民国前期浙海关进口贸易

1911—1920 年间，由于中国帝制的结束及第一次世界大战的影响，中国民族产业的发展迎来了少有的良好内外部环境。政府奖励工商政策的实施及外资侵华步伐的减缓，都为浙江海洋贸易的发展提供了非常好的契机，这从图 6-1 宁波口岸洋、土货进口净值的数据中就可以看出。[①]自 1911 年开始，随着中国改朝换代，宁波口岸洋货进口净值出现大幅度下降，其后的几年内一直处于波动状态，增长乏力。与之相对应的土货进口净值则在 1914 年之前一直保持着稳定增长的态势。自 1914 年开始，宁波口岸洋、土货进口净值都出现大幅度跳水，经历了 1917 年

① 这里要说明的是，本部分所讨论的净值指进口洋货和进口土货的价值减去向外洋或其他通商口岸复出口之后的数值。

的最低谷后开始逐渐回升。到1920年。土货进口净值达到本期最大值，但洋货进口净值在本期最后四年呈徘徊趋势。相比洋货进口而言，土货进口净值在回升速度上都占有明显优势，但其在进口货物净值总额中的比例在大多数年份里都低于洋货进口净值。

图6-1 1911—1920年宁波口岸洋、土货进口净值统计图（单位：关平银两）

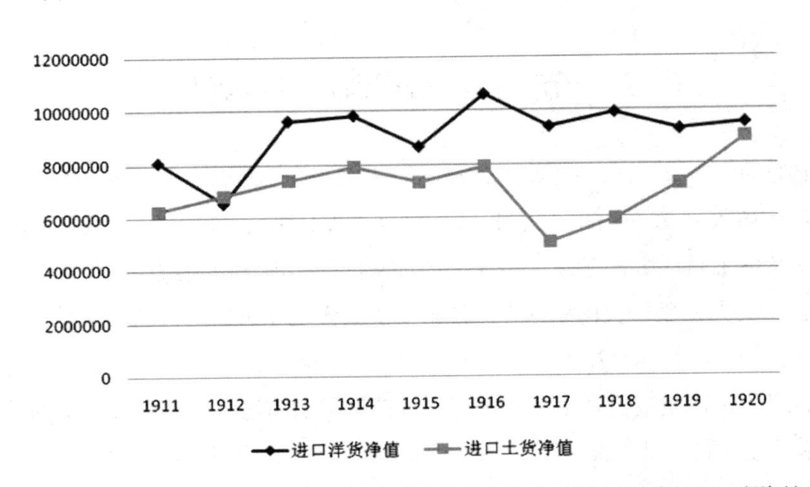

资料来源：中华人民共和国杭州海关译编：《近代浙江通商口岸经济社会概况：浙海关、瓯海关、杭州关贸易报告集成》，浙江人民出版社2002年版，第891页。

20世纪第二个十年期间，浙海关进口洋货的数量相比其贸易额，不同种类产品进口数量呈现出不同的趋势。以布匹为例，受辛亥革命的影响，1911年全年美国粗斜纹布进口量下降58%，日本棉纱进口量下降50%。在经历了1912—1914年的短期上扬后，宁波港进口棉布的数量呈逐年下跌趋势。1915年，宁波港进口原色布匹较上一年减少102000匹，跌幅达26%；白布减少3万匹，跌幅为24%。与布匹总体下降的趋势相比较，宁波港日本粗布与粗斜的进口则呈上扬趋势，其中最明显的是1916年。该年英国棉纱进口减少66担，印度纱进口减少216担，而日本纱进口增加3426担。由于一战的影响，不仅来自英、法等国的进口棉纱数量减少，美国面粉的进口额也从1916年出现暴跌。不过与之相反的是，美国煤油的进口额则没有出现太大的波动。如果说因为一战的影响，日本扩大了在中国的出口，那么1918年之后，由于中日矛盾的冲突，中国开始抵制日货。自1919年5月起，产自日本的漂白原色市布、粗布、手帕、棉纱等产品已停止进口，但这一情形只维持了不到一年。1920年起，浙海关从日本进口的棉纺织品数量开始回升（见表6-1）。值得注意的是，自1911年开始，曾占洋货进口总量一半以上的鸦片几乎绝迹，而代替鸦片成为进口洋货最大宗的棉匹和棉纱进口量也大量减少。除以上产品外，宁波口岸进口的洋货还有车白糖、赤糖、锡块、葵扇、自来火、冰糖、纸烟、煤油等商品。

表6-1　1918—1920年宁波港进口日本棉纺织品数量统计表

中外棉织品别	1918年	1919年	1920年
本色市布（匹）	331745	224823	191958
漂白市布（匹）	75197	53590	57817
粗布（匹）	171500	141086	158827
粗斜纹布（匹）	40340	34037	31015
棉法绒（匹）	20686	10446	7549
手帕（打）	21994	12041	4734

资料来源：中华人民共和国杭州海关译编：《近代浙江通商口岸经济社会概况：浙海关、瓯海关、杭州关贸易报告集成》，浙江人民出版社2002年版，第360页。

与进口洋货相比，1911—1920年这十年间，宁波口岸进口土货无论在贸易额还是数量上都呈现增长态势。宁波口岸进口土货中的布主要从上海和湖北输入，尽管1911年上海粗布进口减少11000匹，但1912年，宁波自上海进口的粗布就从40560匹增加到81489匹。1913、1914年这一数字分别增加到83900匹和94700匹。经历了1915—1917年的下降后，1918年宁波口岸进口布匹中，国货机器布匹就达168000匹。随着进口洋货布匹的减少，国产布匹的进口量逐渐增加，但其他土货进口量依旧呈下降趋势。至1920年，布匹、棉纱、土煤、赤糖、柏油等土货进口量依旧上扬，而豆饼、面粉、麻油、药材等土货的进口数量出现下跌。

1921—1930年这十年间，西方列强势力又开始大举进入中国。自1921年开始，宁波口岸洋货进口净值逐年上升，并在1927年达到一个高峰。在这期间，自1923年起，宁波每年都爆发抵制日货运动，1925年、1927年更是爆发了反英运动，这些运动的期限尽管都不长，但仍对宁波贸易进口产生了影响。1923—1924年，宁波洋货进口净值出现短暂下滑。而从1927年开始，宁波洋货进口净值再次出现下滑，直到1930年才逐渐恢复并超过1927年的水平。相比之下，本期宁波口岸土货进口净值逐渐上升，并在1928年达到历史最高值。其后尽管出现下滑，但是土货进口净值仍超过了1921年的水平。相比其他欧洲国家采用金本位制，中国政府在民国早期仍旧采用传统银本位制度，这一差别在1929年的经济危机中给宁波的对外贸易造成较大影响。1929年世界市场银价的下跌和中国进口关税表的变更直接导致了宁波进口贸易额的萎缩，不过这一趋势在海关统计数据上是无法看到的。如果考虑到海关两和美元之间的汇率，我们重新按照以美元为统计单位来计算，就会发现1922—1930年这十年间宁波进口贸易变化趋势不一样的结果。1922—1930年海关两与美元的汇率从1:0.83跌到了1:0.34，相比美元，海关两的实际价值下跌了59.04%，而这对宁波进口贸易额的影响是非常大的。如果宁波港洋、土货进口净值以国际通用的美元作为计量单位的话，宁波口岸洋货进口净值从1927年就出现大幅下滑的趋势，反倒是经济危机期间跌幅有所放缓。到1931年，按美元计算的宁波洋货进口净值仍远远小于这十年中1926年的最高水平。同期，宁波口岸土货进口净值则呈现出波动型增长态势，并于1928年达到峰值，此后出现大幅下跌。从中可以发现，就宁波口岸进口贸易而言，世界市场银价下跌所带来的影响是非常明显的。总体而言，这一时期，宁波口岸洋货、土货进口净值在宁波进口总额中的比例基本持平（见表6-2）。

表6-2 1922—1931年宁波口岸洋、土货进口净值统计表

年份	关平银两合美元数目	进口洋货净值		进口土货净值	
		关平银两	美元	关平银两	美元
1922	0.83	16273189	13506746.87	9398995	7801165.85
1923	0.80	15275194	12220155.20	12329482	9863585.60
1924	0.81	13546199	10972421.19	14162156	11471346.36
1925	0.84	15400867	12936728.28	13342340	11207565.60

续表

年份	关平银两合美元数目	进口洋货净值		进口土货净值	
		关平银两	美元	关平银两	美元
1926	0.76	20270580	15405640.80	14090331	10708651.56
1927	0.69	19065246	13155019.74	14720209	10156944.21
1928	0.71	14976691	10633450.61	20923571	14855735.41
1929	0.64	15737351	10071904.64	15528166	9938026.24
1930	0.46	22728184	10454964.64	13756264	6327881.44
1931	0.34	10950688	3723233.92	19417497	6601948.98

资料来源：中华人民共和国杭州海关译编：《近代浙江通商口岸经济社会概况：浙海关、瓯海关、杭州关贸易报告集成》，浙江人民出版社2002年版，第80—81、891—892页。

1921—1930年这十年中，宁波口岸洋货进口数量自1921年呈现稳定增长态势。不过1929年经济危机开始后，多项洋货进口数量开始出现大幅下滑。截至1931年，煤油、香烟、布匹等具有代表性的洋货进口数量已远低于1921年的水平（见表6-3）。与之相反的是，1931年宁波港土货进口中香烟、水泥和布匹的数量较之1922年有明显的增加（见表6-4）。在以香烟、水泥、布料为代表的货物进口比例中，土货的数量相比洋货有明显上升，占据了一半以上的比例。由此可以看出，随着经济危机的加深，在洋货进口数量下降的同时，土货进口数量呈上升趋势，这与洋、土货进口净值比例的变化趋势相同。

表6-3　1921—1931年宁波港主要进口洋货数量统计表

年份	煤油（美加仑）	香烟（千支）	糖（担）	布（匹）	水泥（担）
1921	2215294	282440	335309	169200	—
1922	3467600	494800	361400	257100	14900
1923	3503100	420800	164600	215200	6700
1924	4244300	433900	360500	228600	2300
1925	4493200	336100	429900	188300	1100
1926	3980600	314800	414800	178000	4400
1927	4077800	267400	317100	109300	—

续表

年份	煤油（美加仑）	香烟（千支）	糖（担）	布（匹）	水泥（担）
1928	3783100	360900	429000	83200	780
1929	4368500	135800	370300	63400	1700
1930	3353500	52500	334300	40900	100
1931	1805900	30100	341900	16000	—

数据来源：中华人民共和国杭州海关译编：《近代浙江通商口岸经济社会概况：浙海关、瓯海关、杭州关贸易报告集成》，浙江人民出版社 2002 年版，第 81—82、366、369 页。

表 6–4 1922 年与 1931 年宁波港主要进口土货数量统计表

品名	1922 年	1931 年
香烟	13100 担	49400 担
水泥	17400 担	148600 担
糖品	18300 担	16700 担
本色粗细市布	198700 匹	424400 匹

数据来源：中华人民共和国杭州海关译编：《近代浙江通商口岸经济社会概况：浙海关、瓯海关、杭州关贸易报告集成》，浙江人民出版社 2002 年版，第 82 页。

20 世纪 30 年代，宁波洋货进口净值一路下跌。1932 年，宁波洋货进口净值为关平银 2106318 两，相比 1930 年下跌了 92.67%，导致这一现象出现的直接原因是南京国民政府对洋货进口税率的调整。同年，宁波土货进口净值为关平银 14337643 两，基本维持经济危机前的水平。1933 年，南京国民政府废两改元后，宁波口岸洋货进口净值一度出现恢复发展趋势，从 1934 年的 5948145 法币元上升到 1935 年的 8059920 法币元。但 1936 年，宁波洋货进口净值狂跌到 1844739 法币元。此后，随着抗日战争的全面爆发，宁波口岸洋货进口净值逐年减少。

总体而言，从中华民国成立到中国抗日战争全面爆发，宁波口岸洋货进口额的结构经历了两次大的变化，第一次是棉布取代鸦片成为进口最主要商品；第二次是粮食取代棉布成为进口最主要商品，前者的变化摧毁了中国传统家庭织布业，后者则瓦解了宁波传统的农业生产结构。与之相对应的是，宁波港进口土货中，工业品超过 50%，主要以纸烟、绸布、棉纱、面粉为主。从比例上进行比较，洋货进口净值与土货进口净值的比例由 1914 年的 1∶0.3 上升到 1920 年的 1∶0.95，土货进口净值与洋货进口净值几乎相等。而在世界经济危机中，土货进口净值无论是数量还是价值上都超过洋货。其后，随着 1931 年中国进口税率的调整，洋货进口额大幅下降，宁波港的土货进口占据宁波港进口贸易额的主体地位。①

作为浙海关的子口之一，台州海门港又称为家子分口。1897 年海门港开埠后，其贸易对象主要是上海港和宁波港，进口的货物如纱布、食糖、煤油、豆饼、肥田粉等数量有增无减。整个民国前期，由于海门港隶属于浙海关，其单独统计口径的数据并不完整，根据《中国实业志》等文献资料记载数据的核算，可以大概还原出 1932 年海门港进口货物主要分成 6 大类，总计 46579.50 吨。在进口货物中，化肥的进口数量最多，为 21234.80 吨，接近海门港进口货物的一半，其次为糖和豆饼，分别是 14054 吨和 3500 吨。进口化肥与豆饼数量的增加显示出民国时期台州地区的农业生产已经比较发达。农户除自备农家肥料外，开始大量使用化肥与豆饼来提高土壤肥力，进而增加农田粮食产量。由于数据的不完整，在实际进口中，化肥与豆饼的数量要高于统计数据。作为温岭、黄岩、临海 3 县产稻区的常用肥料，化肥与豆饼的统计资料明显出现缺失。而糖类的进口数据也有类似的问题，实际数据应该高于 14054 吨。究其原因，一方面是因为海门港的进口货物中有相当一部分属于转口，而另一方面是 1931 年浙海关海门常关的裁撤使得 1932 年海门港走私贸易的猖獗。以糖、石油、纸烟为代表的货物从台湾、香港走私到海门港，然后经海门转运到宁波、上海。另外，海门港实际进口的货物种类除前文所述外，还有文具、玻璃器皿、铜锡器、药材、罐头等手工制品，不过其具体数量缺失太多而无法进行较为精确的统计。②

二、民国前期瓯海关进口贸易

温州港自 19 世纪末期开埠，其进口的货物主要分为洋货和土货两部分。1911—1920 这十年间，温州口岸洋货进口净值从关平银 1177603 两增加到 1774775 两，增幅仅 50.71%。相比之下，这十年间温州口岸土货进口净值由 1911 年的关平

① 参见郑绍昌编著：《宁波港史》，人民交通出版社 1989 年版，第 266—275 页。

② 参见金陈宋主编：《海门港史》，人民交通出版社 1995 年版，第 163—165 页。

银 462024 两增加到 1920 年的 1601373 两，增幅达 246.60%。由此可见，在这十年间，温州口岸土货进口净值的增长速度远超过洋货进口净值的增长速度，由此导致的是温州口岸进口额中洋货与土货的比例由 1911 年的 1 : 0.39 上升到 1920 年的 1 : 0.90。1911—1920 年这十年间，除了 1915 年短暂下跌到本期最低值 1141772 两后，温州口岸进口洋货净值呈现平稳增长的态势，并且 1917 年之后的增长速度明显超过之前几年。相比之下，温州口岸进口土货净值在 1912 年出现高速增长之后便一直下跌到 1917 年的 749938 两，此后逐步回升。由此可以看到，第一次世界大战对温州口岸进口净值的影响也是非常明显的，在 1914—1917 年这四年间，温州口岸无论是洋货进口净值还是土货进口净之都出现下滑趋势，直到 1918 年之后才出现增长。

从进口数量与种类上来看，1911—1920 年这十年间温州口岸洋货进口的种类主要有棉布、棉纱、毛织品、金属、煤油、糖类、颜料、染料、卷烟、西药、海产品、火柴、玻璃、布伞、肥皂、藤条、葵扇以及鸦片等。[①]不过鸦片在 1911 年后被禁止进口。从瓯海关统计来看，这一时期标准性的进口洋货主要是棉布、金属和煤油。从表 6-5 中可以看到 1911—1920 年这十年间温州口岸洋货进口中棉布的数量位列第一位。不过在 20 世纪前十年，棉布进口量的增长非常缓慢，甚至还出现下滑，这在一定程度上意味着浙南农村自然经济的瓦解比较缓慢，对洋布仍有顽强的抵抗能力。另一个原因是国产棉布的产量与质量上升并开始逐步占据中国国内市场。煤油的进口从 1911 年的 133.23 万加仑增加到 1913 年的 200.75 万加仑。此后，由于 1913 年温州口岸电灯的逐步普及开始对煤油进口产生影响，致使 1914 年后温州口岸煤油进口量逐年减少。尽管 1918 年后，煤油进口量有所回升，但仍未超过 1913 年的最高水平。另外，这一时期温州港进口的糖类包括白糖、赤砂糖、冰糖等，其中白糖的进口量最多。1913 年和 1919 年是温州港进口糖类最多的年份，分别达到 41286 担和 41160 担。这里值得注意的是，自 1911 年开始，温州港进口的火柴主要来自日本。1912 年温州港进口火柴的数量达到最高峰，为 10.18 万罗（每罗 12 打，即 144 小盒）。其后，随着国产火柴产业的发

① 参见周厚才编著：《温州港史》，人民交通出版社 1990 年版，第 70 页。

展和竞争，到 1919 年，进口火柴基本停止。

表 6-5　1911—1920 年温州港主要进口洋货数量表

年份	棉布（匹）	棉纱（担）	金属（担）	煤油（万加仑）	糖类（担）	卷烟（万支）	火柴（万罗）
1911	104176	762	8151	133.23	23033	800.30	6.56
1912	110011	840	11065	160.36	29514	757.20	10.18
1913	100322	795	11925	200.75	41286	1518.40	3.47
1914	112292	1813	15352	130.80	36332	1049.90	5.16
1915	110587	2838	9930	84.83	26601	1269.00	3.79
1916	116372	5555	4611	52.23	25346	1290.20	2.00
1917	99640	584	5990	85.20	24191	1664.20	2.85
1918	119191	438	6778	67.00	36021	1981.10	2.18
1919	78574	341	10819	110.78	41160	1955.70	—
1920	109613	400	16087	111.65	26875	2222.40	—

资料来源：周厚才编著：《温州港史》，人民交通出版社 1990 年版，第 72、101 页。

与洋货进口相对应的是，1911—1920 年这十年间温州口岸土货进口的种类主要有棉布、土布、麻类、大豆、金针菜、木耳、干果、红糖、海产品、药材、石膏以及机制的火柴、棉纱、棉布、面粉等。在这些进口土货中，除机制物品外（见表 6-6），其余都是传统意义上的进口货物。这些传统货物的进口有的通过海关进口，还有相当一部分通过常关进口。以棉花为例，1914 年通过海关进口的棉花有 5080 担，同期通过常关进口的有 8414 担。而到 1919 年几乎所有的棉花都是通过常关进口，达到 16520 担，从海关进口的棉花在统计资料中绝迹。这一时期传统进口土产品都出现较大数量的增长，而且其经过常关进口的数量远远超过了海关进口数量。以 1919 年为例，通过常关进口的土布和红糖分别达到 566867 匹和 7806 担，而同期经过海关的分别是 44 担和 167 担。另外，作为自给自足的区域，温州的大米进口一般只在受灾之后才有进口的需求。如 1912 年温州遭遇两次强台风，使得同年大米的进口量激增很多。

表 6-6 1911—1920 年温州口岸主要进口国产机制物品数量表

年份	棉纱（担）	棉布（匹）	面粉（担）
1911	2989	3035	4399
1912	7256	4265	8022
1913	7716	4021	4756
1914	16551	2061	4800
1915	10931	8244	5364
1916	5955	7250	7052
1917	5022	14040	5072
1918	5978	19660	4451
1919	2631	13460	8431
1920	6241	9430	6777

资料来源：周厚才编著：《温州港史》，人民交通出版社 1990 年版，第 75、103 页。

1922—1929 年这八年中，温州口岸进口洋货净值呈现出稳定增长的态势，从 1922 年的关平银 2419482 两增长到 1929 年的 3867690 两，增幅达 59.86%，远高于上一个十年的速度。这意味着，经过第一次世界大战之后，西方国家原本对中国放缓的商品倾销又逐渐严重起来。在这八年中，除 1923 年和 1929 年这两年温州口岸洋货进口净值增长率有所下降外，其他年份的增长速度非常迅速。同期，温州口岸土货进口净值在 1921 年远超同年洋货进口净值，达到关平银 5223601 两，但 1922 年即迅速下跌到 2366548 两，略低于同年洋货进口净值。此后，除 1923、1924、1928、1929 年外，其余年份温州口岸土货进口净值均低于同年洋货进口净值。自 1922 年开始，温州口岸土货进口净值从关平银 2366548 两增加到 1929 年的 5515645 两，其增幅速度远超进口洋货净值。如果按照世界通用的美元来折算的话，1929 年温州口岸进口洋货净值相比 1922 年增加 23.26%，进口土货净值增幅为 79.71%（表 6-7）。由此可以看出，金银比价的波动对温州口岸影响并不是很大。

表 6-7　1922—1929 年温州口岸洋、土货进口净值统计表

年份	关平银两合美元数目	进口洋货净值		进口土货净值	
		关平银两	美元	关平银两	美元
1922	0.83	2419482	2008170.06	2366548	1964234.84
1923	0.80	2360487	1888389.60	3171060	2536848.00
1924	0.81	2896804	2346411.24	2917088	2362841.28
1925	0.84	2953509	2480947.56	2878720	2418124.80
1926	0.76	3402500	2585900.00	2855467	2170154.92
1927	0.69	3686134	2543432.46	3299488	2276646.72
1928	0.71	3976903	2823601.13	4199249	2981466.79
1929	0.64	3867690	2475321.60	5515645	3530012.80

资料来源：中华人民共和国杭州海关译编：《近代浙江通商口岸经济社会概况：浙海关、瓯海关、杭州关贸易报告集成》，浙江人民出版社 2002 年版，第 80—81、903 页。

1921—1930 年这十年，温州口岸洋货进口受到挫折，究其原因主要有 3 个方面：国内机器工业的发展开始部分取代洋货，其中以卷烟一项最为明显；国际银价的下跌导致洋货进口价格的上升，与之对应的是中国购买力相应的下降，但是国产土货并未受之影响；抵制洋货运动，尤其是 1925 年“五卅惨案”后对英货的抵制和 1928 年“济南惨案”后对日货的抵制使得温州洋货进口受到冲击。以上种种原因使得本期温州口岸外国火柴、肥皂和棉纱在国货竞争下基本停止进口，而布伞、洋布、卷烟的进口中，国产制品已经占据优势。以卷烟为例，20 世纪前十年，温州港进口外国卷烟独占温州市场。进入 20 世纪 20 年代，国产卷烟开始增加。1924 年国产卷烟进口 1510 担（每担约 4 万支，共约 6040 万支），为同年进口外国卷烟 1914.70 万支的 3.15 倍。而到了 1930 年，温州港国产卷烟的进口量为外国卷烟的 7.16 倍（见表 6-8、表 6-9）。至此，国产卷烟在温州市场上占据绝对优势。不过，卷烟的案例只能说明初级工业中国产土货的优势，而对于中国无法仿制的工业品，仍须从国外大批量进口，最具代表性的就是英日输入中国的棉布一项。作为英日输入中国最具代表性的工业品，在 1925 年和 1928 年抵制英货、日货期间，温州口岸进口洋货中棉布一项的数量并未产生太大变化。究其原因，是中国在抵制英日棉布期间，其他欧美国家如德国、美国占据了相应的市场。中国由于技术差距，在棉布市场竞争

中仍处于劣势，这从温州口岸在1925和1928年进口国产棉布的数量和增长率中就能看到。从结构上来讲，这一时期进口土货的种类仍旧集中在以消费为重点的轻工业与土产上，而进口洋货则主要集中在工业制品上，后者的无论是价值还是价格都要高于前者，这也就能解释尽管进口土货的绝对数量远高于洋货，但其价值和进口洋货基本接近。由此可以看出，20世纪20年代欧美、日本对温州区域的经济侵略并未因为进口土货数量的提升而有所降低。从种类上来看，这一时期温州进口洋货的种类相比上一个十年有了较大的变化，比较明显的是在火柴、肥皂和棉纱进口减少的同时，增加了硫酸铔、橡胶制品和石蜡等新的种类。[①]其他如糖类、纸张的进口量有明显增加，金属、煤油、卷烟的增加量相对较为缓慢，棉布进口由于1929年的经济危机则有明显下滑（表6–8）。

表6–8 1920—1930年温州港主要进口洋货数量表

年份	棉布（匹）	棉纱（担）	金属（担）	煤油（万加仑）	糖类（担）	卷烟（万支）	纸（担）
1920	109613	400	16087	111.65	26875	2222.40	1324
1921	76925	363	13344	98.20	31820	1037.20	1886
1922	138628	683	21936	145.90	31003	1353.90	2403
1923	88555	497	23476	219.24	37303	1450.50	2179
1924	135753	316	22906	217.78	50559	1914.70	3302
1925	116202	164	18188	248.70	57740	798	4009
1926	152178	499	20671	230.90	62753	880.50	3961
1927	112656	193	19369	198.70	80802	2910	4318
1928	100340	47	37361	268.54	107564	2870.50	5512
1929	60044	6	33733	269.40	84124	4729	5052
1930	58468	3	21930	246.54	83210	3432	4079

资料来源：周厚才编著：《温州港史》，人民交通出版社1990年版，第101页。

① 参见周厚才编著：《温州港史》，人民交通出版社1990年版，第100页。

1921—1930年这十年间温州港进口的主要土货，除了原有种类外，增加了卷烟、肥皂和豆饼等种类。这一时期温州港进口土货的主要机制货物都呈现较大的增长态势，其中卷烟由无到有，棉布的进口量则增长了6.83倍。值得注意的是，在经历1929年世界经济危机后，温州口岸国产机制货物的进口量呈现不同的变化态势，其中棉纱和面粉在经历1928年的短期下降后，开始呈现出恢复性增长态势，而棉布和卷烟的进口量在经历了高速增长后于1930年开始下降。

表6-9 1921—1930年温州港主要进口国产机制货物数量表

年份	棉纱（担）	棉布（匹）	面粉（担）	卷烟（担）
1921	9572	15720	26299	—
1922	16647	22050	25273	—
1923	21188	52191	16297	—
1924	15323	55765	28482	1510
1925	20879	79119	18262	1413
1926	17450	62300	26910	1540
1927	15760	137156	29784	2440
1928	8208	135072	22102	5699
1929	8972	156976	25205	7071
1930	13413	123128	45321	6142

数据来源：周厚才编著：《温州港史》，人民交通出版社1990年版，第102页。

进入20世纪30年代后，温州港进口洋货净值在最初三年连续下跌，分别为关平银4387567两、215506两和92544两。与之对应的进口土货净值则未发生大的波动，分别是关平银7248653两、8049746两和6591213两。从比例上来讲，20世纪30年代的最初三年里，温州口岸进口土货净值远高于进口洋货净值，两者比例在1933年达到71.22 : 1，达到温州开埠后进口洋土货净值比例的最高值。导致温州口岸进口洋货净值下降的原因主要是，随着世界经济危机的加深，日本直接武力入侵中国，发动了九一八事变，直接导致了中日关系的急剧恶化，进而严重影响了温州口岸的日货进口贸易。另外，南京国民政府对税收制度的变革是直接原因。1931 年 6 月 1 日国内转口土货一律要改征转口税，而往来于通商口岸和内地港口之间的船只则免征转口税，这使得相当一部分货物改道由温州瑞安港上岸。1933 年南京国民政府币制改革后，温州口岸进口洋货净值开始逐渐回升。1935—1937 年，温州口岸进口洋货净值分别是 244178 法币元、469259 法币元和 842050 法币元。同期，温州口岸进口土货净值则呈下降趋势，分别是 710 万法币元、690 万法币元和 660 万法币元。截至 1937 年，温州口岸进口洋货以煤油、柴油、白糖和石蜡的数量最多，进口土货以纸、烟、豆饼、糖品、花生油、土布及其他各种棉布。从洋货进口种类的变化可以看到国民政府已经开始扩大战争物资的进口，逐步在为全国抗日战争做准备。

第二节　民国前期浙江出口贸易

1911—1937 年这 26 年间，浙江海洋出口贸易总体呈增长态势，但其出口量和出口值的增速则呈先慢后快再减速的趋势。1911—1920 年这十年间由于第一次世界大战的影响，浙江传统农产品如棉花、茶叶的增速非常明显，与之相伴的是初级手工业制品如草帽、凉席、滑石器也纷纷远销欧美及日本市场。进入 20 世纪 20 年代，在金银比价下跌的情况下，尽管浙江出口贸易值增速缓慢，但各出口产品数量的增长速度远超前一个十年。加之这一时期浙江沿海口岸区域出口手工制品制作工艺的改良，使得其在国际市场上的竞争力逐渐提升，出现出口手工制品无论是数量还是货值均超过出口农产品的现象。进入 20 世纪 30 年代，由于日本侵华步骤的加快导致中日贸易环境的恶化，浙江对日贸易额逐步下降，尤其是手工制品出口市场开始由日本向欧美国家转移。总体而言，这一时期浙江出口农产品的数量和货值不仅受到国际市场的影响，还与农产品自身的产量有非常重要的关系。另外，随着世界农产品市场竞争的加剧，民国时期浙江传统农产品出口如棉花和茶叶出口量的增长速度都出现不同程度的下滑。而与之相反的是，这一时期浙江手工制品出口量的增长速度是非常明显的。

一、民国前期浙海关出口贸易

1911—1920年这十年间，宁波口岸出口土货值从1911年的关平银7863141两增长到1920年的9904980两，十年间增长率仅为25.97%，年均增长率不到3%。期间，1913年、1917年及1918年之后两年均呈现负增长态势（见图6-2）。究其原因，主要有三个方面导致宁波口岸出口货值增长乏力。首先是宁波口岸出口产品主要以农产品为主，棉花、茶叶、海鲜是主要的出口产品，其次是草帽、棉布等初级工业品。这种出口结构使得一旦农业出现天灾就会直接导致出口缩水。20世纪前十年宁波口岸出口下降的四年里，出口农产品的产量都有不同程度的下降。1913年、1919年宁波海洋捕捞的减产，1913年、1917年宁波茶叶的减产，1920年棉花遭受风灾导致减产。其次，1919年绍兴至上海火车的开通，相对低廉的运价吸引大量绍兴农产品通过火车转由上海出口，这导致宁波口岸出口货源的减少。1919年和1920年宁波出口货值的骤降与绍兴农产品出口的改线有很大关系。最后，1919年中日关系紧张所导致的抵制日货运动，不仅影响宁波洋货进口贸易，同时也冲击了宁波口岸草帽业的出口，因为宁波草帽手工业中最为畅销的木花帽是用日本木花编成。[①]与之相比较，这一时期宁波口岸进口货物净值从1911年的关平银14357411两增加到1920年的18502904两，十年间增长率为28.87%，年均增长率与宁波口岸出口土货值的增长率接近。另外，从图6-2中可以看出，1918年后宁波口岸进出口货值趋势相反。而1917年后宁波进口货值的增长主要得益于宁波口岸进口土货净值的增加。

作为近代中国最主要的对外通商口岸之一，宁波口岸出口货物主要有茶叶、棉花、海产品和手工制品。以1910年为例，宁波口岸全年共出口土货货值为关平银10319536两，其中棉花估值为3671236两，占出口总值的35.58%，绿茶估值为2436776两，占出口总值的23.61%，棉纱估值为1061386两，占出口总值的10.29%，三项合计占出口总值的69.48%。由此可见传统出口商品棉花和茶叶仍旧是宁波口岸出口的主要产品，这一结构在民国时期也没有大的变化。1911

① 参见中华人民共和国杭州海关译编：《近代浙江通商口岸经济社会概况：浙海关、瓯海关、杭州关贸易报告集成》，浙江人民出版社2002年版，第338、349、357、362页。

年，由于风潮的影响，宁波口岸出口棉花减少7成，只有40528担，其中8成转运上海销往日本。1912年，宁波口岸棉花出口量增加1倍，皆因为棉花出口价格的上涨，由每包26.50元上涨到33元。1914年，宁波口岸棉花出口价格又涨至每包最高40元之多，此后维持在30元—40元的高位。棉花出口价格的上涨和欧战爆发后国际市场对棉花需求量的增加使得宁波口岸棉花出口量在1916年突破100000担，达到149471担，1918年更是达到158748担的本期最高出口量。1919年8月，棉花快要成熟的时候，宁波暴风突起，海潮冲入棉田，导致棉花减产，受其影响，1919—1920年宁波口岸棉花出口量也随之下降，两年棉花出口量仅为7603担和28901担（见表6-10）。

图6-2 1911—1920年宁波口岸进出口货值统计图（单位：关平银两）

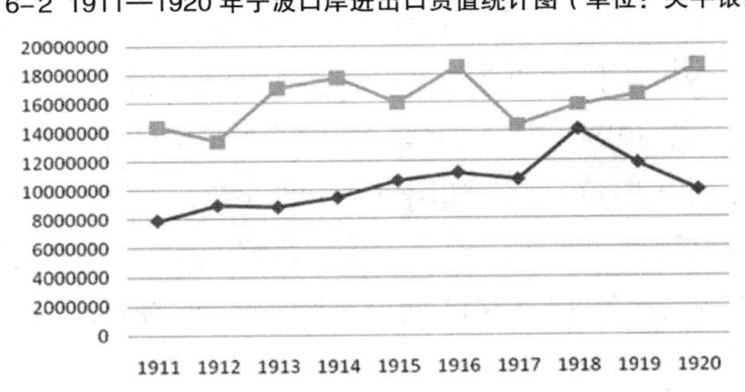

资料来源：中华人民共和国杭州海关译编：《近代浙江通商口岸经济社会概况：浙海关、瓯海关、杭州关贸易报告集成》，浙江人民出版社2002年版，第891页。

表6-10 1911—1920年宁波口岸主要出口土货数量统计表

年份	棉花（担）	平水茶（担）	草帽（顶）	海鲜（担）
1911	40528	115612	—	—
1912	95786	114969	10824000	25529
1913	81632	93133	6653466	14487
1914	93791	103252	3229396	37565
1915	91715	115047	约3200000	—
1916	149471	103142	约3000000	-2227*

续表

年份	棉花（担）	平水茶（担）	草帽（顶）	海鲜（担）
1917	115877	78142	约 1500000	—
1918	158748	75254	约 1300000	约 32000
1919	7603	88955	4491942	8051
1920	28901	74190	5216156	27801

* 1916 年海鲜出口量相比 1915 年减少 2227 担。另外，本表海鲜数量统计未加上宁波每年运往上海不少于 6 万担的桶装鲜鱼。

资料来源：据 1911—1920 年浙海关贸易报告整理，见中华人民共和国杭州海关译编：《近代浙江通商口岸经济社会概况：浙海关、瓯海关、杭州关贸易报告集成》，浙江人民出版社 2002 年版，第 333—363 页。

1911 年宁波口岸平水茶出口比上年多 4848 担，为 115612 担，多装运上海，转销美国及英俄两国。第一次世界大战爆发后，茶叶出口价格下跌，由每担 30 元跌至 25 元。因此，尽管 1915 年茶叶出口价格一度涨至 40 元带来当年茶叶出口量激增至 115047 担，但战争导致航路的阻隔以及海运价格的上升使得棉花出口量的减少和出口价格一度跌至每担 10 元。总之，由于第一次世界大战导致国际海运价格的上升与国际金价的低落严重影响了宁波茶叶出口，而传统茶叶的栽种、泡制和收购方式已不适应茶叶的商品化贸易。基于此，尽管第一次世界大战结束后国际茶叶市场逐渐恢复，但宁波茶叶出口量仍未恢复到战前水平。1920 年宁波平水茶出口量仅为 74190 担，比 1911 年下降了 35.83%。除平水茶外，作为宁波口岸传统出口手工艺品，草帽的出口量也受到第一次世界大战的影响。1912 年，宁波口岸草帽出口达到十年来的最高销量，为 10824000 顶，出口地主要是欧洲。因此，随着 1914 年一战的爆发，宁波草帽出口量仅为 3229396 顶，是 1913 年销量的一半。此后，宁波草帽出口量一路下跌，到 1918 年仅有 1300000 顶。究其原因，除战争因素外，浙海关代理税务司来安仕（F. W. Lyons）在 1917 年的《宁波口华洋贸易情形论略》中指出："推原其故，识者谓华工不求精巧，所织之帽其粗陋殆类米筛，而于大小广狭又少注意，近时沪、甬二埠以及美国之承办商人，因买客嫌货粗劣定而不取，以致存积待售者比比皆是。"[1]相比之下，宁波海鲜出

① 中华人民共和国杭州海关译编：《近代浙江通商口岸经济社会概况：浙海关、瓯海关、杭州关贸易报告集成》，浙江人民出版社 2002 年版，第 349 页。

口基本是销往上海，受国际市场影响较小，其销量主要是受海鲜捕捞量的影响。因此，在正常年份，宁波海鲜出口量基本保持稳定。1912年，宁波海鲜出口量为25529担，1920年为27801担，基本保持不变。

1922—1931年这十年间，宁波口岸出口土货货值从1922年的关平银11796427两上升到1931年的13800526两，增幅仅为16.99%，年均增长率不到2%。同期，宁波口岸进口洋、土货净值从1922年的25672184两增长到1931年的30368185两，增幅为18.29%。从这些数字中可以看出，这十年中，宁波口岸进出口货值增长速度基本保持一致，这也意味着这十年中宁波口岸进出口货值的比例也没有大的变化，其比例从1922年的1:2.18到1931年的1:2.20。从表6-11中可以看到，本期宁波口岸出口土货值在1923年和1924年出现高速增长，远高于本期平均增长率。不过自1924年后，宁波口岸出口土货值的增长徘徊不前始终维持在1600万—1800万两之间的水平。如果以美元重新计算本期宁波出口土货值的话，由于银价的下跌，宁波口岸货物出口货值的跌幅是非常明显的。按正常情况，汇率下跌是有利于商品的出口，但是本期汇率下跌的同时，伴随着经济危机的来临，各国都对进口货物征收高额关税，这就使得宁波口岸出口货值在汇率下跌的同时也随之减少。

表6-11 1922—1931年宁波口岸进出口货值统计表

年份	关平银两合美元数目	出口土货值		进口洋、土货净值	
		关平银两	美元	关平银两	美元
1922	0.83	11796427	9791034.41	25672184	21307912.72
1923	0.80	14014681	11211744.80	27604676	22083740.80
1924	0.81	17168339	13906354.59	27708355	22443767.55
1925	0.84	18202834	15290380.56	28743207	24144293.88
1926	0.76	16205494	12316175.44	34360911	26114292.36
1927	0.69	18513011	12773977.59	33785455	23311963.95
1928	0.71	16397990	11642572.90	35900262	25489186.02
1929	0.64	16913688	10824760.32	31265517	20009930.88

续表

年份	关平银两合美元数目	出口土货值		进口洋、土货净值	
		关平银两	美元	关平银两	美元
1930	0.46	16735755	7698447.30	36484448	16782846.08
1931	0.34	13800526	4692178.84	30368185	10325182.90

资料来源：中华人民共和国杭州海关译编：《近代浙江通商口岸经济社会概况：浙海关、瓯海关、杭州关贸易报告集成》，浙江人民出版社 2002 年版，第 891—892 页。

1921—1930 年这十年间，宁波口岸主要出口货物与上个十年相比没有大的变化。棉花出口量经历了 1920—1922 年的低迷后，于 1923 年再次达到 143432 担，1925 年更是达到了 175230 担的高位。1926 年棉花歉收，出口量减少到 108674 担，1927 年增至 198527 担。其后三年，宁波口岸棉花出口量分别是 128825 担、150303 担和 161155 担。[①] 比照表 6-12 可以看出，本期棉花出口量自 1923 年后基本维持在 130000—170000 担之间，并随着棉花产量的变化而波动。另外，本期棉纱产量则由 1920 年的 71268 担下降到 1928 年的 52060 担，期间出口量最低年份为 1924 年的 28285 担，总体呈现出先降后升的趋势。一般而言，宁波口岸出口棉纱和棉花的数量呈反比，大量棉花本地加工在增加棉纱出口量的同时，势必会影响棉花出口量，而在棉花出口价格上涨后，棉商更倾向于将棉花直接出口而不是卖给本地加工企业。本期茶叶、大豆和墨鱼出口量基本稳定，其波动仍旧受自然环境变化的影响。草帽、草席和纸伞是宁波口岸出口土货中比较典型的手工艺制品。草帽早在 20 世纪前十年就大批量出口欧洲，20 世纪 20 年代其出口量基本维持在每年约 500 万顶，远高于 20 世纪前十年的水平，其中 1922 年和 1923 年宁波口岸草帽的出口量更是达到 10968479 顶和 9093807 顶的高位。究其原因，主要有两点：一是本期国际市场金银价格汇率的波动，银价的走低对草帽这种主要销往海外市场的产品影响犹大；二是宁波草帽手工业工艺的改进，逐渐试用多种国产或外洋新奇原料，提高草帽制成品在海外的接受度。宁波草席主要销往日本，每年日本商人会派专人前往宁波收购。1923 年日本关东大地震后，其本土工

① 1926 年及其之后四年宁波口岸棉花出口量数据来源于《宁波港史》，因与表 6-12 统计数据略有出入，特单独列出。参见郑绍昌编著：《宁波港史》，人民交通出版社 1989 年版，第 280 页。

业的停顿刺激了宁波草席的出口，使得1923年宁波口岸草席出口达到5046473张，为本期最高出口量。除此之外，宁波向以药材著称，只要世界各国有华人居住的地方，都有宁波人开设的药铺。宁波药品齐备，中国各省所产药材都运往宁波口岸，经宁波药商加工后，销往世界各地。[①]因此，1922年到1923年，宁波口岸药材出口价值由关平银499105两上涨到556916两，1926年更是涨到1269822两之多。

表6-12　1920—1928年宁波口岸主要出口土货数量统计表

年份	棉纱（担）	棉花*（担）	茶叶（担）	草帽（顶）	大豆（担）	墨鱼（担）	草席（张）	锡箔（担）	纸伞（顶）
1920	71268	28901	74190	5216156	76261	25205		19380	58860
1921	64011	49116	84581	4854049	128406	42275	2851494	12494	55190
1922	56567	45521	96501	10968479	48822	21999	4037474	9407	51660
1923	35744	143432	96072	9093807			5046473	8443	53230
1924	28285	171325		4984101			3191771	19781	38700
1925	40192	175230						11563	
1926	59455			4014648	66440	33805		8761	
1927	36994	+89469		4971279	159016	13466	-249000	15581	
1928	52060	-69279		5296851		21984	+100000	5431	

*棉花一项内1927年数据是相比1926年增加的数字，1928年数据是相比1927年减少的数字。同理，草席项下1927年的数据是相比1926年减少的数字，1928年数据是相比1927年增加的数字。表内空白处为原文统计遗漏。

资料来源：中华人民共和国杭州海关译编：《近代浙江通商口岸经济社会概况：浙海关、瓯海关、杭州关贸易报告集成》，浙江人民出版社2002年版，第361—392页。

1931年后，由于经济危机影响以及浙江沿海海盗的猖獗，宁波口岸的贸易日趋消沉。不过在新出口税则实行后，加上宁波至上海陆路交通的改善，大量原本在宁波口岸直接销往国外的土货大部分经由上海或其他沿海口岸转运。1931年至1936年这六年间，宁波出口的主要工业品是面粉、棉纱和棉布。茶叶出口数量一直在

① 参见中华人民共和国杭州海关译编：《近代浙江通商口岸经济社会概况：浙海关、瓯海关、杭海关贸易报告集成》，浙江人民出版社2002年版，第373页。

增长，但是其销售价格则比以前降低很多。1933年宁波口岸出口土货值为法币1.80万元，1934年为1.70万元，1935年和1936年则下降到0.90万元和0.60万元。1934年，除草席出口数量因为免收转口税出现增长外，其他诸如棉花、药材和绿茶出口数量均有所下降。1935年宁波镇海设立新码头后，大量宁波土货及周边土产直接由镇海口转往上海出口，因此宁波口岸本身的土货出口量统计数据呈现逐年下降的趋势。

作为宁波口岸经济腹地的台州，从海门港转往宁波口岸出口的土货主要有农林、畜牧、原材料以及手工制品。以1932年为例，该年台州出口粮食类有大米65000吨，大麦140吨，小麦9301.80吨，大豆3366.24吨，甘薯1000吨；林木类有原木15350吨，木板600吨，炭7875吨，松柴20000吨，茶叶2916吨；油料类有桐油60吨，柏油390吨；原料类有棉花250吨，苎麻500吨；果品类有柑橘20000吨，荸荠10000吨，枣子500吨，杏子50.20吨，李子350吨；蔬菜类有芋艿1750吨，竹笋10000吨；药材类有白术37.50吨；畜类有牛16087.50吨；毛猪5875吨，猪鬃42.40吨；禽蛋类有鸡407.70吨，鸭58.50吨，彩蛋154.70吨，鸡蛋1517.20吨；其他手工艺品类有麻草帽18.35吨，蔺草席1450吨，土布1250吨，绢7.50吨，麻草鞋33.50吨，棕绳100吨，渔网120吨，佛珠50000串，发网300000个，烛芯82吨。[①]以上出口土货主要经宁波口和温州口销往上海和福建，或经宁波口直接出口海外。除此之外，还有数量可观的水产品经宁波口和温州口出口到上海和福建。

二、民国前期瓯海关出口贸易

温州口岸自1877年开埠，其后出口土货值逐年上升。进入20世纪后，温州口岸出口土货值由1901年的关平银366900两上升到1910年的988708两，十年时间增长率为169.48%，年均增长率接近17%。相比之下，1911—1920年这十年时间，温州口岸出口货值从1911年的关平银1008370两上升到1920年的1484098两，十年时间增长率仅为47.18%，年均增长率不到5%。从图6-3中可以看出，

---

① 参见金陈宋主编：《海门港史》，人民交通出版社1995年版，第159—161页。

自1911年开始，温州口岸土货出口值增长乏力，直到1916年出口土货值才达到1490157两。其后便一路下滑，直到1918年才开始恢复增长。如果将本期温州口岸土货出口值与进口洋、土货净值数据进行比较的话，可以发现两个明显相反的趋势。以1916年为分界点，之前是在出口土货值上升的同时进口洋、土货净值则出现下降趋势；此后则是出口土货值下降的同时进口洋、土货净值则出现上升的趋势。1916年本期温州口岸出口货值与进口货值比例最为接近的一年，为1∶1.35，这一比例在1920年扩大为1∶2.27。很明显，1916年后，温州口岸出口土货值的增长速度明显低于同期进口洋、土货净值的增长速度。其中，1918年温州出口货值的剧降与同年普济轮船的沉没有很大关系。1918年1月4日，上海招商局"普济"轮从上海起航，开往温州，在吴淞口被撞沉，死者有260余人。这次事故使得温州至上海之间的航线时断时续，大量出口货物"脱离海关而报常关者，为数匪鲜，而以鲜蛋、茶叶二宗为巨"①。

如果在对温州口岸出口货值去向做进一步分析的话，可以发现，与宁波有相当数量货物直接出口外洋相比，温州口岸大部分出口货物都是销往其他通商口岸，如上海、宁波，然后经其他通商口岸出口。本期温州口岸直接出口外洋的土货数量相比出口货值总量而言，比例是非常小的，其出口地主要是日本。1911年，温州口岸直接出口外洋的土货值为关平银44571两，占同年出口总额的4.42%。1912年，温州口岸直接出口外洋的土货值下降到14两。其后，温州口岸出口土货皆经其他口岸转口后销往其他国家与地区。直到1918年，温州口岸才有土货直接出口外洋的数据，为关平银292两，只占同年出口总额的0.03%；1919年温州口岸土货直接出口外洋货值为6984两，占出口总额的0.46%；1920年骤降为8两之数。与之相对应的是，温州口岸洋货进口也主要是从其他通商口岸转口而来。1911年，温州口岸外洋直接进口值为关平银22617两，占进口总额的1.37%。1920年，这一数字为关平银7647两，占进口总额的0.23%。

---

① 中华人民共和国杭州海关译编：《近代浙江通商口岸经济社会概况：浙海关、瓯海关、杭海关贸易报告集成》，浙江人民出版社2002年版，第609页。

图 6-3 1911—1920 年温州口岸进出口货值统计图（单位：关平银两）

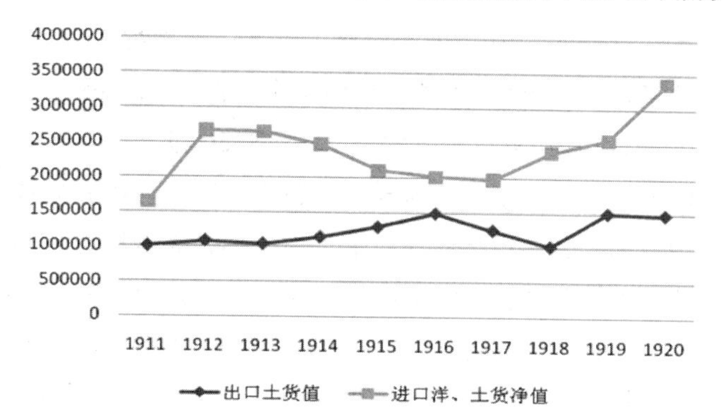

资料来源：中华人民共和国杭州海关译编：《近代浙江通商口岸经济社会概况：浙海关、瓯海关、杭州关贸易报告集成》，浙江人民出版社 2002 年版，第 903 页。

民国初期，温州口岸出口的货物种类主要有茶叶、纸伞、柑橘、烟叶、木板、原木、木炭、明矾、滑石器、猪油等各种土货或手工制品。茶叶是温州口岸出口的主要土货之一，1911 年，温州口岸出口茶叶 21937 担。1912 年，温州茶叶收成大好，成本也比往年低了很多，但茶叶出口相比大好的收成则增长并不是很高，为 25105 担。1912 年茶叶出口增长乏力的原因有很多，但最主要的是当地种茶的人经常将柳叶掺到茶叶中出口，使得茶叶收购与经销的商人对温州茶叶有很强的戒心；另外一个原因就是安徽茶商与当地的纠纷致使安徽茶帮抵制温州茶叶的收购。1913 年，温州口岸的茶叶出口继续疲软，上年积压茶叶必须借口其他区域所产才能顺利脱销。这一情况使得该年度温州口岸茶栈只有 7 家，亏损 3000 两。温州明矾产自赤溪的矾山，经民船转由平阳到温州出口，主要出口到长江一带作为肥料，并因为水路运输成本的下降使得出口量有明显的增加，由 1911 年的 13403 担增加到 1912 年的 29440 担。1913 年，明矾产量增加，带动出口量也随之上升到 54097 担。猪油以前的出口量是比较大的，1911 年出口量为 8875 担。但是由于当地生产商经常将薯丝掺入，以假充真，使得外洋对温州出产的猪油产生疑虑。因此，尽管猪油以前的利润很高，但由于市场混乱使得出口量急剧下降，1912 年温州口岸猪油出口量仅为 2403 担。1911 年温州口岸木板的出口量为 102.66 万平方英尺，但由于洪水侵袭，大量木板损失，致使 1912 年木板的出口量减少到55.41万平方英尺。不过其后木板出口量迅速恢复，期间尽管受到战争影响使得1915年和1916年温州口岸木板出口量下降到111.39万平方英尺和101.18万平方英尺，但随着温州至上海航运成本的下降，温州口岸木板出口量开始回升并增长迅速。1919年，温州木板出口突破500万平方英尺，达到505.53万平方英尺。1920年这一数字上升到549.11万平方英尺。温州本地出产的滑石器以青田石最为有名，其出口数额逐年上升，利润非常丰厚。该商品主要运往南美洲，经当地华人商贩在各国沿途销售。1911年温州口岸滑石器出口为3912担，1912年下降到642担，但是1913年则激增到8194担，达到本期最高出口量。1914年第一次世界大战爆发后，出口外洋的产品如滑石器、红茶及未烘茶叶的出口有所减少，但其他土货如猪油、药材、柑橘、鲜蛋等的出口量则有所增加，连带该年度温州口岸整体出口量也有所增加。以猪油为例，往年英国所需猪油主要由德国进口。自从第一次世界大战爆发后，德国口岸被英国封锁。因此，英国及欧洲各国所需猪油有相当一部分需要从中国进口，温州口岸猪油出口量的激增也顺理成章，达到8387担。相反，滑石器的出口则由于欧战使得海运成本上升导致出口量的减少。1914年温州口岸滑石器出口下降到5727担，此后逐年下降，直到1919年才得以回升。1920年，温州滑石器出口额恢复到1028担，仅相当于1911年出口额的26.28%以及本期出口最高年份的12.55%。自1916年开始，英国开始禁止茶叶进口，这对温州茶叶出口产生了一定的影响，其茶叶出口量由1915年的本期最高出口量32321担减少到25440担。此后两年，温州茶叶出口量一直呈下降趋势，直到战后才得以恢复。战争的进行影响了部分土产的出口，不过温州商人逐渐致力于运输交战国必须物品，使得1916年度温州口岸的出口量继续增加，如明矾增加37406担，达到112983担；猪油增加3396担，达到6437担；另有柏油和牛皮各增加3268担和1665担。

表6-13　1911—1920年温州口岸主要出口土货数量统计表

年份	茶叶（担）	纸伞（万把）	柑橘（担）	烟叶（担）	木板（万平方英尺）	原木（万株）	木炭（担）	明矾（担）	滑石器（担）	猪油（担）
1911	21937	49.78	37119	13992	102.66	0.01	8085	13403	3912	8875
1912	25105	43.38	36749	16230	55.41	0.41	24244	29440	642	2403

续表

年份	茶叶（担）	纸伞（万把）	柑橘（担）	烟叶（担）	木板（万平方英尺）	原木（万株）	木炭（担）	明矾（担）	滑石器（担）	猪油（担）
1913	16765	43.34	29971	13098	153.87	0.34	22971	54097	8194	466
1914	21101	36.98	34407	16088	180.98	0.62	23438	56369	5727	8387
1915	32321	46.58	21300	16998	111.39	0.11	28921	75577	3812	3041
1916	25440	42.20	43176	12068	101.18	—	39517	112983	2686	6437
1917	21135	42.24	34270	11507	167.47	0.22	34724	60200	970	13738
1918	18705	35.12	35835	14526	234.38	—	25721	37342	399	10678
1919	22269	45.80	38950	15197	505.53	0.35	39973	36011	550	21961
1920	17226	47.10	37501	17811	549.11	0.44	52528	61792	1028	18920

资料来源：周厚才编著：《温州港史》，人民交通出版社 1990 年版，第 79、104—105 页。

1921—1930 年这十年间，温州口岸土货出口量相比上一个十年有明显的增长，从 1921 年的关平银 1444576 两增长到 1930 年的 5611652 两，十年增长了 288.46%，年均增长接近 30%，其增长速度远超过上一个十年。相比较而言，温州口岸进口洋、土货净值的增长则呈现出先降后升的态势，从 1921 年的关平银 7415278 两降低到 1922 年的 4786030 两。其后，温州口岸进口洋、土货净值逐渐增长并在 1928 年超过 1921 年的水平，达到 8176152 两。到 1930 年，这一数字增长为 9496245 两，十年增长了 28.06%，年均增长率只有不到 3%。如果将本期温州口岸出口土货值折合成美元来计算的话，可以发现其变化趋势与以关平银两统计趋势略有不同，从表 6-14 中可以看到，1922 年温州口岸出口土货值折合 1545442.57 美元，其后这一数值逐年上升到 1926 年的本期最高点 3346081.64 美元。其后，温州土货出口值开始下降，直到 1929 年的 3306588.16 美元。1922—1929 年，温州口岸出口土货值折合美元增幅达到 113.96%，年均增长率接近 15%。在经济危机肆虐全球，各国都提高进口关税的时候，1930 年代温州口岸出口土货值依然能超过 1920 年代初期的水平与这一时期温州出口土货值主要面向的是中国其他沿海口岸市场有很大关系。相比之下，这一时期温州口岸进口洋、土货净值折合美元则从 1922 年的 3972404.90 美元增长到 1929 年的 6005334.40 美元，八年增幅达到 51.18%，年均增长率不到 7%，从中可见金银汇率波动对温州口岸进口货值的影响，而相应的这也是温州口岸在这八年中出口土货值保持增长的一个非常重要的原因。受此带动，温州口岸直接出口外洋的土货净值从1922年的关平银20238两上升到1926年的本期最高值647246两，其后在北伐战争和世界经济危机的影响下开始逐年下降，直到1929年的176340两，八年时间出口外洋土货值增长了将近8倍。尤其是1923年，比1922年增长了近14倍。如果将温州口岸出口外洋土货值折合美元计算，其趋势也基本相同，只不过增速有所放缓，由1922年的16797.54美元增长到1929年的112857.60美元，增长了近6倍，年均增长超过70%。这一速度远远超过本期出口土货总值的增长速度。换句话说，就是1922年至1929年这八年间，温州口岸直接出口外洋土货值的增长速度远远高过出口通商口岸土货值的增长速度。要分析本期温州口岸出口土货值增长速度如此之快的原因，就需要从其出口的种类和数量中去寻找原因。

表6-14　1922—1929年温州口岸进出口货值统计表

年份	关平银两合美元数目	出口外洋土货值		出口土货总值		进口洋、土货净值	
		关平银两	美元	关平银两	美元	关平银两	美元
1922	0.83	20238	16797.54	1861979	1545442.57	4786030	3972404.90
1923	0.80	293548	234838.40	2834655	2267724.00	5531547	4425237.60
1924	0.81	629601	509976.81	3202687	2594176.47	5813892	4709252.52
1925	0.84	499837	419863.08	3334645	2801101.80	5832229	4899072.36
1926	0.76	647246	491906.96	4402739	3346081.64	6257967	4756054.92
1927	0.69	621693	428968.17	4555734	3143456.46	6985622	4820079.18
1928	0.71	326510	231822.10	4263957	3027409.47	8176152	5805067.92
1929	0.64	176340	112857.60	5166544	3306588.16	9383335	6005334.40

资料来源：中华人民共和国杭州海关译编：《近代浙江通商口岸经济社会概况：浙海关、瓯海关、杭州关贸易报告集成》，浙江人民出版社2002年版，第903、905页。

1921年至1930年这十年间，温州出口土产，如平阳明矾、处州青田的木炭、鲜蛋、滑石器和纸伞等主要销往日本；木材经广州口岸销往四川；木板则运往上海加工成木箱，作为上海口岸运送货物的货箱；乐清的鲜蛋则由温州口岸转运美国、日本用来制作饼干。本期茶叶仍旧是温州口岸主要的出口土产之一。20世纪20年代中期，温州各主要茶厂纷纷改进制茶方法，用电气锅炉进行烘焙，但由于茶叶本身的品种并没有得到改良，使得其质量并未有根本性的提高。另外，加上1926年之后，温州出口大量茶叶不再经海关出口，而是直接从瑞安运出，这也是1926年之后温州口岸茶叶出口量减少的另一个重要原因。因此，1921年温州口岸出口茶叶为13292担，到1930年萎缩到12230担。相比本期温州口岸出口的其他土产，茶叶出口量的增幅是最小的。以1925年温州茶叶出口量的最高值38783担为界限来计算，之前几年的年均增长率接近40%，其后温州茶叶出口量则呈现出一路下跌的趋势。同期，温州口岸纸伞的出口量由1921年的97.75万把增加到1930年的255.39万把，增加了1.61倍，年均增幅超过15%。20世纪20年代初期，温州纸伞加工商仿照日本样式进行改进，其产品无论质量还是外观都比以前有了显著提高。因此，温州纸伞出口开始从日本扩展到美国及东南亚市场。其后，加上国际市场上的汇率波动更是提高了温州纸伞在国际市场上的竞争力。与纸伞出口情况相类似的是温州口岸草席的出口量从1921年的10.10万张增加到1930年的174.40万张，十年增加了约16倍。另一个值得注意的是，本期的木板、原木和木炭都有显著的增加，木板由1921年的816.02万平方英尺增加到1930年的1422.78万平方英尺，十年增长了74.36%；原木（木段）从1921年的16622株增加到1930年的21465株，十年增长了29.14%；木炭从1921年的99672担增加到1930年的282782担，十年增长了183.71%。和木材相关土产出口量的增加和利润的上升使得温州对树木的砍伐和森林破坏日加严重，其结果就是这一区域山区水土流失非常严重，一到暴雨季节来临经常酿成水患。温州柑橘、烟叶和明矾的出口量在1921年至1930年这十年中均有不同程度的下降，而鲜蛋出口量的增长则非常醒目。1921年，温州口岸鲜蛋出口量为716.40万只。1930年，这一数字增加为4282.60万只，十年增加了将近5倍，仅次于本期纸伞的增长速度。

表 6-15 1921—1930 年温州口岸主要出口土货数量统计表

年份	茶叶（担）	纸伞（万把）	柑橘（担）	烟叶（担）	木板（万平方英尺）	原木（木段）（株）	木炭（担）	明矾（担）	滑石器（担）	猪油（担）	鲜蛋（万只）
1921	13292	97.75	23177	14692	816.02	16622	99672	91581	5879	2629	716.40
1922	15979	114.22	19904	10610	871.98	12275	134739	83477	5107	3755	987.20
1923	36316	123.60	35358	12090	841.45	32182	513921	115950	3474	5261	1349.30
1924	32930	139.48	12929	7075	824.74	5509	600185	86702	1097	5085	1269.80
1925	38783	106.47	35543	14130	1115.88	2201	473505	103325	863	12173	1238
1926	35695	173.76	26511	15984	1486.53	11799	563806	100457	—	10403	1895.20
1927	23368	200.71	18352	18190	1157.74	4789	423271	88468	—	6167	3173.60
1928	19374	166.60	23093	13258	1225.50	9470	351834	86502	—	3755	4237
1929	16566	242.83	32785	10805	1262.01	4522	163644	103663	—	8660	4270.80
1930	12230	255.39	16125	11796	1422.78	21465	282782	98205	—	4525	4282.60

资料来源：周厚才编著：《温州港史》，人民交通出版社 1990 年版，第 104—105 页。

进入 20 世纪 30 年代，温州口岸土货出口值呈现出下跌趋势。1931 年至 1933 年这三年间，温州口岸出口土货值分别是关平银 5261499 两、3914442 两和 3753002 两。1931 年，温州口岸出口土货中的 75% 为纸伞、木炭、草席和茶叶，其余土产主要运往中国沿海其他通商口岸。1932 年温州口岸出口外洋土货中纸伞占 40%，草帽占 23%，鲜蛋占 16%，猪油占 3%。原本出口大项木炭则由上一年度的 12 万两下降到几乎为零，这是因为中日关系的恶化使得木炭对日本出口受到严重影响。除木炭外，另一个受到影响的是纸伞。1933 年，日本对中国的入侵使得温州纸伞失去了日本、中国东北、华北和台湾的外销市场。同年，温州口岸出口货值折合法币为 600 万元，其中纸伞占 15%，茶叶占 12.50%，纸占 10.50%，木炭占 6.50%，烟叶及烟丝占 5.50%，木材占 5.50%，浦席占 5%，棉布占 4.50%。到 1936 年，温州土货出口值从 1935 年的 550 万元下降到 540 万元，其中纸占 20.07%，下等纸占 11.65%，木炭占 8.42%，茶叶占 5.32%，茶油占 5.75%，桐油占 4.33%，烟叶占 4.32%，其余均属杂货。

第三节　浙江临港经济发展与战时海洋贸易

便利的海运条件与完善的交通网络推动了浙江海洋贸易的发展，而海洋贸易的蓬勃更是孕育了现代临港经济的雏形。便利的运输条件和开放政策，使得大量农产品经海运、内河与陆路运输在浙江销售，这使得浙江本省的农业用地可以种植附加值更高的农副产品如棉花、茶叶、药材、桑树及水果。这些农副产品的生产带有极大的地域特征，其收益不仅提高了农业产值，更为区域手工业及轻工业的发展提供了充足的原料。在此基础上，加上港口便利的交通条件，作为民国时期浙江主要对外港口的宁波和温州，其临港经济开始孕育并形成一定规模。民国时期宁波港与温州港的临港经济集群主要由手工业和轻工业组成，仍旧处于临港经济发展的初期，但其对区域经济、城市和商业发展的带动作用却是非常明显的。抗日战争初期，由于上海的沦陷，大量浙江及周边区域货物的进出口均须从宁波港和温州港转运。一时之间，两港无论是对外贸易还是临港经济都有不同程度的发展。但随着日军先后攻陷宁波和温州，浙江沿海的海洋贸易日益萎缩。

一、海洋贸易与农产品的商品化

浙江海洋贸易对农产品商品化的影响在明清时期就已经很明显。当时，尽管受制于传统农业社会的保守海洋政策，但江南区域的农副产品如大米、大豆、海鲜、桑树等的商品化趋势与海洋贸易发展的关联日益明显。以浙江乍浦港为例，作为清代中期浙江主要对外港口之一，乾隆年间输往日本的湖丝就有 31500 公斤以上。受此影响，清代杭嘉湖平原的养蚕业日益兴盛，田地大半种植桑树。晚清宁波、温州、杭州等沿海港口先后开埠后，海洋贸易的发展使得浙江沿海农产品的商品化加速。

作为近代浙江最先开放的沿海港口，宁波及周边区域农业生产活动受海洋贸易的影响是非常明显的。就农业生产本身而言，随着港口的开放与对外贸易的频繁，大量西方先进农业生产技术经海上航线传入浙江。如光绪十年（1884）宁波机器轧棉技术的引进提高了棉花加工效率，光绪二十三年（1897）宁波镇海引进抽水机进行机器灌溉。民国时期宁波农民已经开始使用硫酸铵制造肥料提高农业产量。宁波开埠后，农产品生产结构变化最大的就是鸦片种植。19世纪英国对中国的鸦片走私和其后中国政府的禁烟使得鸦片种植的利润远超过一般农产品，因此浙江沿海区域的鸦片种植开始蔓延，其中以台州、宁波最为集中。港口的开放使得浙江沿海人多地少，粮食供应紧张的局面得到缓解。更多的沿海农民将农产品的种植放到利润更高的鸦片与烟草。宁波鸦片种植最早始于象山，其后向其他各县蔓延。民国初期政府的几次禁鸦片行动后，浙江沿海种植鸦片的数量开始减少，取而代之的是烟草种植。

作为传统棉花种植区，民国时期宁波各县的棉花种植在海洋贸易需求的刺激下急剧增加。1920年，宁波下属余姚、慈溪、镇海和鄞县棉花种植面积为551300亩。其后，宁波的棉花种植区域扩散到定海、象山、南田和宁海。1927年，宁波地区棉花种植面积达到民国时期的最高峰，为1107500亩，其中余姚和慈溪的种植面积占全市的86.70%。同年宁波地区棉花种植面积占浙江全省的63.80%。棉花种植区域的增加直接推动了宁波皮棉产量的增长。宁波皮棉产量由1920年的92260担增加到1927年的346650担。便利的交通和广阔的海外市场使得宁波棉花制品出口逐年增加。[①]据浙海关统计，通过宁波口岸出口的棉花由1912年的95786担增加到1933年的200000担，其中相当一部分是宁波所产棉花。当然，宁波棉花出口不仅仅是通过海运，还有相当一部分是通过铁路和内河航线销往外地的。整个民国时期，宁波棉花种植面积仅次于谷物种植面积。随着棉花出口的增加，浙江棉花种植区开始由宁绍平原向其他区域延伸。杭县的棉花种植就开始于1926年，其播种面积在1933年达到6.06万亩，总产量568吨。同年，萧山棉花播种面积达到25万亩，总产量为4625吨。[②]

民国浙江的产棉区集中在宁绍平原，而蚕桑业则集中在杭嘉湖平原。杭嘉湖平原的桑树和丝绸无论是品种还是质量在全国都是属于上品，是浙江海洋贸易的

---

① 参见傅璇琮主编：《宁波通史（民国卷）》，宁波出版社2009年版，第263—265页。

② 参见马丁：《民国时期浙江对外贸易研究（1911—1936）》，中国社会科学出版社2012年版，第153—154页。

主要出口产品。杭嘉湖平原的蚕桑生产在晚清浙江沿海开埠后就已十分繁荣，棉纺织业和缫丝业的繁盛推动了杭嘉湖蚕桑区的专业化格局。[①]晚清时期浙江全省75个县中产丝达58个县，其中以杭州、吴兴、嘉兴、德清、桐乡等县为最多。进入民国后，蚕丝外销市场的扩大和国内丝厂的兴办进一步刺激了蚕桑业的发展。1923年，浙江省桑园面积达到265.82万亩，其中杭县、嘉兴和海宁的桑园面积都在35万亩以上。不过这一好景并未持续很长时间。由于西方列强的掠夺和国际市场的冲击，整个中国包括浙江的蚕桑生产开始走下坡路。在国际市场上，中国出口生丝面临日本日益激烈的竞争。1863年中国对西方的生丝出口还是日本的3.5倍，但到1930年日本生丝出口是中国的3.70倍。[②]1885年至1900年中国供应了西方蚕丝市场大约42%，但到20世纪30年代西方蚕丝市场的75%被日本所占，中国的份额减至10%。[③]出口量的大减，意味着中国蚕桑生产的衰落。作为中国蚕桑生产重要区域的杭嘉湖平原，也受到极大的影响。1925—1929年间杭嘉湖13个县计有桑园1877562亩，占全省桑园总面积2658193亩的70.63%，计产桑叶11717230担，为全省桑叶总产量18366410担的63.80%。[④]到1939—1943年，杭嘉湖区域的桑园面积及其占耕地的比例都出现大幅下降（见表6-16）。

表6-16　民国时期杭嘉湖平原各地桑园面积（1925—1943）

县别	桑园面积（亩）		桑园所占耕地（%）	
	1925—1929	1939—1943	1925—1929	1939—1943
嘉兴	353850	200000	29.50	16.60
嘉善	9000	9700	1.80	1.96
平湖	76080	32100	15.00	6.30
海宁	350000	221400	51.40	32.60

① 参见段本洛、单强：《近代江南农村》，江苏人民出版社1994年版，第380页。

② 参见〔美〕李明珠著，徐秀丽译：《中国近代蚕丝业及外销（1842—1937）》，上海社会科学出版社1996年版，第97页。

③ 参见张芳、王思明主编：《中国农业科技史》，中国农业科技出版社2001年版，第468页。

④ 参见浙江省嘉兴地委政治研究室：《嘉湖蚕桑资料：近代篇》，载浙江省农业科学院蚕桑研究所等合编：《浙江蚕业史研究文集》第2集，浙江省蚕桑学会1981年版，第26、30页。

续表

县别	桑园面积（亩）		桑园所占耕地（%）	
	1925—1929	1939—1943	1925—1929	1939—1943
海盐	97700	28100	21.70	6.20
桐乡	185350	33000	48.50	8.70
崇德	53050	58300	10.90	12.00
吴兴	545569	282000	36.00	18.60
长兴	97000	39000	12.00	4.82
德清	76654	25500	37.00	12.30
武康	18309		15.00	
安吉	7500		8.00	
孝丰	7500		4.00	

资料来源：浙江省嘉兴地委政治研究室：《嘉湖蚕桑资料：近代篇》，《浙江蚕业史研究文集》第2集，浙江省蚕桑学会1981年版，第27、31页。

民国时期浙江的茶叶出口贸易对省内茶叶种植区域的变化和商品化的影响也是非常明显的。早在宋代，浙江产茶区就遍及全省10州59县。1933年，据国民政府实业部统计，浙江“产茶63县市，茶园面积共566700余亩”①。仅从种植区域而言，民国时期浙江茶叶种植相比以前并无大的变动。但事实上，这一时期浙江茶叶种植已经摆脱了农业生产的附属角色，成为主业之一。另一个值得注意的变化就是茶叶生产的区域特征非常明显。1947年的《茶叶产销》将浙江茶区划分为平水绿茶区、杭湖绿茶区、遂淳绿茶区和温州绿茶区4个茶区。据此划分，20世纪30年代，浙江平水茶区面积为331390亩，产茶177397担；杭湖绿茶区面积165643亩，产茶78687担；遂淳绿茶区面积47500亩，产茶19000担；温州绿茶区面积38830亩，产茶16588担，合计值，浙江产茶面积近60万亩，产茶数量近30万担。②这些茶叶中除部分内销外，相当一部分出口海外。以浙茶中的代表龙井茶为例，其在民国期间的销量非常可观。1912—1918年龙井茶的价格

① 戴鞍钢、黄苇主编：《中国地方志经济资料汇编》，汉语大词典出版社1999年版，第128页。

② 参见刘玉婷：《近代浙江茶叶出口贸易研究》，宁波大学硕士学位论文，2008年，第63—64页。

在每斤 0.56 元—6.40 元，其销售区域主要是中国南方、中南半岛和海峡地区，还有一部分高品质茶叶销往北方及长江流域。作为以出口为主的农副产品，茶叶生产及销售受国际市场的影响远超过棉花及其他农副产品。第一次世界大战期间，浙江茶叶出口失去了欧洲这一重要市场，尽管销往美国的茶叶也日渐增多，但其对浙江茶叶生产和销售的影响是非常巨大的，直接导致了民国后期浙江茶叶出口贸易的停滞和萎缩。①

随着宁波与上海等沿海城市的开埠。浙江海洋水产品贸易结构也发生了诸多变化。以往浙江舟山渔场海鲜多在象山及宁波、台州、温州近海销售，兼有部分腌制水产品销往杭州及内陆区域。但随着上海国际大都市的崛起及消费能力的攀升，大量浙江水产品开始转运上海销售，更有甚者，直接在上海创办渔业公司，在舟山渔场就近捕捞销售。水产品贸易的发展不仅推动了浙江海洋渔业组织的变革，更有力的推进了浙江渔业生产技术的推广。在繁荣的消费市场刺激下，民国时期浙江海洋渔业捕捞和养殖的商品化程度大大加深。抗日战争前夕，浙江海洋捕捞业兴旺发达。1936 年，全省有渔船近 2.6 万艘，年产量 25 万吨，其中相当一部分由冰鲜船运往上海销售。② 民国时期政府不对等的开放性海洋贸易对浙江海洋渔业流通的影响是非常大的。在生产领域，大量日本渔船涌入浙江舟山海域捕鱼并直接在上海就地低价倾销。1928—1931 年每月进出上海的日本渔轮，多时为 38 艘，少时为 14 艘。③ 除此之外，在流通领域，低水平的海关关税非常方便外国水产品在上海市场的倾销。1912—1921 年中国水产品进口额达到 154061141 海关两，入超关平银 137287277 两；1922—1931 年进口额达到关平银 247296147 两，入超关平银 223853780 两。以宁波为例，据时人黄振世回忆，“1911 年到 1912 年间，宁波老江桥堍头及各处航船埠头，到处有鱼贩叫卖东洋鱼”④。浙江海洋渔业生产与销售中所碰到的外界压力极大压制了水产品行业的发展。

① 参见马丁：《民国时期浙江对外贸易研究（1911—1936）》，中国社会科学出版社 2012 年版，第 152 页。

② 参见浙江省水产志编纂委员会编：《浙江省水产志》，中华书局 1999 年版，第 99 页。

③ 参见丛子明、李挺编著：《中国渔业史》，中国科学技术出版社 1993 年版，第 103 页。

④ 黄振世：《东洋鱼倾销宁波始末》，载宁波市政协文史资料委员会、宁波港务局合编：《宁波文史资料》第 9 辑，内部刊印，1991 年，第 149 页。

除以上农产品外，其他如水果、药材等经济作物的商品化在民国时期受海洋贸易的影响也是十分明显的。以贝母为例，浙江省的贝母种植起初仅限于象山，随后逐渐移植到鄞县等地。鄞县所产贝母经宁波港外销香港、广东及长江流域其他城市，并经上海外销国外。在对外贸易的刺激下，鄞县的贝母种植户一度达到 5000 余家，种植面积 5000 余亩，每年仅销往国外的贝母就有 3000 担左右。凭借着便利的交通条件，奉化的水蜜桃也经由宁波港及沿海交通网络销往上海、杭州等地。1933 年，奉化桃树种植面积达到 4010 亩，产桃 30000 担左右，价值 90000 余元。其后，宁波鄞县、余姚、慈溪和镇海相继种植桃树。整个民国时期，宁波地区平均产桃约 91886 担，总价值约 582790 元。[①]

二、海洋贸易与临港经济的发展

浙江海洋贸易的发展直接推动了沿海现代沿海临港经济的形成，民国时期围绕海洋贸易线路形成了宁波和温州两大重要的临港经济区。

作为浙江沿海最主要的港口，宁波的港口基础建设与临港交通都有效支撑了宁波现代临港经济的形成与发展。海洋贸易的发展不仅将浙江传统农产品销往其他区域及海外，更重要的是围绕港口及港口城市聚集了一批现代临港工业。宁波最早的现代工业是曾作为李鸿章幕僚的严信厚于 1887 年所创办的通久源轧花厂。该公司于 1891 年建成投产，主要生产棉纺品，是中国第一家机器轧花厂。1894 年，严信厚又集资创办通久源纱厂。1897—1898 年，在市场需求刺激下，通久源纱厂的纱锭增至 17048 锭，织机 226 架，资本 90 万元，日产棉纱约 90 担。到 1905 年，该厂年产棉纱已经达到 3.80 万担，其中大部分在本地销售。通久源纱厂与杭州通益公纱厂、萧山通惠公纱厂并称“三通”，是当时浙江规模最大、设备最先进、在社会上最有影响的三家近代民族资本主义企业。[②] 1917 年因火灾工厂全毁。第二年，通久源纱厂用地被出售给和丰纱厂。和丰纱厂于 1905 年在宁波江东筹建，创办人主要是戴瑞卿、顾元琛等人。由于选用英国机械，并聘请了日

① 参见傅璇琮主编：《宁波通史（民国卷）》，宁波出版社 2009 年版，第 266—268 页。
② 参见傅璇琮主编：《宁波通史（民国卷）》，宁波出版社 2009 年版，第 280—281 页。

本技师，其无论在资本还是规模上都远超通久源纱厂。1906 年和丰纱厂建成后投产，在原料充足的情况下每月可产纱 1 万包。通久源纱厂的原料主要来自于宁波余姚所产棉花，产品主要在本省与南方各省销售。值得注意的是，和丰纱厂有铁轨直通江边码头，并配有锅炉、引擎的设备，其下属发电厂所出电力不仅足够 3 万枚纱锭所用，还于 1909 年开始向江北岸供电。与通久源纱厂相比，和丰纱厂充分利用了濒临港口的巨大优势，拓展产品的销售市场，以技术为后盾，以港口为支撑，合理配置了区域资源。正是基于此，尽管因宁波棉花颗粒无收，和丰纱厂曾于 1911 年被迫关闭，其后又经历第一次世界大战与抵制日货，和丰纱厂的生产一直没有间断。1916 年，和丰纱厂资本由 60 万元增加到 90 万元。1919 年的纯利润超过 125 万元，工厂雇佣工人达到 2500 人。相比农村种田收入，和丰纱厂的工资吸引了大量城市及农村剩余劳动力（见表 6–17）。

表 6–17　民国初期宁波和丰纱厂工人工资统计表（单位：元）

		最低（男 / 女）	最高（男 / 女）
熟练工（如领班）		0.35/0.30	0.60/0.50
普通工		0.30/0.20	0.50/0.30
儿童	约 15 岁	0.20/0.10	0.30/0.20
	约 10 岁	0.10/0.07	0.20/0.10

资料来源：中华人民共和国杭州海关译编：《近代浙江通商口岸经济社会概况：浙海关、瓯海关、杭州关贸易报告集成》，浙江人民出版社 2002 年版，第 76 页。

除纱厂外，民国初期宁波还新建了很多其他工厂。正大火柴厂建于 1907 年，期间经过停产于 1913 年复兴，其后又经历第一次世界大战和抵制日货运动再次停产，但其后复工，每天开工 10 小时，生产火柴 50 罗，装 30 大箱。民醒金刚砂布公司创建于 1917 年 11 月，资金 6 万元。粹成伞厂创办于 1919 年，资本 2 万元，月产西式伞 3600 把。翔熊编席厂由史翔熊创建于 1916 年，工厂雇佣女工约 250 人，男工 70 人。与翔熊编席厂产品相同的通利工厂则建于 1921 年。美球丰记袜厂开办于 1920 年，生产棉、毛套衫，背心，手套，围巾等物品。除此之外，宁波市区还建有 5 家生产烛、皂的工厂，各有资本 1 万元，每年平均合并产量为烛 3 万箱，洗衣皂 4 万箱，全部在本地销售。另有 13 家袜厂，其中大纶袜厂最为有名，开业于1916年，资本1万元，装备织机140台，女工操作，日产70打双袜子。其他新建工厂有大成毛巾厂、华隆棉毯厂和振华护踝带厂。除宁波市外，镇海有两家织布厂，公益织布厂和镇益织布厂，前者建于晚清民初，后者建于1916年。两家开办资金均为3万元，装备木制布机250台和200台。余姚建有华明草席厂，该厂为1920年开办，专门仿制日本床席和坐垫套。慈溪有大成袜厂，该厂创立于1919年，生产资金1万元，拥有织机20台，其中5台为电动，月生产1200打双袜子。舟山定海有滑利工厂，该厂专门利用海贝壳制造螺钿纽扣。除此之外，值得注意的是宁波地区的电气化程度相比其他地区而言则走在前列。除前文提到1909年江北岸用上电灯外。同年，顾元琛等筹资8.28万银元创办和丰电灯公司，开始向宁波和孔浦供电，1915年该厂重组为永耀电灯公司，安装新电机，总计资本13万银元，装机总容量50千瓦。另外，镇海、定海、海门、慈溪、余姚和黄岩都有电灯公司。与电力工业相配套，民国时期，宁波共有灯泡制造厂18家，电池厂6家。1913年，宁波电话公司成立，1920年改组为四明电话公司。[①]整个民国时期，宁波民族工业有很大发展，其门类涵盖纺织、食品、制造及传统手工业，这些产业主要集中在宁波的鄞县、余姚、奉化和慈溪（见表6-18）。

表6-18 民国时期宁波主要工业行业类别与区域分布

	行业类别
鄞县	棉织业、针织业、榨油业、酿造业、棉纺业、碾米业、制茶业、罐头食品业、玻璃业、制皂业、制漆业、火柴业、铁工业、铜锡业、草织业、藤竹器业、木器业、制伞业、印刷业、电器业、制冰业、电池业、锡箔业
慈溪	碾米业、制茶业、电器业
镇海	棉织业（含毛巾业）、制茶业、铁工业、电器业
余姚	棉织业（含毛巾业）、针织业、碾米业、酿造业、制茶业、罐头食品业、手工造纸业、其他铁工业、铜锡业、草织业、印刷业、电器业、电池业
奉化	碾米业、制茶业、罐头食品业、手工造纸业、竹石雕刻业、电器业

① 参见中华人民共和国杭州海关译编:《近代浙江通商口岸经济社会概况：浙海关、瓯海关、杭州关贸易报告集成》，浙江人民出版社2002年版，第76—77页。

续表

	行业类别
象山	电器业
宁海	制茶业
定海	其他铁工业、电器业
南田	

资料来源：傅璇琮主编：《宁波通史（民国卷）》，宁波出版社 2009 年版，第 280 页。

对于民国时期宁波临港工业发展状况，时任浙海关税务司的英国人安斯迩（E. N. Ensor）在 1931 年 12 月 31 日提交的海关报告中做出了较为中肯的评价："现在本埠工业制品，为数固属甚繁，但视诸沪埠，则不免瞠乎其后。查从前出版之最近十年各埠海关报告，曾谓本埠工业规模、制品及所用机器，若至本期，可与沪埠媲美，但迄未实现，未免过于乐观。然揆诸本埠地位，适居丝棉生产中心，人工亦廉，且与沪埠水路交通，极称便利，洵为良好纺织区域。乃者，海关进口税税率既已提高，国内工业赖以保护，而世界银价又趋下游，若得稍假时日，本埠实业前途，未始不可益趋蓬勃也。"①

温州港自开埠口就有商家创办近代工业。1893 年，在温州经营茶叶的商人为了改变本地茶叶要去外地加工的局面，便在温州郊区创办了一家拥有 300 名女工的茶厂。其后，随着温州茶叶出口贸易的发展，本地区的茶叶生产厂家增加到 1919 年的 9 家，其中 8 家由中国茶商经营，每家雇佣女工约 300 人，男工 100 余人。为本地提供就业机会的工业主要是编席，其中两家大厂，名为振兴席厂和中一席厂，其产品主要出口上海和南京。温州的首家肥皂厂设立于 1903 年。其后，1913 年、1915 年和 1917 年，温州口岸又先后创办了 3 家肥皂厂。温州真正的蒸汽工业是 1911 年建立的一家锯板厂，规模不大，每天锯木板 100 丈。1923 年，温州永嘉先后成立了两家棉纺织厂，均为合资，其中鹿城染织布厂资本 5 万元，有铁轮机 10 台，木机 120 台；瓯江染织布厂资本 1 万元，有铁轮机 8 台，木机 100 台。其后，温州还新建了广明、振业、西门泰布厂等 3 家棉纺织厂。1925 年，温

① 中华人民共和国杭州海关译编：《近代浙江通商口岸经济社会概况：浙海关、瓯海关、杭州关贸易报告集成》，浙江人民出版社 2002 年版，第 86—87 页。

州永嘉创办公益玻璃厂，资本0.1万元。1922年和1926年，温州先后成立两家罐头食品厂，厦门淘化大同公司温州分厂和百好炼乳厂，前者资本额6万元，主要生产猪脚、青豆和鸡鸭罐头；后者资本额24万元，主要生产“白日擒雕”牌炼乳罐头。温州的机器工业是1911年李毓蒙等人创办的毓蒙铁厂。该厂设在瑞安，1919年在温州设立分厂，主要生产弹花机、锯板机、碾米机等。为供应工厂及居民用电，温州在1914年就由宁波商人王香谷等筹资创办了普华兴记电气公司，资本3万元。1902年，清政府在温州建立电报局，以便商人及时掌握船期和外地市场情况。1919年，杨雨农筹资兴办东瓯电话公司，大大便利了市内的通讯。相比上海、宁波而言，温州的新式企业基本为独资和合伙，还没有大规模的公司和垄断型企业。港口贸易的发展对温州临港经济的促动远没有宁波明显。尽管如此，温州的工业发展在港口经济的推动下远快于其他远离港口的内陆地区。

自晚清开埠后，随着港口贸易的发展，宁波的港口设施和航运业也相应发展起来，进而带动宁波及周边区域人口流动的加大，进而推动宁波及其经济腹地商品经济的进一步发展。港口的对外交流通道不仅降低了宁绍平原及其周边区域商品外销的成本，拓展商贸区域，更为重要的是良好的港口交通环境极大降低了引进先进技术的成本，推动新式工商企业的产生和发展。宁波及温州临港经济的孕育与发展，不仅进一步推动港口与城市基础设施建设，更以市场经济为纽带，进一步完善并加强了区域市场网络的完善，大量农村人口被吸引到城市，港口城市的城市化进程逐渐出现并加速。以港口为重要节点。临港海运线路与沿海陆路与内河水运交通组成完善的交通网络，推动港口工业的进一步发展与产业集群的完善。同时，便利的运输与新技术的引进推动临港区域手工业的进一步商品化、日用化和资本化。在工业经济的带动下，港口区域周边农业内部也出现结构调整，大量经济作物的种植，不仅提高了农民收入与土地价值，更为工业生产提供了充足的原料。更进一步，宁波工商业的繁荣推动了传统钱庄体系向近代银行业的转变，而宁波港也从一个农副产品转运港向工商业贸易港转变。

三、抗日战争时期浙江海洋贸易

1937年7月7日抗日战争全面爆发后，上海、杭州先后沦陷，宁波港成为江南地区主要的对外贸易港口。在太平洋战争爆发之前，出于维系与西方国家关系的考虑，尽管日本封锁中国沿海港口，但悬挂西方国家旗帜的船只仍可在中国沿海港口往来。基于此，宁波、台州和温州沿海的大量中国船只纷纷挂靠西方国家船籍，并雇佣外方船长，以此躲避日军的海上封锁。宁绍轮船公司的“新宁绍”改为德商礼和洋行的“谋福”号，三北轮船公司的“宁兴”号改为中意轮船公司的“德平”号。由于上海租界的存在与沪甬航线的通行，宁波成为内地各省市物资的转运口岸，大量物资在宁波集散，宁波港呈现出繁荣景象。1937 年，宁波港进出口轮船（包括内港）达 1502 艘次，220 万总吨，占全国的 2.44%，其中往来外洋航线的有 12 艘，18059 吨（见表 6–19）。虽然 1937 年进出宁波港轮船数据相比 1936 年（2068 艘次，近 300 万吨）的绝对数字有所减少，但其所占比例却有所上升（1936 年占全国的 2.06%）。此外，还有 2.9 万艘次的沙船出入宁波港。

表 6–19　抗日战争时期浙海关监管进出港船舶统计[*]

年份	往来外洋		往来国内		共计	
	艘	吨	艘	吨	艘	吨
1937	12	18059	1490	2178198	1502	2196257
1938	10	14111	587	577266	597	591377
1939	11	14674	613	523219	624	537893
1940	20	24219	750	424380	770	448599

[*]注：宁波于 1941 年沦陷，故没有 1941 年至 1945 年的统计数据。

资料来源：中华人民共和国杭州海关译编：《近代浙江通商口岸经济社会概况：浙海关、瓯海关、杭州关贸易报告集成》，浙江人民出版社 2002 年版，第 889 页。

航运的繁荣意味着宁波港进出口贸易量的增加。1937 年，宁波港的进出口货物及货值都出现激增。就出口而言，由于战事影响，宁波与华北之间的海上贸易被切断，但茶叶、草帽等传统外销产品并未受此影响。当年度茶叶出口由 1936 年的 62199 公担增加到 69663 公担。与此同时，1937 年浙海关进口的原料、日用品和战备物资也猛增。煤油由 5491003 升增至 6446263 升，汽发油自 454570 升增至 1550478 升，柴油自 620 吨增至 2556 吨，糖由 37105 公担增至 49750 公担。总体而言，1937 年浙海关进口洋货净值由 1936 年的 1844739 法币元增至 2121213

法币元。到 1940 年，浙海关主要进口货物有汽发油（5060362 升）、柴油（2518 吨）、矿质滑物油（159123 升）、汽车轮胎（7346 件）、洋米（97171 公担），主要出口货物有桐油（13752 公担）、茶（129963 公担）、钨砂（1750 公担，值 1255000 法币元）、纯锑（1000 公担，值 20 万法币元）。[①]相比抗日战争初期，1940 年浙海关进出口货物总值都有极大增加（见表 6-20）。

表 6-20 抗日战争时期浙海关验放进出口货物总值统计（单位：法币元）

年份	进口洋货净值	出口土货值	共计
1937	2121213	25617	2146830
1938	1212111	4767845	5979956
1939	1667080	9816332	11483412
1940	10596709	46024291	56621000

资料来源：中华人民共和国杭州海关译编：《近代浙江通商口岸经济社会概况：浙海关、瓯海关、杭州关贸易报告集成》，浙江人民出版社 2002 年版，第 892 页。

浙江与外部市场的广泛联系因日军侵华而严重扭曲，商品流转的正常渠道被阻造就了战时宁波海洋贸易的畸形繁荣。这种繁荣的转运贸易使得受世界经济危机影响的宁波经济出现复苏并日趋好转。战前，受世界经济危机拖累，宁波药行业倒闭 2/3，棉花月销售量由 18 万匹减少到 9 万匹。战时，宁波成为内地各省物资转运口岸后，首先繁荣的是各种批发商号及其相关服务业。战时专代客商报关、纳税的报关行，以及为货主提供运输方便的转运行，由战前的 10 多家猛增至 100 多家。[②]而旅店、茶馆、酒楼这类服务业也因为聚集的人群而生意兴隆。此外，众多独立的行贩也利用差价进行商品贩卖，将港口货物分散销售，获取利润。除商业外，宁波本地的工业企业也受惠于港口的繁荣。以宁波的和丰纱厂为例，其纱锭增至 2.6 万锭，1937 年获利达 120 万元。大昌布业在战时添新股，扩大厂房，增加电动布机 20 台。另有新办小型布厂 100 多家。这一时期，美球针

① 参见中华人民共和国杭州海关译编：《近代浙江通商口岸经济社会概况：浙海关、瓯海关、杭州关贸易报告集成》，浙江人民出版社 2002 年版，第 401—405 页。

② 参见童隆福主编：《浙江航运史（古近代部分）》，人民交通出版社 1993 年版，第 436—437 页。

织厂日夜开工，现产现销。华美袜厂也购买5间房，用于扩大厂房。[①] 其他如卷烟、肥皂、火柴、毛巾等日用品的生产和销量都得到大幅度的增长。不过，战争也使得宁波港许多行业出现衰落，如电业、机械修造业、印染业、花麻叶、草席业、粮食业、木材业、木器业、药材业、南货业、牛骨业和铜锡业等。

1937年抗日战争全面爆发到淞沪战役前，海门港与上海、宁波、温州及闽浙沿海其他各埠的航路仍然畅通。从海门港运载大米、小麦等主副食的椒沪线轮船源源开往上海，港口运输更加繁忙。而由于战事向上海蔓延，台州籍旅居上海人员纷纷搭载轮船返回海门港。与此同时，海门与宁波航线日益频繁，以前从上海进口的货物，现在都改从宁波输入。但由于战火及港口的封锁，海门港海上贸易时断时续。与宁波港一样，航行在海门港航线上的轮船大多是挂靠外国籍的中国轮船。抗日战争初期，海门港的航运和贸易并未因战争的影响而减退。1937年度海门港进口轮船445艘次215224总吨，出口446艘次216756总吨，总计进出口轮船891艘次431980总吨。[②] 抗日战争初期，海门港进口的大宗货物主要有棉布、棉纱、绸缎、食糖、煤油、纸烟、化肥、豆饼、面粉、火柴、肥皂、五金、颜料、百货及南北货；出口的大宗物品主要有大米、木炭、鲜蛋、茶叶、麻帽、橘子、小麦、松板、稻谷等农副产品。1938年3月海门港封港前，这些货物主要由沪甬和闽广输入输出。封港后，海门港的海洋贸易量急剧下滑，如1938年温岭全年进口化肥仅5000包，为战前的1/6。[③] 与此同时，海门港的出口也多受限制。为此，在不妨害军事的范围内，政府暂准开放岩头与金清港两处为帆船出入口，以便运输土特产去上海和宁波。另一方面，为管理战时物产的进出口，浙江省政府于1938年设立战时物产调整处，对一些主要农林产品进行统购统销。1941年海门港一度沦陷，其正常的海洋贸易日渐稀少，而走私贸易则逐渐兴盛起来。

1937年抗日战争爆发后，中国沿海的主要港口都先后沦陷，国内贸易受到沉重打击。但由于温州所出的位置较为偏僻，交通不便，战火尚未波及。因此，其

---

① 参见郑绍昌编著:《宁波港史》，人民交通出版社1989年版，第361页。

② 参见金陈宋主编:《海门港史》，人民交通出版社1995年版，第182页。

③ 参见金陈宋主编:《海门港史》，人民交通出版社1995年版，第190—192页。

日常的农工商各业仍是一片繁荣景象。就海上贸易而言，由于日本的海上封锁，往来温州港航线的中国轮船一律停航。10月后，随着外籍轮船的靠港，温州港的海上交通得以通航，对外贸易逐渐恢复。与宁波港类似，抗日战争初期，温州港进出口总额都有较大的增加。1937年温州港进口洋货达到法币842050元，较上年度的469259元增长接近1倍；直接出口土货为法币540657元，比上年的134907元翻了2番（见表6-21、表6-22）。

表6-21　抗日战争时期瓯海关验放外洋及国内商船统计*

年份	往来外洋进口及出口		往来国内进口及出口		共计进口及出口	
	艘	吨	艘	吨	艘	吨
1937	73	16481	379	179408	452	195889
1938	66	87952	874	556527	940	644479
1939	67	94105	530	317818	597	411923
1940	20	24989	315	133969	335	158958

*注：温州于1941年沦陷，故没有1941年至1945年的统计数据。

资料来源：中华人民共和国杭州海关译编：《近代浙江通商口岸经济社会概况：浙海关、瓯海关、杭州关贸易报告集成》，浙江人民出版社2002年版，第901页。

表6-22　抗日战争时期温州口岸对外贸易货值统计（单位：法币元）

年份	洋货进口（由外洋）	土货出口（往外洋）	共计
1937	842050	540657	1382707
1938	1923513	6239912	8163425
1939	2764834	11779153	14543987
1940	2477191	24599602	27076793
1941	435837	3965067	4400904

资料来源：中华人民共和国杭州海关译编：《近代浙江通商口岸经济社会概况：浙海关、瓯海关、杭州关贸易报告集成》，浙江人民出版社2002年版，第905—906页。

表6-22中数据仅统计温州港进出外洋的轮船及贸易货值，如加上国内转口贸易，那么1938年进出温州港的外轮总计698929吨，国轮84570吨和木帆船303466吨，总计1086965吨，进出口货物价值达到56203643元。就其统计数据而言，

1938 年是温州港在新中国成立以前发展水平最高的一年。[①]进口洋货中，以煤油、柴油、白糖及石蜡为大宗，其他的有颜料、皮革、煤油、柴油、润滑油、橡皮制品、金属、货运汽车及其零件等。进口土货主要有棉纱、棉布、呢绒、针织品、卷烟、橡皮靴鞋、玻璃及其制品、药材、文具等。出口货物有茶叶、桐油、鲜蛋、木板、纸伞、草席、屏纸、猪油、木炭、药材等，其中茶叶和桐油为统制物品。[②]

随着海运的繁荣和战时陆路交通的便利，使得温州港的经济腹地及商品流通渠道逐渐扩大，而这些都加速了温州近代工商业和临港经济的发展。与宁波港类似，温州港海洋贸易的畸形繁荣首先受惠的是负责办理外轮运输业务的代理行与转运行，分别有 50—60 家和 100 余家。市区商店也有显著增加，大小商店达到 3500 余家，其中棉布和百货的批发商号就有 50 余家。而在商业刺激下，温州的工业也有显著发展。抗日战争初期，温州仅开办的工厂就有 200 余家，其种规模较大的有 40 余家。以棉纺织业为例，温州的棉布厂由战前的 9 家增加到 33 家，织布机器由战前的 500 多台增加到 1700 多台，工人也由 1000 人增加到 3000 多人。另外，制革企业也由战前的 10 家发展到 40 多家，制皂企业由 5 家发展到 13 家。工商业的发展带动了金融业的繁荣。当时温州的银行除中国银行等 6 家外，还增加了中央银行等分支机构 5 家。钱庄也由战前的 13 家增加到 30 多家。1939 年后，日军对温州的空袭逐渐频繁，温州港的海洋贸易逐渐下降。1941 年日军占领温州后，浙江沿海的走私贸易逐渐兴盛起来。

---

① 参见童隆福:《浙江航运史（古近代部分）》，人民交通出版社 1993 年版，第 439 页。

② 参见周厚才编著:《温州港史》，人民交通出版社 1990 年版，第 127—128 页。

主要参考文献

一、文献、档案、报刊、文集

上海市档案馆馆藏档案、浙江省档案馆馆藏档案、宁波市档案馆馆藏档案、舟山市档案馆馆藏档案、奉化县档案馆馆藏档案、宁海县档案馆馆藏档案、象山县档案馆馆藏档案。

《申报》、《东方杂志》、《时事公报》、《新闻报》、《宁波民国日报》、《东南日报》、《甬江日报》、《宁波人报》、《南洋商务报》、《大同报（上海）》、《农工商报》、《华商联合报》、《孔圣会星期报》、《湖南地方自治白话报》、《中央周报》、《浙光》、《业务通讯》、《宁波旅沪同乡会月刊》、《校友通讯（南京）》。

《临时政府公报》、《政府公报》、《海军公报》、《盐务公报》、《浙江省政府公报》、《浙江公报》、《浙江民政年刊》、《浙江民政月刊》、《合作月刊》、《水产月刊》、《上海市水产经济月刊》、《两浙盐务月刊》、《关声》、《上海总商会月报》、《盐务月报》、《海事（天津）》、《盐政杂志》、《浙江警察杂志》、《浙江经济统计》、《浙江警察丛报》。

周庆云辑：《盐法通志》，鸿宝斋 1928 年铅印本。

（清）朱正元辑：《浙江省沿海图说》，台北成文出版社 1974 年版。

蒋纬国编：《抗日御侮》第 5 卷，台湾黎明文化事业股份有限公司 1978 年版。

浙江省农业科学院蚕桑研究所等合编：《浙江蚕业史研究文集》第 2 集，浙江省蚕桑学会 1981 年版。

张发奎：《张发奎将军抗日战争回忆录》，香港蔡国桢发展有限公司 1981

年版。

秦孝仪主编:《中华民国重要史料初编——对日抗战时期》,中国国民党中央委员会党史委员会印行1981年版。

程思远:《政坛回忆》,广西人民出版社1983年版。

南开大学经济研究所经济史研究室编:《中国近代盐务史资料选辑》第1卷、第4卷,南开大学出版社1985年、1991年版。

《清实录》,中华书局1986年版。

《宣统政纪》,中华书局1986年版。

浙江省中共党史学会编印:《中国国民党历次会议宣言决议案汇编》第2分册,内部刊印,1986年。

日本防卫厅战史室编,天津政协编译委员会译:《日本帝国主义侵华资料长编》上,四川人民出版社1987年版。

杨志本主编:《中华民国海军史料》,海洋出版社1987年版。

浙江省政协文史资料研究委员会编:《第二次国共合作在浙江》,浙江人民出版社1987年版。

〔日〕南京战史编集委员会编:《南京战史资料集》Ⅰ,偕行社1989年版。

中共浙江省委党史资料征集研究委员会、中国人民解放军浙江省军区政治部编:《浙江解放》,浙江人民出版社1989年版。

中共舟山市委党史资料征集研究委员会编:《解放舟山群岛:纪念舟山解放四十周年》,内部刊印,1990年。

中国第二历史档案馆编:《中华民国史档案资料汇编》第五辑,江苏古籍出版社1994年版。

张爱萍:《张爱萍军事文选》,长征出版社1994年版。

张謇研究中心、南通市图书馆编:《张謇全集》,江苏古籍出版社1994年版。

绍兴市政协文史资料委员会编:《抗战八年在绍兴》,内部刊印,1995年。

浙江省档案馆、中共浙江省委党史研究室编:《日军侵略浙江实录(1937—1945)》,中共党史出版社1995年版。

浙江省政协文史资料委员会编:《浙江文史集粹》,浙江人民出版社1996

年版。

豫颖主编：《解放上海、浙江》，军事谊文出版社 1997 年版。

中国人民解放军总参谋部政治部宣传部编：《军史集要》，上海人民出版社 1997 年版。

中国人民解放军历史资料丛书编审委员会编：《海军·回忆史料》，解放军出版社 1999 年版。

戴鞍钢、黄苇主编：《中国地方志经济资料汇编》，汉语大词典出版社 1999 年版。

余雁：《五十年国事纪要·军事卷》，湖南人民出版社 1999 年版。

中华人民共和国杭州海关译编：《近代浙江通商口岸经济社会概况：浙海关、瓯海关、杭州关贸易报告集成》，浙江人民出版社 2002 年版。

（清）刘锦藻撰：《皇朝续文献通考》，《续修四库全书》第 817 册，上海古籍出版社 2002 年版。

解放一江山岛编委会编：《解放一江山岛》，长征出版社 2003 年版。

海关总署《旧中国海关总税务司署通令选编》编译委员会：《旧中国海关总税务司署通令选编》，中国海关出版社 2003 年版。

宁凌、庆山编著：《国民党治军档案》，中共党史出版社 2003 年版。

张震：《张震军事文选》上，解放军出版社 2005 年版。

中国第二历史档案馆编：《抗日战争正面战场》上册，凤凰出版社 2005 年版。

黄士弘主编：《亲历者说：一江山岛之战》，上海文艺出版社 2005 年版。

《早期上海经济文献汇编》，全国图书馆文献微缩复制中心 2005 年版。

丁贤勇、陈浩编译：《1921 年浙江社会经济调查》，北京图书馆出版社 2008 年版。

民国浙江史研究中心、杭州师范大学选编：《民国浙江史料辑刊》第 1 辑，国家图书馆出版社 2008 年版。

民国浙江史研究中心、杭州师范大学选编：《民国浙江史料辑刊》第 2 辑，国家图书馆出版社 2009 年版。

国家图书馆古籍馆编：《国家图书馆藏近代统计资料丛刊》，北京燕山出版社

2009年版。

郑怀盛主编:《激战登步岛:纪念登步之战与舟山战役胜利60周年》,军事科学出版社2010年版。

宁波帮博物馆编:《抗战大后方宁波帮资料:以陪都重庆为中心》,宁波出版社2013年版。

赵肖为译编:《近代温州社会经济发展概况:瓯海关贸易报告与十年报告译编》,上海三联书店2014年版。

二、志书、文史资料

1. 志书

方扬编:《瓯海渔业志》,浙江省政府建设厅渔业管理处1938年版。

陈训正、马瀛等纂修:《定海县志》,成文出版社有限公司1970年版。

浙江省交通厅公路交通史编审委员会编:《浙江公路史》,人民交通出版社1988年版。

郑绍昌编著:《宁波港史》,人民交通出版社1989年版。

舟山渔志编写组编著:《舟山渔志》,海洋出版社1989年版。

慈溪市盐务管理局慈溪盐政志编纂委员会编:《慈溪盐政志》,中国展望出版社1989年版。

周厚才编著:《温州港史》,人民交通出版社1990年版。

舟山市地方志编纂委员会编:《舟山市志》,浙江人民出版社1992年版。

宁波市镇海区水产局、宁波市北仑区水产局合编:《镇海县渔业志》,内部发行1992年版。

平湖县志编纂委员会编:《平湖县志》,上海人民出版社1993年版。

童隆福主编:《浙江航运史(古近代部分)》,人民交通出版社1993年版。

金陈宋主编:《海门港史》,人民交通出版社1995年版。

宁波市地方志编纂委员会编:《宁波市志》,中华书局1995年版。

绍兴市地方志编纂委员会编:《绍兴市志》,浙江人民出版社1996年版。

浙江省盐业志编纂委员会编:《浙江省盐业志》,中华书局1996年版。

温州海关志编纂委员会编著:《温州海关志》，上海社会科学院出版社1996年版。

钱起远主编:《宁波市交通志》，海洋出版社1996年版。

嘉兴市志编纂委员会编:《嘉兴市志》，中国书籍出版社1997年版。

椒江市志编纂委员会编:《椒江市志》，浙江人民出版社1998年版。

上海渔业志编纂委员会编:《上海渔业志》，上海社会科学院出版社1998年版。

温州市志编纂委员会编:《温州市志》，中华书局1998年版。

乐清市水产局编:《乐清县水产志》，浙江人民出版社1999年版。

浙江省水产志编纂委员会编:《浙江省水产志》，中华书局1999年版。

杭州市地方志编纂委员会编:《杭州市志》，中华书局1999年版。

浙江省公安志编纂委员会编:《浙江警察简志（清末民国时期）》，浙江省公安厅文印中心内部刊印，2000年。

宁波海关志编纂委员会编:《宁波海关志》，浙江科学技术出版社2000年版。

张燕主编:《上海港志》，上海社会科学院出版社2001年版。

王健飞主编:《澉浦镇志》，中华书局2001年版。

杭州海关志编纂委员会编:《杭州海关志》，浙江人民出版社2003年版。

金普森、陈剩勇主编:《浙江通史》，浙江人民出版社2005年版。

温州市盐业志编纂领导小组编:《温州市盐业志》，中华书局2007年版。

傅璇琮主编:《宁波通史》，宁波出版社2009年版。

2. 文史资料

玉环县政协文史资料研究委员会编:《玉环文史资料》第4辑，内部刊印，1988年。

镇海文史资料委员会编:《镇海文史资料》第3辑，内部刊行，1989年。

中国人民政治协商会议宁波市委员会文史资料委员会编:《纪念宁波解放40周年专辑》（宁波文史资料第7辑），浙江人民出版社1989年版。

宁波市政协文史资料委员会、宁波港务局合编:《宁波文史资料》第9辑，内部刊印，1991年。

宁波市档案馆编:《浙东浩劫》(宁波文史资料第12辑),内部刊行,1992年。

郭振民:《舟山渔业史话》(舟山文史资料第10辑)中国文史出版社2007年版。

三、著作

(清)沈同芳撰:《中国渔业历史》,《万物炊累室类稿:甲编二种乙编二种外编一种》,中国图书公司1911年铅印本。

田斌:《中国盐税与盐政》,江苏省政府刊印1929年版。

陈沧来:《中国盐业》,商务印书馆1929年版。

林振翰编辑:《中国盐政纪要》,商务印书馆1930年版。

李士豪:《中国海洋渔业现状及其建设》,商务印书馆1936年版。

李士豪、屈若搴:《中国渔业史》,商务印书馆1937年版。

〔日〕神田计三:《支那事变写真实记》,帝国出版社1938年版。

张行周主编:《瀛海同舟》,台湾民主出版社1972年版。

田秋野、周维亮:《中华盐业史》,台湾商务印书馆1979年版。

日本防卫厅防卫研究所战史室著,齐福霖、田琪之译:《中国事变陆军作战史》第3卷,中华书局1983年版。

张震东、杨金森编著:《中国海洋渔业简史》,海洋出版社1983年版。

曾仰丰:《中国盐政史》,商务印书馆1984年版。

杨国宇主编:《当代中国海军》,中国社会科学出版社1987年版。

卢辉:《三军首战一江山》,解放军出版社1988年版。

胡立人、王振华主编:《中国近代海军史》,大连出版社1990年版。

丛子明、李挺编著:《中国渔业史》,中国科学技术出版社1993年版。

海军司令部近代中国海军编辑部编著:《近代中国海军》,海潮出版社1994年版。

段本洛、单强:《近代江南农村》,江苏人民出版社1994年版。

〔美〕李明珠著,徐秀丽译:《中国近代蚕丝业及外销(1842—1937)》,上海社会科学出版社1996年版。

唐仁粤主编:《中国盐业史（地方编）》，人民出版社 1997 年版。

丁长清、唐仁粤主编:《中国盐业史（近代当代编）》，人民出版社 1997 年版。

军事科学院军事历史研究部:《中国人民解放军的七十年》，军事科学出版社 1997 年版。

〔法〕阿·德芒戎著，葛以德译:《人文地理学问题》，商务印书馆 1999 年版。

何虎生主编:《蒋介石宋美龄在台湾的日子》，华文出版社 1999 年版。

张芳、王思明主编:《中国农业科技史》，中国农业科技出版社 2001 年版。

陈诗启:《中国近代海关史》，人民出版社 2002 年版。

曹剑浪:《国民党军简史》，解放军出版社 2004 年版。

袁成毅:《民国浙江政局研究（1927—1949）》，中国社会科学出版社 2007 年版。

刘凤翰:《国民党军事制度史》，中国大百科全书出版社 2009 年版。

曹剑浪:《中国国民党军简史》，解放军出版社 2010 年版。

朱坚真主编:《海洋经济学》，高等教育出版社 2010 年版。

胡丕阳、乐承耀:《浙海关与近代宁波》，人民出版社 2011 年版。

张立杰:《南京国民政府的盐政改革研究》，中国社会科学出版社 2011 年版。

马丁:《民国时期浙江对外贸易研究（1911—1936）》，中国社会科学出版社 2012 年版。

房功利、杨学军、相伟:《解放军史鉴》，青岛出版社 2013 年版。

王彦君编著:《浙江科学技术史（民国卷）》，浙江大学出版社 2014 年版。

王琪等:《中国海洋管理：运行与变革》，海洋出版社 2014 年版。

白斌:《明清以来浙江海洋渔业发展与政策变迁研究》，海洋出版社 2015 年版。

孙善根、白斌、丁龙华:《宁波海洋渔业史》，浙江大学出版社 2015 年版。

龚虹波编著:《海洋政策与海洋管理概论》，海洋出版社 2015 年版。

四、论文

孙宝根:《抗战时期国民政府缉私研究(1931—1945)》,苏州大学博士学位论文,2004年。

吴敏:《民国时期江苏沿海地区海洋渔业研究》,南京农业大学硕士学位论文,2008年。

杨妮:《吴觉农与中国茶叶》,宁波大学硕士学位论文,2009年。

金敏敏:《近代浙江省通商口岸进出口贸易比较分析(1926—1936)》,浙江财经学院硕士学位论文,2010年。

米仁求:《抗日战争前后浙江桐油贸易研究(1927—1946)》,华中师范大学硕士学位论文,2011年。

娄娜:《近代宁波港口贸易研究(1844—1949):以宁波港口腹地演变为考察中心》,宁波大学硕士学位论文,2012年。

蔺孟孟:《民国山东渔政研究》,山东师范大学硕士学位论文,2012年。

范虹珏:《太湖地区的蚕业生产技术发展研究(1368—1937)》,南京农业大学博士学位论文,2012年。

郑雳:《实业救国的一曲悲歌:民国三门湾开发研究》,宁波大学硕士学位论文,2012年。

张爽:《近代日本对青岛渔业的侵略述论》,曲阜师范大学硕士学位论文,2013年。

唐佳娟:《抗战时期国统区的粮荒与地方政府的因应:以浙江省为例》,杭州师范大学硕士学位论文,2013年。

刘民:《中古至近代早期西欧海洋渔业的发展:主要以英国和荷兰为考察样本》,天津师范大学硕士学位论文,2014年。

伍员:《解放前浙江海洋渔业金融(续上期)》,《浙江金融》1984年第7期。

叶林华:《中华全国商会联合会第一次会议公司条例议案》,《民国档案》1987年第1期。

徐荣:《上海机轮渔业的起源与发展》,《古今农业》1991年第1期。

马登潮:《50年前的一场浩劫：宁绍战役述略》,《浙江档案》1991年第4期。

冯宇:《抗日战争时期浙江的正面战场》,《浙江学刊》1994年第6期。

马登潮:《浙江省民国盐务档案述评》,《浙江档案》1996年第1期。

刘经华:《抗战时期国民政府盐务管理体制的变迁》,《盐业史研究》2005年第3期。

佳宏伟:《近20年来近代中国海关史研究述评》,《近代史研究》2005年第6期。

樊瑛华:《抗战时期国统区的农产品对外贸易研究》,《人文杂志》2006年第3期。

陈梅龙、沈月红:《近代浙江洋油进口探析》,《宁波大学学报》2006年第3期。

陈勇:《简论晚清海关制度的双重性》,《理论界》2007年第3期。

都樾、王卫平:《张謇与中国渔业近代化》,《中国农史》2009年第4期。

后 记

我出生于陕西，却和浙江结下不解之缘。如果说前者是生我养我的地方，后者就是我事业的起步之地。自2006年来宁波大学攻读硕士学位至今已过了将近十年，我的学术研究一直围绕浙江展开。当2012年7月博士毕业回母校工作的时候，陈君静老师问我是否有兴趣参与“近代浙江海洋文明史”课题的研究，我毫不犹豫地答应了。之所以如此，除了因为他是我的老师，还有就是这个项目与我一直所从事浙江海洋渔业经济史的研究有承接关系。此后，经过论证与分工，我主要承担民国时期浙江海洋经济与管理方面内容的研撰工作，其最终成果形成了本书的初稿。

我在硕士阶段就开始从事明代浙江海洋政策问题的研究，博士期间则转向明清浙江的海洋渔业经济管理，工作后则将自己的研究下限延伸到民国时期，其范围也从纯粹的浙江渔业经济管理转向浙江整体的海洋经济与政策研究。就民国浙江海洋经济与政策的研究，在短短的38年间，从中可以窥探中国海洋管理和经济发展从传统向现代转变的艰难过程。传统性发展的惯性和外部日益紧逼的恶化局势，中央及地方政府就是在这样的条件下努力的使中国海洋经济发展紧随世界潮流。可以说当代浙江乃至中国海洋政策和经济发展的路径都源于这一时期政府与民间所打下的基础。在推动传统海洋资源产业开发现代化的同时，浙江借助海洋交通与贸易条件，现代临港经济的雏形也逐渐孕育。在海洋经济从近海向远洋扩展的同时，浙江海洋管理也完成了由海疆到海洋的转化，从传统的对沿海陆地的管理到近海与海洋活动本身的管理。民国时期的海洋管理机构也从清代单一的水师转向多部门联合管理。渔政、盐警、海关、航政、海警、海军构成了海洋管理的各个环节。而这种多部门管理模式一直持续至今。

就该项目本身的研究而言，尽管与我以前的研究有承接关系，但在实际的深入过程中，其难度远远超过了我的想象。民国时期浙江海洋经济体系不仅包括传统的渔业、盐业、造船和贸易，还有大量新式海洋经济产业所形成的临港经济雏形，加上这一时期也是浙江传统海洋经济的转型时期，对不同海洋经济产业进行准确而细致的把握是非常困难的。另外，这一时期也是现代海洋管理部门与政策体系形成的阶段，中央政治政权的更迭，中央与地方、不同海洋管理部门之间职责的重叠与冲突都直接影响着浙江海洋经济发展的外部环境。海洋经济的管理涉及内政、民政、交通、航运、海防等多个领域和部门，而对这些问题的阐述所面临的不是资料太少，而是资料太多。大量政府档案、政府公报、报刊及时人笔记与回忆录，都从不同的角度勾勒出这一时期浙江海洋管理的框架及政策出台与执行过程中的脉络。而与古代不同的是，自近代以来无论是政府还是知识分子对海洋经济的关注都留下了大量的数据文献与调查报告，这些都是研究中国古代海洋经济所极为羡慕的。尽管如此，就浙江省而言，对于民国海洋经济与管理问题的研究也是在21世纪初才逐步展开。虽然有不少针对单个问题的研究成果，但对民国浙江海洋政策与经济产业的综合研究仍是少之又少。也正基于此，我是在多次动摇中继续进行本项目的研究工作。勾勒出民国浙江海洋政策与经济发展的轮廓，是我从事这一课题研究的目的所在。

经过三年多的研究，终于完成了本书稿的撰写工作。我本人承担了本书的主要研撰工作，我的学生叶小慧（现执教于三门县沿江中学）协助搜集、整理了第二、三、五章的文献资料，并在我的指导下撰写了第三章第二节、第五章的初稿。感谢课题组对我研究工作的支持，孙善根老师为我提供了大量有关民国浙江历史的档案文献资料，而陈君静老师则一次又一次容忍我任性的工作态度。此外，感谢宁波大学历史系的领导和同事对我工作的支持。

谨以此书献给我的母校宁波大学!

白斌

2015年12月14日

于宁波大学文萃新村寓所